JN128144

わかりやすいC 入門編 第2版

川場 隆 著
Takashi Kawaba

秀和システム

■注意

・本書は著者が独自に調査した結果を出版したものです。
・本書は内容において万全を期して製作しましたが、万一不備な点や誤り、記載漏れなどお気づきの点がございましたら、出版元まで書面にてご連絡ください。
・本書の内容の運用による結果の影響につきましては、上記2項にかかわらず責任を負いかねます。あらかじめご了承ください。
・本書の全部または一部について、出版元から文書による許諾を得ずに複製することは禁じられています。

■商標等

・Eclipseは、Eclipse Foundation, Inc.により構築された開発ツールオープンプラットフォームです。
・Microsoft、Windows、Visual C++、Visual Studioは、Microsoft,Corp.社の米国およびその他の国における登録商標または商標です。
・本書では™ ® ©の表示を省略していますがご了承ください。
・その他、社名および商品名、システム名称は、一般に各開発メーカの登録商標です。
・本書では、登録商標などに一般に使われている通称を用いている場合がありますがご了承ください。

本書の特徴と目的

1.本書の内容

本書は、C言語の入門書「わかりやすいC」の改訂版です。プログラミング学習では、何本のプログラムを書いたかで理解度が決まります。今回の改訂にあたり、たくさんのプログラムを書いて、実践的に学習できる内容に仕上げました。

2.大量のプログラミング練習

質量ともに十分なプログラミング練習の機会を提供します。多数の例題と共に、260問を超える練習問題と完全解答を掲載しています。

3.本書に準拠したプログラミングツールを配布

実践的な学習をすぐに始められるように、エクリプスCDT統合開発環境を、本書に準拠した仕様に再構成して配布しています。すべての例題が登録され、さらに、練習問題を作成するプロジェクトフォルダも登録された状態でダウンロードできます。

4.すぐに使えるオールインワン仕様

すぐにプログラム作成に取り掛かれるよう、本書に準拠したエクリプス開発環境は、ダウンロードしてすぐに使えるオールインワン仕様です。起動用ツール、コンパイラ、例題などのソースコードまで組み込みました。

※MacOSではGCCの追加インストールが必要です

5.WindowsとMacOSに対応

本書は、WindowsとMacOSの両方に対応する内容にしました。本書専用に用意したサポートウェブからは、Windows用とMacOS用の開発環境を、選択してダウンロードできます。

6.最新のC言語仕様に準拠

本書の内容はC99、C11に準拠しています。学習環境のCコンパイラも新しい仕様に準拠しています。WindowsはMinGW、MacOSはGCCです。

7.対象とする読者

初めてプログラミングを学ぶ人が対象ですから、予備知識は必要ありません。最新の言語仕様と標準的なカリキュラムに準拠しているので、大学、専門学校などで使う教科書、教材として利用できます。

本書の使いかた

本書は次の手順で学習してください。

1. 最初にサポートウェブ(http://k-webs.jp/hello-c)にアクセスして、教材(エクリプスCDT統合開発環境)をダウンロードしてください。エクリプス開発環境には、例題等のソースコードが組み込まれています。

2. 0章「プログラミングの準備」を読んで、開発環境をセットアップします。また、サポートウェブでは、セットアップの解説ビデオも見ることができます。

3. 1章で、C言語プログラムの作り方・動かし方を、操作しながら練習します。

4. 2章以降では、全ての例題が最初からエクリプス開発環境で動かせるように登録されています。例題を動かし、解説を読んで理解しましょう。

5. 理解を確実にするための練習問題が、たくさん埋め込まれています。必ず作成して、練習しましょう。練習問題を作成するフォルダ(プロジェクト)も最初からエクリプス開発環境に登録されています。

6. 章末には1ページの「まとめ」があります。その章のダイジェストですから、しっかり理解できたかどうか、読んで確かめましょう。

7. 章末には「通過テスト」が付いています。通過テストはその章を無事通過できるかどうかのチェックテストです。必ず問題を解いて、実力を測ってください。100％解答できることが目標です。

第10章　whileとdo-While文　195

第11章　場合分けをするif文　217

第12章　if文の使い方　237

第13章　switch文　263

データ表現と処理

実践的なプログラミング

プログラミングの準備

C言語に限らず、現代のプログラミングでは広くIDE (Integrated Development Environment) が使われます。IDEは、作成中のプログラムの間違いを教えてくれるほか、簡単な操作で、完成したプログラムのテストや実行ができるようにします。

本書では、Eclipse (エクリプス) というIDEを使います。そこで、最初の仕事は、プログラム作成の準備として、Eclipseのインストールと設定を行うことです。

0.1 Eclipseのインストール

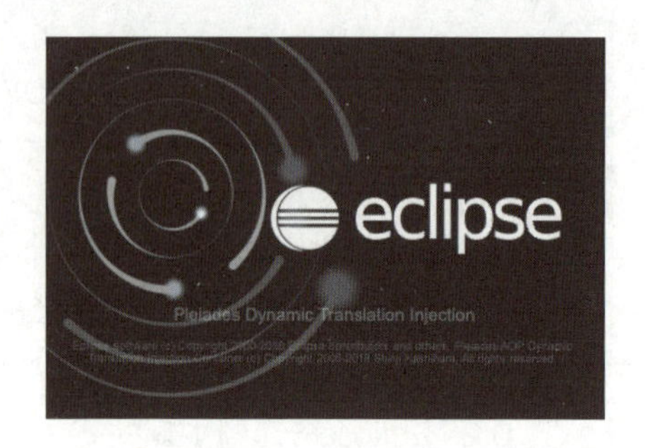

Eclipseは、非営利組織Eclipse Foundationが提供するIDEです。プラグインという拡張モジュールを誰でも作成することができることから、多数のプラグインが公開されています。利用者は必要なプラグインを選んで組み込むことで、Eclipseの機能を拡張できます。

Eclipseは、元はJava言語用のIDEでしたが、現在は、プラグインにより様々な言語に対応しています。本書では、CDTプラグインによりC/C++言語用に拡張されたEclipseを使います。

Windows OSへのインストール

1.サポートウェブからC言語用のEclipseをダウンロードする

＜サポートウェブ＞　http://k-webs.jp/hello-c

サポートウェブから本書の学習用にカスタマイズしたEclipseをダウンロードしてください。このEclipseは本家Eclipse.orgで配布しているC/C++開発者用Eclipseの日本語版です。また、Cプログラム作成・学習に必要なJRE(Java実行環境)やCコンパイラなども統合しているので、すぐに起動して使用できます。

＜ダウンロードファイルに含まれる内容＞

・日本語化したEclipse IDE for C/C++ Developers
・JDK(Eclipseを起動するのに必要)
・Cコンパイラ(MinGW)
・例題ソースコード

2.ダウンロードしたファイル(eclipseCDT.zip)を次の手順で展開する

※次の手順は、サポートウェブのビデオでも見ることができます[ビデオ番号：001]

①ダウンロードしたeclipseCDT.zip をマウスの右ボタンでクリックし、[すべて展開]を選ぶ
②展開場所としてCドライブの直下(c:¥)を指定する★

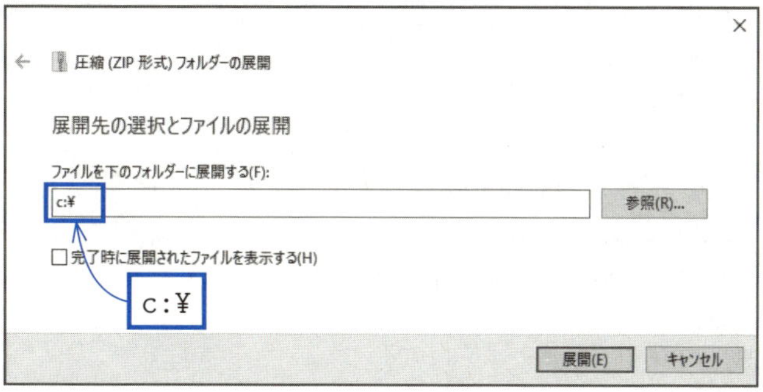

圧縮 (ZIP 形式) フォルダーの展開
展開先の選択とファイルの展開
ファイルを下のフォルダーに展開する(F):
c:¥ 参照(R)...
完了時に展開されたファイルを表示する(H)
c:¥
展開(E) キャンセル

③[展開]ボタンを押す
④Cドライブに、c:¥eclipseCフォルダとc:¥eclipseWorkspaceフォルダができていることを確認する(eclipseWorkspaceは例題プログラムなどのデータ用フォルダです)

★Eclipseを構成するフォルダ名やファイル名が、とても長い文字列なので、展開時に、Windowsの制限を超えてしまう可能性があります。そのため、ドライブの直下に展開することが推奨されています。本書では、Cドライブの直下に展開することを前提にしています。D:¥など他のドライブを指定した場合は、適宜、読み替えてください。

3.Cコンパイラ(MinGW64)がある場所を登録する

Cコンパイラは C言語プログラムの実行に必要です。ダウンロードしたファイル(EclipseCDT.zip)に含まれていますが、配置場所をWindowsのpath環境変数に登録しておく必要があります。

まず、次の手順で、環境変数ダイアログを開きます。

※次の手順は、サポートウェブのビデオでも見ることができます[ビデオ番号：002]

①　ボタンを押し、[Windowsシステムツール]→[コントロールパネル]と選択する
⇨[コントロールパネル]ダイアログが開く
②[システムとセキュリティ]→[システム]→(左端にある)[システムの詳細設定]と選択する⇨[システムのプロパティ]ダイアログが開く
③下段の[環境変数]ボタンを押す
⇨[環境変数]ダイアログが表示される
④[環境変数]ダイアログの下段の[システム環境変数]のリストボックスから、[Path]を探してクリックし、[編集]ボタンを押す
⇨[環境変数名の編集]ダイアログが表示される

続いて、次の手順で、path環境変数を編集します。

⑤ダイアログの右端にある[参照]ボタンを押す
⇨[フォルダの参照]ダイアログが表示される
⑥[フォルダの参照]ダイアログで次のようにする
・[PC]をクリックする
・[PC]の中から、[C:](ローカルディスク C:)をクリックする
・C: の中から、[eclipseC]→[mingw64]→[bin]と選択する
・[OK]ボタンを押す
⑦元のダイアログに戻るので、どれも[OK]を押して終了する

4.起動用アイコンを作成する

Windowsでは、Eclipseの起動用アイコンが自動生成されないので、自分で作成します。次の手順で作成してください。

※次の手順は、サポートウェブのビデオでも見ることができます[ビデオ番号：003]

①エクスプローラーで、CドライブのeclipseCフォルダを開く
②フォルダ内にある[　eclipse]をマウスの右ボタンでクリックする
③ポップアップメニューから、[タスクバーにピン留めする]をクリックする
⇨タスクバーにEclipseアイコンが表示される

Mac OSへのインストール

1.パッケージインストーラ(Homebrew)をインストールする

Homebrewをインストールすると、途中でCコンパイラが自動的にインストールされます。homebrewは、Cコンパイラのバージョンアップや、いろいろなソフトウェアのインストールを簡単にしてくれるツールです。

※次の手順は、サポートウェブのビデオでも見ることができます[ビデオ番号：004]

①ブラウザで Homebrewのウェブサイト https://brew.sh/ を開く
②ウェブの上部にあるHomebrewのインストールコマンドをマウスで選択してコピーする

Install Homebrew
インストールコマンド

```
/usr/bin/ruby -e "$(curl -fsSL https://raw.githubusercontent.com/Homebrew/install/master/install)"
```

③ターミナルを起動する
④コピーしたコマンドをターミナルに貼り付けて実行する（Enterキーを押す）
（実行中に、Enterキーの入力やOSの管理者パスワードの入力が必要。画面の指示に従うこと）

```
tkx — -bash — 132×24
Last login: Wed Jan 23 11:46:46 on ttys000
[tkx]$ /usr/bin/ruby -e "$(curl -fsSL https://raw.githubusercontent.com/Homebrew/install/master/install)"
```

2.サポートウェブからC言語用のEclipseをダウンロードする

＜サポートウェブ＞　http://k-webs.jp/hello-c/

サポートウェブから本書の学習用にカスタマイズしたEclipseをダウンロードしてください。このEclipseは本家Eclipse.orgで配布しているC/C++開発者用Eclipseの日本語版です。また、Eclipseの起動に必要なJRE（Java実行環境）も統合しているので、インストール後、すぐに使用できます。また、例題のソースコードも含まれています。

3.ダウンロードしたファイル（EclipseCDT.dmg）をインストールする

インストールはMacでの一般的なアプリケーションのインストールと同じです。

※次の手順は、サポートウェブのビデオでも見ることができます[ビデオ番号：005]

①eclipseCDT.dmgをダブルクリックする
②Eclipseアイコンをアプリケーションフォルダにドラッグ、ドロップする

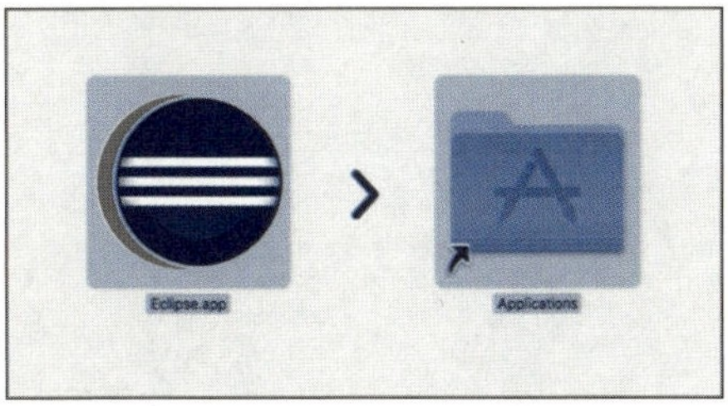

Eclipse.app　Applications

　ただし、Appストア以外からダウンロードしたので、これだけでは実行できません。Eclipseを実行可能にするには、ターミナルで次のコマンドを実行してください。

★大文字と小文字の区別を正確に。例えば、applications ではなく、Applications とする

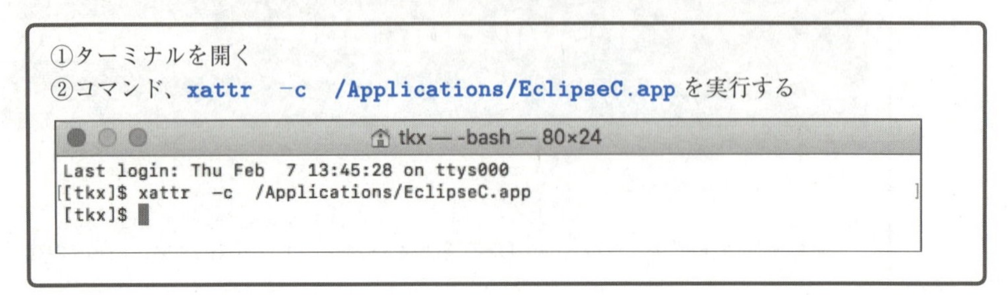

★xattrコマンドは、−c オプションにより、ファイルがダウンロードされた時に追加される拡張属性を削除して、起動できるようにします。

3.ワークスペースの切り替え

Eclipseを起動した時に、**Eclipseランチャー**で、使用するワークスペースを切り替えます。Eclipseランチャーにある[参照]ボタンを押して、直接ワークスペースを選択するか、あるいは、リストボックスから選択します。

? 添付されているものではなく、好きな場所に、ワークスペースを作りたいのですが？

サポートウェブに、ひな形のワークスペースが置いてあるので、それをダウンロードして使うといいでしょう。

教材ダウンロード

- workspace.zip　Windows用ワークスペース（ひな形）
- workspace.zip　MacOS用　ワークスペース（ひな形）
- sample.zip　例題ソースコード
- exercise.zip　練習・演習問題の解答ソースコード

★サポートウェブのダウンロードページ　http://k-webs.jp/hello-c/

Eclipseを初めて使う時は、設定作業が必要です。例えば、エディタ等で使用する文字フォントの指定や文字エンコーディングの指定、その他、Eclipseの使い勝手に関する設定などです。また、C言語ではコンパイルのための情報を自分で設定する必要があります。

そこで、設定作業をしなくてもいいように、サポートウェブに、中身は空ですが全ての設定情報を含んだ**ひな形のワークスペース**を用意しています。

ダウンロードしたワークスペースを適当な場所にコピーしてください。その後、Eclipseを起動し、[Eclipseランチャー]で[参照]ボタンを押して、その場所をワークスペースに指定して起動します。

第1章

初めてのプログラム作成

Eclipseを使うと、プログラムの書き間違いを教えてくれるので、単純な文法上の誤りを防ぐことができます。また、作業も大幅に自動化されるので、プログラマは本来のプログラム作成に集中できます。この章ではその過程の全容を解説します。

この章は、解説に沿って自分でも実行しながら読み進めてください。この章を理解すると、Eclipseを使ってプログラムを書き、書いたプログラムを実際に動かすことができるようになります。その作業が思ったより簡単なことに驚くことでしょう。

Eclipseのワークスペースをchapter 1に切り替えて、起動してください。

ワークスペースの切り替えは、Eclipseを起動する時に表示されるEclipseランチャーのダイアログで指定します。

注意：MacOSでは、../eclipseWorkspace/chapter1/のように末尾に / が付くことがあります。
必ず / を削除して、../eclipseWorkspace/chapter1 のように指定してください。

1.1 プログラムの作成

Eclipseアイコンをクリックし、[Eclipseランチャー]でchapter1のワークスペースを選択して[起動]ボタンを押し、Eclipseを起動してください。WindowsとMacOSで、Eclipseはそれぞれ次のように表示されます。

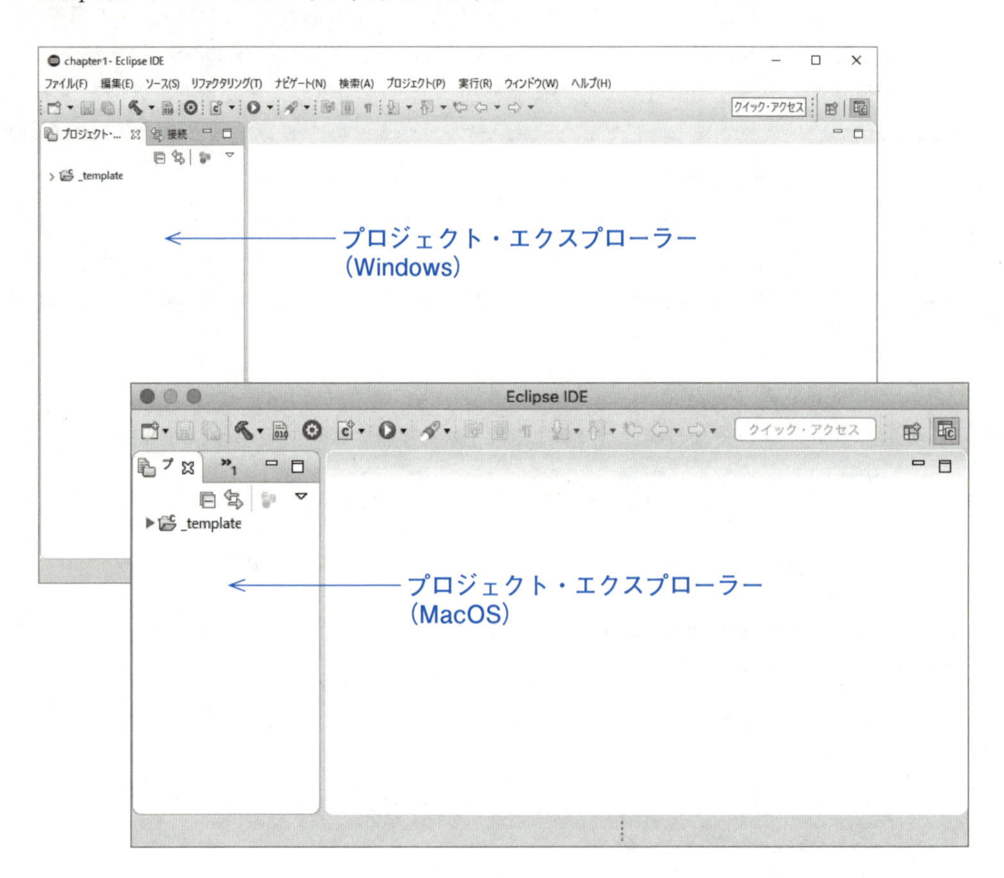

図の左側を、プロジェクト・エクスプローラーといいます。Windowsのファイル・エクスプローラーや、Mac OSのFinderのように、作成したプログラムフォルダやその中のファイルなどを見ることができます。もちろん、ファイルのコピーや削除なども、同じ操作で可能です。

なお、これ以降の画面はWindowsとMacOSで同じです。解説は、主に、Windowsの画面を示します。

プロジェクトを作る

プロジェクト・エクスプローラーに表示されている_templateは、ひな形のプロジェクトフォルダです(以下では、簡単にプロジェクトという)。

Eclipseでは、書いたプログラムは、プロジェクトの中に置くことになっています。1つだけでなく、関連のあるプログラムやデータは、すべて、同じプロジェクトの中に置きます。

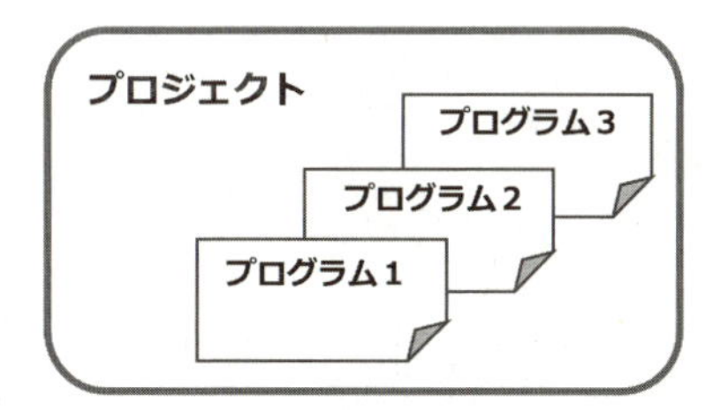

しかし、本書では、しばらくの間、1つのプロジェクトに1つのプログラムしか作りません。つまり、プログラムを1つ作るたびに、プロジェクトも1つ作成しなくてはいけないので、なかなか面倒です。

そこで、空のプロジェクト作っておいて、それをコピーして新しいプロジェクトを作るようにしました。_templateプロジェクトが、そのための空のプロジェクトです。

えっ！
プロジェクトを作るための、ちゃんとした操作はないのですか？

もちろん、ありますよ。
メニューで、[ファイル]⇨[新規]⇨[プロジェクト]と選択するだけで作れます。しかし、作成したプロジェクトはいくつかの設定が必要で、これが、毎回となると、なかなか面倒なのです(サポートウェブに設定資料が掲載されています)。

_templateプロジェクトは、中身は空ですが設定を済ませたプロジェクトです。ですから、コピーした方がいいと思いますね。それでもやってみたいというのなら、サポートウェブの設定資料を見ながらやってみてください。

２章以降では、必要なプロジェクトはあらかじめ作成してあるので、新しくプロジェクトを作ることはありません。しかし、1章では練習のため、プロジェクトやソースファイルを自分で作ります。

では、次の手順で、sample1プロジェクトを作ってみてください。

①_templateプロジェクトをクリックして選択する（青く反転表示されます）

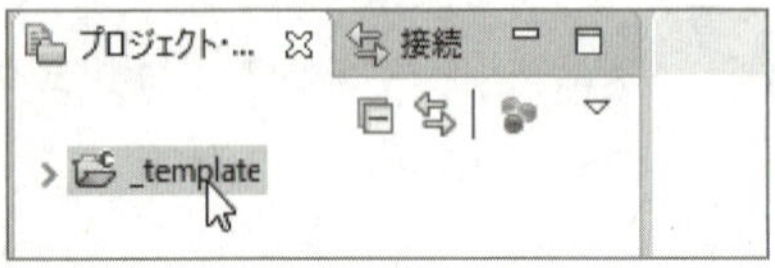

②メニューで[編集]⇨[コピー]と選択する

③メニューで[編集]⇨[貼り付け]と選択する

⇨[プロジェクトのコピー]ダイアログが開く

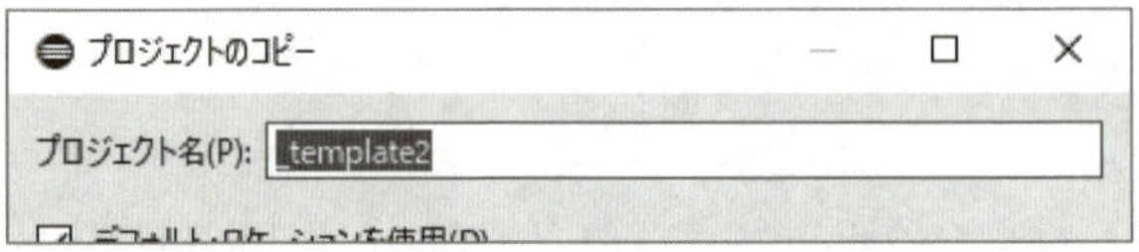

④[プロジェクト名]欄を sample1 に書き変える

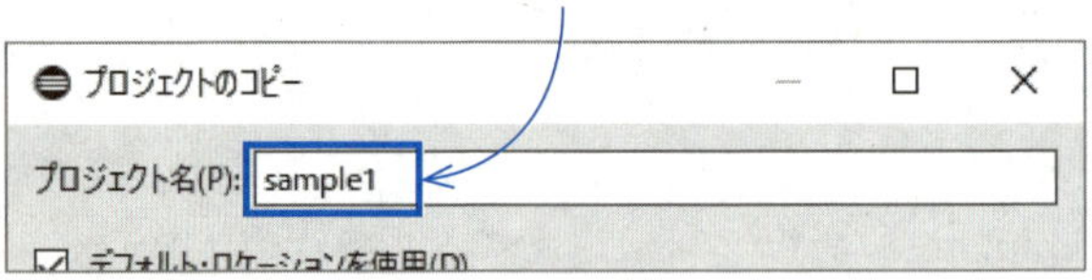

⑤[コピー]ボタンを押す

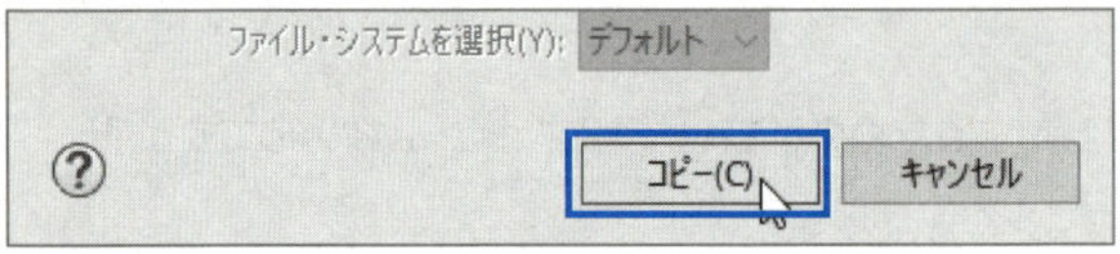

⇨ sample1プロジェクトができる

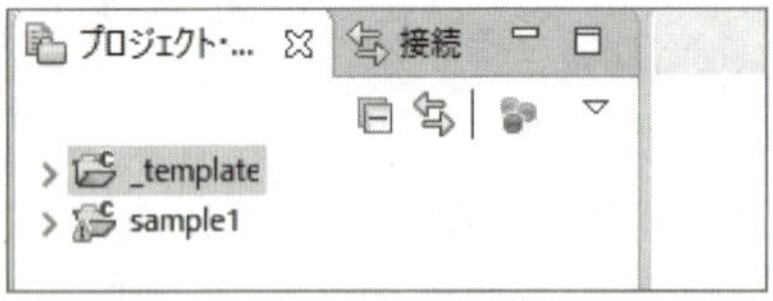

では、プロジェクトの作り方が分かったところで、次は、プログラムを作ってみましょう。

ソース・ファイルを作る

プログラマが書くプログラムを、ソースコードといいます。Eclipseでは、まず、ソースコードのファイル名を決めてから書き始めます。次の手順で、ソースコードのファイル名(sample1.c)を指定して、作業を始めましょう。

①**<必須>**プロジェクトをクリックする(選択された状態にしておくため)

②[新規C/C++ソース・ファイル]ボタンを押す

⇨[新規ソース・ファイル]ダイアログが開く

③[ソース・ファイル]にsample1.cと入力する

★ソース・ファイル名の最後には、.cが必ず必要です！
忘れると、プログラムとはみなされなくなるので、十分注意してください。

④[完了]ボタンを押す

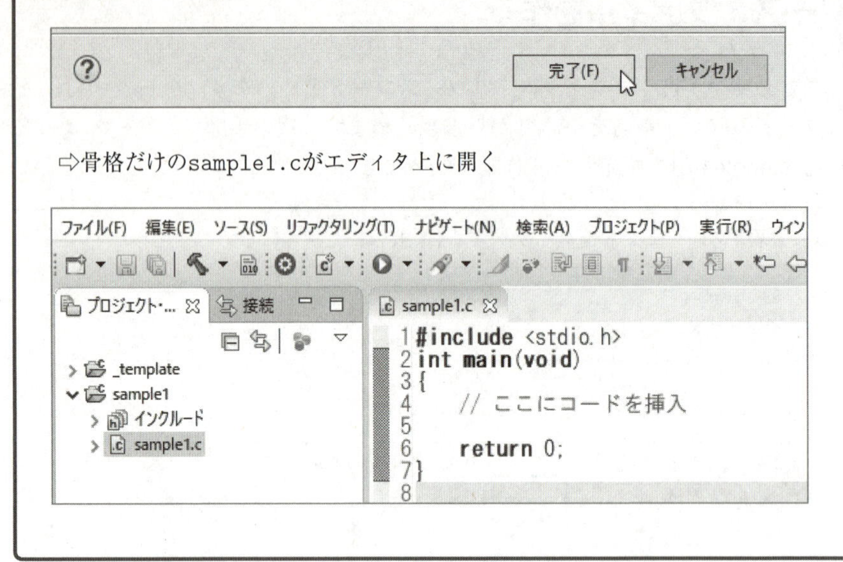

おや、すでに何か書いてあります！
このまま使ってもいいのですか？

これは、毎回同じことを書かなくてもいいようにするためです。
プログラムの書き方は決まっていて、最初と最後の部分はいつも同じになるので、Eclipseの**コードテンプレート**機能がその部分を自動生成しているのです。

具体的なプログラムは、「// ここにコードを挿入」と書かれている次の行から書きます。
つまり、空白になっている5行目ですね。

以上で、sample1プロジェクト内にソースファイルsample1.cが作成されました。後はこれに必要な命令文を書き足していきます。

次節では、必要な命令文を書いて、実際に動かせるプログラムを作成しましょう。

1.2 ソースコードを書く

命令文をひとつだけ書き加えることにします。命令文は「Hello World」というフレーズを画面に表示させるものです。書き加える位置は、プログラムの5行目です。次の手順にしたがって、入力してみてください。

▼完成したソースコード

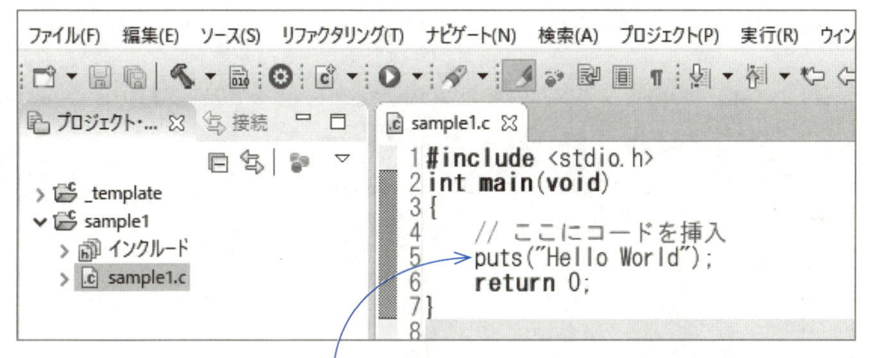

※puts("Hello World"); と書き加える

①最初に5行目をマウスでクリックし、カーソルを行の左端におきます。次に、Tabキーをタイプします。

```
1 #include <stdio.h>
2 int main(void)
3 {
4     // ここにコードを挿入
5
6     return 0;
7 }
8
```

```
1 #include <stdio.h>
2 int main(void)
3 {
4     // ここにコードを挿入
5     
6     return 0;
7 }
8
```

※行の左端でTabキーを押して書き出し位置を揃える

これは、書き出し位置を6行目の return 0;と揃えるためです。書き出し位置を揃えなくても間違いではありませんが、プログラムを分かりやすくするために、必ずこのようにします。

②次に、puts("Hello World");と半角で入力します。

putsは、文字列を画面に表示する命令です。C言語ではこのような命令を**関数**といいます。行末のセミコロン(;)を忘れないようにしてください。

プログラムを書きこんでいる途中では、下線や?マークが付きます。これは1文字入力するたびに、文法的に正しいかどうかチェックしているからです。したがって、すべてを正しくタイプし終えると、下線や?マークは消えます。

③完成したら左上にある[保存]ボタンをクリックして**ソースコード**を保存します。

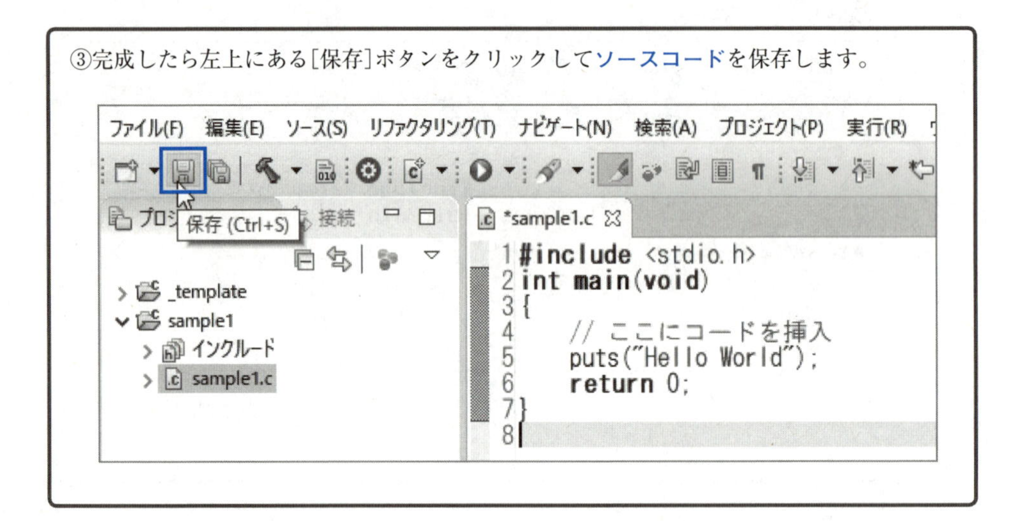

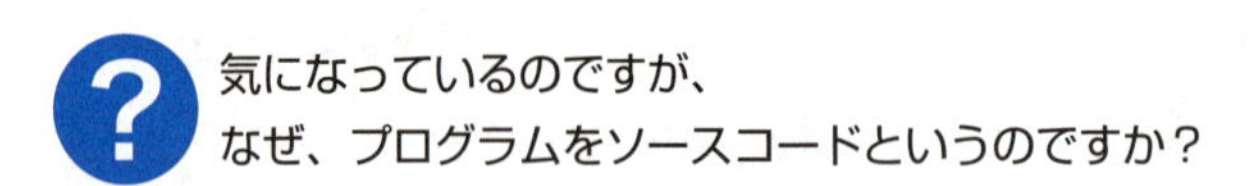

気になっているのですが、
なぜ、プログラムをソースコードというのですか?

よい質問ですね。
その理由は、C言語で書いたプログラムは、**機械語**に変換しないと実行できないからです。「機械語の元になる」と言う意味で、ソース(source)コードといいます。

コンパイル・リンク

コンピュータが理解できるのは、0と1の並びで表される**機械語**だけです。そこで、最初の頃は、機械語でプログラムを書いていました。しかし、あまりにも効率が悪いので、もっと理解しやすく、作りやすいプログラミング言語としてC言語が作られたのです。

ただし、C言語のプログラムは、コンピュータには理解できません。そこで、**コンパイラ・リンカー**というプログラムを使って、C言語から、実行できる機械語プログラムを生成します。この作業を**コンパイル・リンク**と言います。

Eclipseは、コンパイル・リンクを、**ビルドボタン**（ ）を押すだけで自動的にやってくれます。次は、それを試してみましょう。

1

1.3 ビルドと実行

プロジェクトのビルド

完成したソースコードを保管したので、次にビルドボタン(🔨)をクリックします。これによりコンパイル・リンクが自動実行されて、実行可能なプログラムが作成されます。

sample1プロジェクトをクリックし、選択状態にしてから、ビルドボタンを押してください。

ファイル(F) 編集(E) ソース(S) リファクタリング(T) ナビゲート(N) 検索(A) プロジェクト(P) 実行(R) ウィンドウ(W

プロジェ... 接続

template
sample1
インクルード
sample1.c

sample1.c

```
1 #include <stdio.h>
2 int main(void)
3 {
4     // ここにコードを挿入
5     puts("Hello World");
6     return 0;
7 }
8
```

? あれっ！ ビルドボタンを押すと、ソースコードに赤い線が付きます。それに、コンソールに「ビルドに失敗しました」と出ています。

それはコンパイルエラーです。
ソースコードに間違いがあるとそうなります。
書いた5行目をチェックしてください。引用符が全角漢字の ” になっていたり、行末のセミコロンがなかったりしてませんか？

よくある間違いは、記号を全角文字で入力することです。空白も全角文字はコンパイルエラーになります。

プログラマで、コンパイルエラーになったことのない人は、まず、いないでしょう。だれでも、必ず遭遇することですから、冷静にプログラムを見直して間違いを修正してください。修正したら、もう一度[保存]ボタンを押してから、ビルドしてみましょう。

ビルドボタンを押すと、コンパイル・リンクが実行され、その結果がコンソールウィンドウに表示されます。また、プロジェクト・エクスプローラーに、[バイナリー]と[exec]という2つのフォルダが現れ、[バイナリー]フォルダとexecフォルダの中に、実行できる機械語プログラム(sample1.exe)が表示されていることを確認してください。

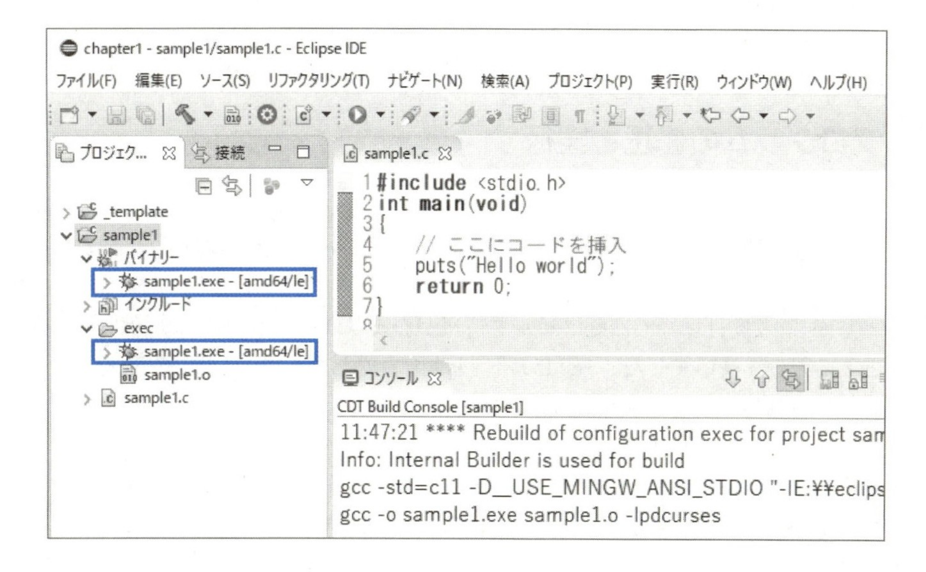

【MacOSへの重要な注意】
MacOSでは、ビルドした後は、必ずF5キーを押してください。F5キーを押さないと、[バイナリー]フォルダが表示されません。表示されていない状態では、プログラムを実行できないことがあります。

プログラムの実行

sample1プロジェクトをクリックし、選択状態にしてから、実行ボタン( )をクリックすると、プログラムが実行されます。

ただし、初めて実行した時は、次のような実行方法を尋ねるダイアログが開きます。[ローカルC/C++アプリケーション]をクリックして[OK]ボタンを押してください。

※C/C++ Container Applicationは、Dockerコンテナでプログラムを起動するためのものです。本書では扱いません。

実行結果は、コンソールウィンドウに表示されます。

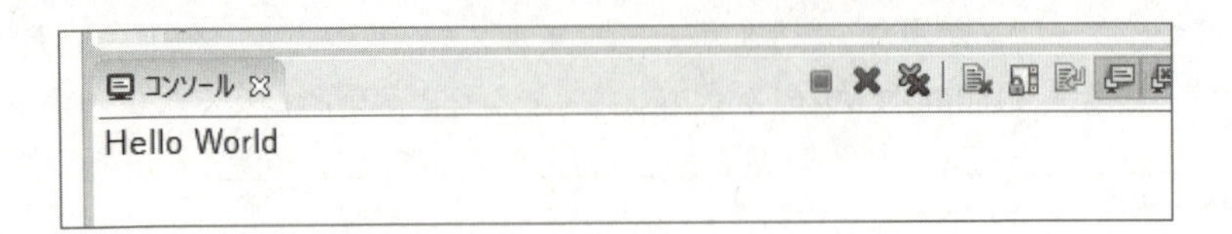

プログラムの修正と実行

プログラムを修正すると、もう一度ビルドし直す必要があります。本来ならば、[保存]⇨[ビルド]⇨[実行]と3つのボタンを順にクリックしなければ実行できません。

しかし、2度目以降では既にビルド情報が作成されているので、[保存]⇨[実行]とするだけで構いません。[ビルド]をクリックしなくても、[実行]をクリックしたときに自動的にビルドされ、引き続き実行されます。

では、プログラムをHello World !!と表示するように変更(!!を追加する)して、[保存]⇨[実行]とクリックしてみてください。コンソールに次のように表示され実行されたことがわかります。

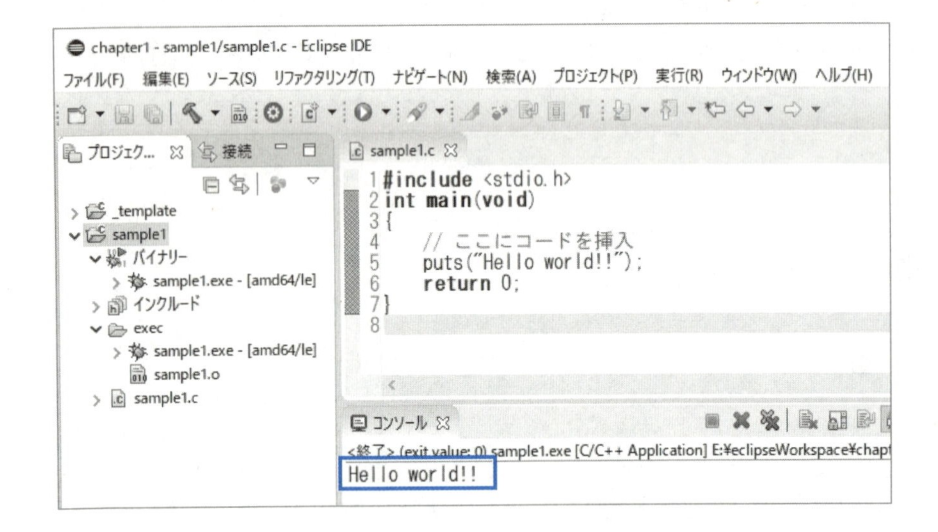

なお、プログラムを変更した後、ソースコードを保存せずに、[実行]をクリックすると、次のような確認表示が表示されます。この場合は[OK]を選択してください。ソースコードが保存されて、ビルドが開始され、そのまま実行されます。

第2章

プログラムの書き方

プログラムの基本的な構造を説明します。Eclipseを使うと基本構造の骨組みを自動作成してくれるので便利ですが、最低限の意味を知っていることは大切です。また、プログラムを見やすくするコメントの書き方や、プログラムの整形の考え方についても解説します。

この章を理解すると、正しい構造のプログラムを作成できるようになります。

Eclipseのワークスペースをchapter2に切り替えてください。この後の章でも同じです。3章ならchapter3、4章ならchapter4という具合に章の始めで切り替えてください。

ワークスペースの切り替えは、Eclipseを起動する時に表示されるEclipseランチャーのダイアログで指定します。

Eclipse IDE ランチャー

ワークスペースとしてのディレクトリー選択

Eclipse IDE は設定や開発成果物を保管するためにワークスペース・ディレクトリー

ワークスペース(W): ../eclipseWorkspace/chapter2

注意：../eclipseWorkspace/chapter2/ のように末尾に / が付くことがあります。必ず / を削除して、../eclipseWorkspace/chapter2 のように指定してください。

また、起動した後の場合は、メニューから切り替えることもできます。

①［ファイル］→［ワークスペースの切り替え］と選択する
②選択肢がポップアップするので、chapter2を選ぶ
　⇨ Eclipseが自動的に終了し、chapter2をワークスペースにして再起動する

2

2.1 プログラムの基本スタイル

ここでは、プログラムの基本的な書き方について解説します。

例題2-1 プログラムの基本スタイル

sample2-1.c

```
1  #include <stdio.h>
2  int main(void)
3  {
4      // ここにコードを挿入
5      puts("C言語は");
6      puts("楽しい！ ");
7      return 0;
8  }
```

実行結果

コンソール

```
C言語は
楽しい！
```

２章からは、ワークスペースにすべての例題が入っています。この例題2-1は、sample2-1プロジェクトに入っています。Eclipseでプロジェクトをダブルクリックし、さらに、sample2-1.cをダブルクリックして、ソースコードを表示してください。

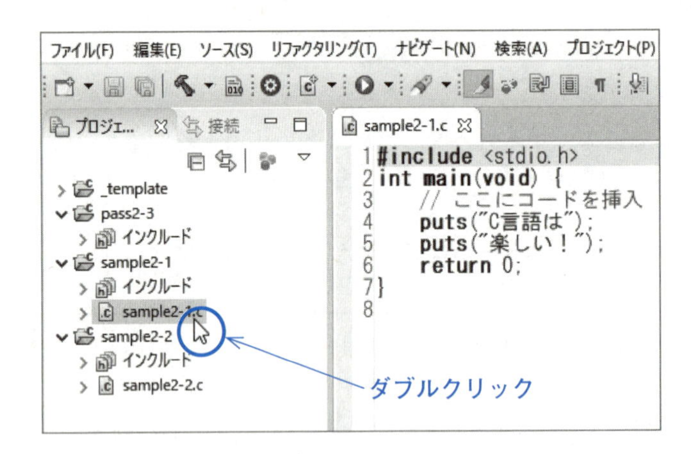

プロジェクトをクリックした後、ビルドします。MacOSではビルドした後でF5キーもタイプしてください。最後に、実行ボタンを押して、実行してください。

なお、初めて実行した時だけ、次のようなダイアログが出るので、[Local C/C++ Application]を選んでOKボタンを押します。

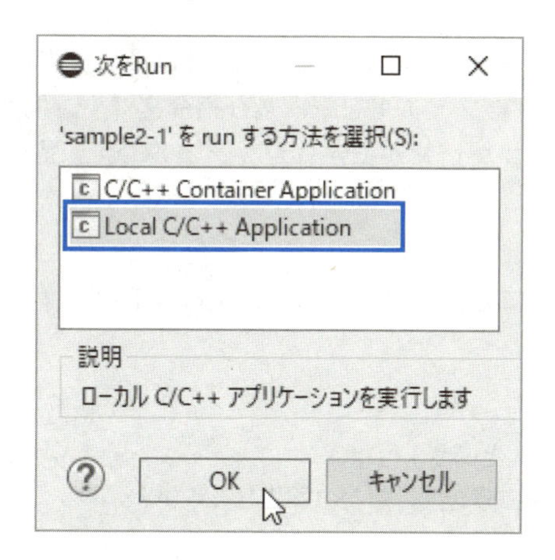

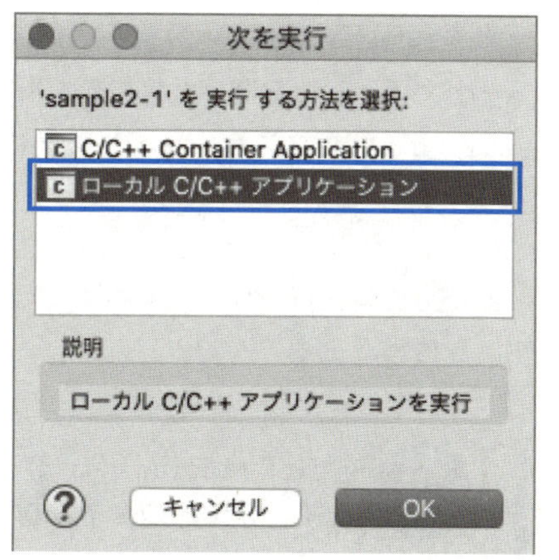

実行結果を確認したら、以下の解説を読んでください。

プログラムは付加情報と本体の2つのパートからなる

例題の1行目はプログラムに対する付加情報で、2行目以降がプログラム本体です。

付加情報

```
#include   <stdio.h>
```

本体部分

```
int main(void)
{
    // ここにコードを挿入
    puts("C言語は");
    puts("楽しい!");
    return 0;
}
```

2

付加情報

```
#include <stdio.h>
```

#includeはインクルード文といい、いつも、プログラムの1行目に書きます。インクルード文は、それを書いた位置に、指定したファイルを読み込む指令文です。例題では、stdio.hというコンパイル・リンクに必要な情報が書かれたファイル（ヘッダファイルといいます）を読み込みます。

stdio.hは、ほぼすべてのプログラムに必要なので、プログラムの1行目はいつもこのように書きます。

すると、#include <stdio.h> という1行が、stdio.hというファイルの中身に置き換わるということですか？

その通りです。
stdio.hは、1400行近くあるのですが、書いたソースコードの先頭に、1400行分のデータが連結されることになりますね。

本体部分

本体部分を関数といいます。例題はmainという名前の関数です。規模の大きなプログラムではこれ以外にもたくさんの関数を作りますが、しばらくはmainだけのプログラムを使います。

たくさんの関数を使う場合でも、一番最初に実行されるのはmain関数であると決まっています。main関数は処理の開始点になる特別な関数です。

関数の具体的な中身（機能）は { と } の間に書きます。次の図に示すように、{ から } の部分をブロックといいます。

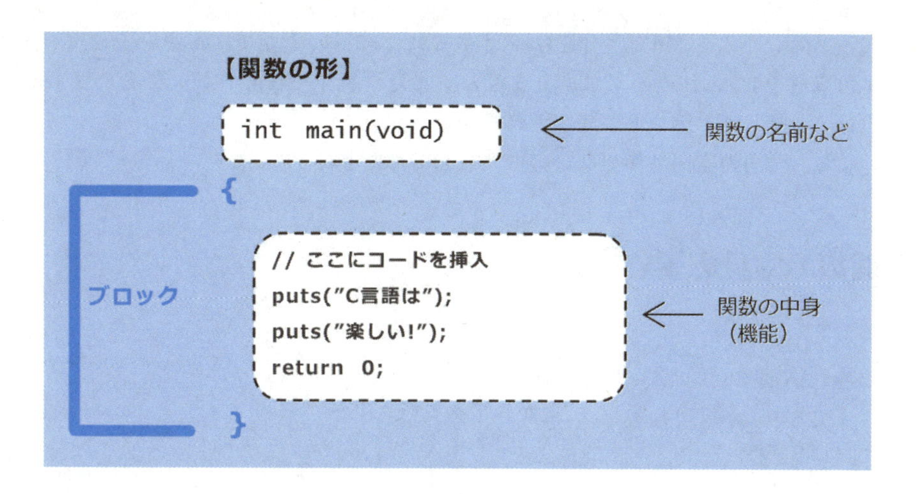

関数をたくさん使う時、mainをいくつも書くわけですか？

いや、mainはひとつしか書けません。
それ以外の関数には、mainではない他の名前を付けます。
mainは、処理の開始点になる特別な関数であることを忘れないように。

ブロックとインデント

文法の規定ではありませんが、ブロックの中は周囲から4文字分だけ字下げするのが普通です。これを**インデント**といいます。インデントはプログラムを見やすくする工夫です。

```
int main(void)
{
    // ここにコードを挿入
    puts("C 言語は");
    puts("楽しい!");
    return 0;
}
```

ブロック内は4文字の字下げをする(インデント)

インデントとして4文字分を字下げするには、行の先頭でTabキーをタイプします。半角空白を4つ入れるのではありません。また、行末でEnterキーをタイプすると、次の行にも同じインデントが設定されます。

なお、全角の空白は使えないので注意してください。

関数の中身の書き方

```
puts("C言語は");
puts("楽しい！ ");
return  0;
```

上から下へ実行される

putsは( )の中に書いた文字列を表示する命令です。実行結果を見て分かるように、複数のputsがある場合は書いた順番に文字列が表示されます。つまり、プログラムは書いた順に上から1行ずつ実行されるのです。

また、return 0;は関数の終わりを示します。main関数の最後には必ずreturn 0;と書かねばなりません。return 0;はmain関数の処理が終了した、と言う意味です。

return 0; はmain関数の終わりを意味する

文の最後がセミコロン（ ; ）で終わっていることにも注目してください。セミコロンはプログラムでは日本語の句点(。)にあたるもので、文の最後はセミコロンで終わるという規則になっています。

文の最後にはセミコロン(;)を付ける

プログラムの改行スタイル

プログラムでは改行には意味がありません。文の最後はセミコロンで判定できるので、文法的には全く改行しなくてもよいのです。

例えば、次のように書いてもエラーではありません。単語を区切る空白は必要ですが、それも最低1文字でよいのです。（□で示しています）

```
int  main(void){puts("Hello");puts("World");return  0;}
```

あるいは、次のようにしてもエラーにはなりません。

```
int  main(void)
{
    puts("Hello");  puts("World");return  0;
}
```

C言語のプログラムは、任意に改行したり、空白行や空白文字を入れたりしても意味は変わりません。人が読んで分かりやすい形式であればよいのです。

例題の書き方は標準的なものですが、他に次のようなスタイルもあります。これはC++やJava言語でよく使われています。少しコンパクトになりますが、好みの問題ですからどちらでも構いません。

```
int  main(void){
    puts("Hello");
    puts("World");
    return  0;
}
```

#include文は1行で書く

C言語のプログラムは、任意に改行したり空行や空白文字を入れたりしても、解釈が変わることがないので、**フリーフォーマット**と言われます。

しかし、#include文だけは自由な改行は許されず、1行に書かねばなりません。例えば次のように改行することはできないので注意してください。

```
#include                              このような改行はエラーになる！
<stdio.h>
```

また、#include文を書いた行に、他のことを書いてはいけません。次のように関数の記述などを同じ行に書くとエラーになります。

```
#include <stdio.h> int main(void)
{puts("Hello"); return 0;}
```

練習 2-1

1. 次の文の空欄にあてはまる適語を答えなさい。

プログラムの先頭には ① 文を書いてコンパイル・リンクに必要な ② の読み込みを指示する。プログラムの本体は ③ 関数として作成する。プログラムの処理内容は{ }で囲まれた ④ の中に記述する。

関数内の命令文は終止符として ⑤ を付ける。また、関数に記述した命令は上から下へ書いた順に実行される。文字列を表示する命令は ⑥ である。main関数での処理の終わりを示すために、ブロック内の最後の行には ⑦ を書く必要がある。ブロック内は通常Tabキーをタイプして4文字の字下げを行うが、これを ⑧ という。

関数の中で改行は意味を持たないが、判読し易く整形するために改行する。ただし、単語の途中では改行できない。また、単語と単語の間の区切りとして使用される ⑨ も最低1文字は残さねばならない。なお ⑩ 文は途中で改行できない。

【解答】

① ＿＿＿＿＿ ② ＿＿＿＿＿ ③ ＿＿＿＿＿ ④ ＿＿＿＿＿ ⑤ ＿＿＿＿＿

⑥ ＿＿＿＿＿ ⑦ ＿＿＿＿＿ ⑧ ＿＿＿＿＿ ⑨ ＿＿＿＿＿ ⑩ ＿＿＿＿＿

2. 次のプログラムに関する問に答えなさい。

(1) 次のプログラムについて、①～③に埋める適当な語を書きなさい

(2) 3行目から6行目の範囲を何というか答えなさい

(3) このプログラムにある3か所の間違いを指摘しなさい

```
1 include [    ①    ]
2 int [    ②    ] (void)
3 {
4     puts(おはよう)
5     [        ③        ]
6 }
```

【解答】

(1) ① ____________ ② ____________ ③ ____________

(2) ____________

(3) 1. ____________

2. ____________

3. ____________

2

2.2 コメント

コメントは、プログラムの中に日常の言葉で説明を書いておくためのものです。プログラムには何の影響も与えず、コンパイル・リンクでは無視されます。

例題2-2 コメントのあるプログラム

sample2-2.c

```
1   /*
2    * 例題2-2
3    */
4   #include <stdio.h>
5   int main(void)
6   {
7       // ここにコードを挿入
8       puts("おはよう");            // 挨拶を表示する
9       return 0;
10  }
```

コメントを書いたこの例題はプログラムの名前や処理内容がひと目で分かります。コメントはプログラムに説明を加えて分かりやすくするものです。コメントはプログラムに影響しないので、必要なだけいくらでも書くことができます。

「// ここにコードを挿入」という記述も、実はコメントだったのです。したがって、不要だと思えば、削除してかまいません。

コメントの書き方は次の2通りです。

(1) /* …… */　　/* ではじまり */で終わる複数行の範囲がコメントになります
(2) // ……　　// からその行末までがコメントになります(1行コメント)

(1)は**複数行コメント**、(2)は**1行コメント**です。

コメントの使用例

青字の部分がコメント記号です。使い方に注目してください。

① ラインのように*を付加して使う

```
/**************************
 *  例題 sample02.c       *
 *  作者 田中 一郎         *
 **************************/
```

② Eclipseで自動挿入されるコメント

/*をタイプして、さらにEnterキーをタイプすると、このスタイルのコメントが自動挿入される

```
/*
 *  例題 sample02.c
 *  作者 田中 一郎
 */
```

③ 複数行コメントを1行コメントのように使う

```
/* putsは文字列を表示する*/
puts("こんにちは");     /* あいさつを表示する*/
```

④ 1行コメントを複数行にわたって書きこむ

```
// 例題 sample02.c
// 作者 田中 一郎
```

⑤ 1行コメントをラインのように使う

```
///////// sample02.c //////////
```

⑥ プログラムの末尾にコメントを追加する

```
puts("こんにちは"); // あいさつを出力する
```

⑦ 複数行コメントと1行コメントを連続して使っても間違いではない

```
/* 例題 sample02.c  */// 作者 田中 一郎
// 例題 sample02.c /* 作者 田中 一郎 */
```

誤ったコメントの使用例（エラーになります）

① 1行コメントで囲っても複数行コメントにはならない

```
// あいさつを
     表示する //
```

② 複数行コメントは入れ子構造にできない

```
/* /* 例題 sample02.c */ */
```

③ 1行コメントの中の複数行コメント(/*)はただの文字である

```
// こんにちは /* 例題
sample02.c */
```

練習 2-2

1. 次のコメントの書き方でエラーになるものをすべてあげなさい。

①
```
/** おはよう */
```

②
```
//////////////////////
//// sample02.c //////
/////////////////////
```

③
```
/* 例題
*// sample02.c //
```

④
```
/ * * * sample02.c * * * /
```

⑤
```
// / / /  作者 田中一郎  / /  //
```

⑥
```
/*------------------*/
/* 例題  sample02.c */
/*------------------*/
```

⑦
```
/*** 例題 ****/*** sample02.c ****/
```

⑧
```
/* // おはよう
こんにちは  //  */
```

⑨
```
// おはよう /* こんにちは
さようなら */
```

【解答】＿＿＿＿＿＿＿＿

この章のまとめ

この章では、プログラムの構成とコメント文について解説しました。

プログラムの基本構成

プログラムは、インクルード文とmain関数からできています。

include文はコンパイル・リンクに必要な情報を書いたstdio.hというヘッダファイルを読み込みます。また、プログラムの内容はmain関数の中に書きます。そして、処理は、上から下へ、書いた順に実行されます。

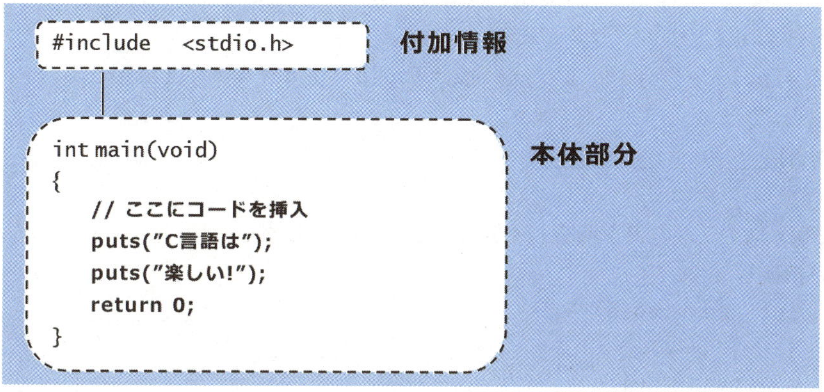

```
#include    <stdio.h>
```

付加情報

```
int main(void)
{
    // ここにコードを挿入
    puts("C言語は");
    puts("楽しい!");
    return 0;
}
```

本体部分

C言語のプログラムは、フリーフォーマットですが、見やすいようにインデントを付けて書くことが必要です。インデントは Tab キーで入力します。

コメント文

コメント文は、プログラムの実行とは無関係なメモ書きです。プログラムの説明などを書き込んでおくために使います。

// は、それを書いた位置から行末までがコメント文になる1行コメントです。
/* ～ */ は、/* で始まり、*/ で終わるコメントで、複数行に渡ることができます。

通過テスト

2

1. 次の文のうち誤っているものの番号を答えなさい。
   (1) この章で学習したプログラムの場合、先頭行は#include文でなければならない
   (2) main関数がないプログラムは実行の開始点がないので単独では実行できない
   (3) インデントのために全角(漢字)の空白文字を使うことがある
   (4) 次のようなコメントはエラーにならない
```
/* こんにちは
*/ // さようなら */
```
   (5) この章で学習したプログラムの場合、関数の最後にreturn 0;と書く必要がある
   (6) 次は正しいプログラムである
```
#include <stdio.h> int main(void){puts("ok");return 0;}
```

【解答】＿＿＿＿＿＿＿＿

2. 次のプログラムの書き漏らしや間違いを4か所(同じ間違いは複数あっても1か所と数える)指摘しなさい。

```
1  int  main(void)
2  {
3       puts("Hello")
4       puts(World)
5  }
```

① ＿＿＿＿＿＿＿＿
② ＿＿＿＿＿＿＿＿
③ ＿＿＿＿＿＿＿＿
④ ＿＿＿＿＿＿＿＿

3. 次の実行結果のように表示するプログラム(pass2-3.c)を作成しなさい。

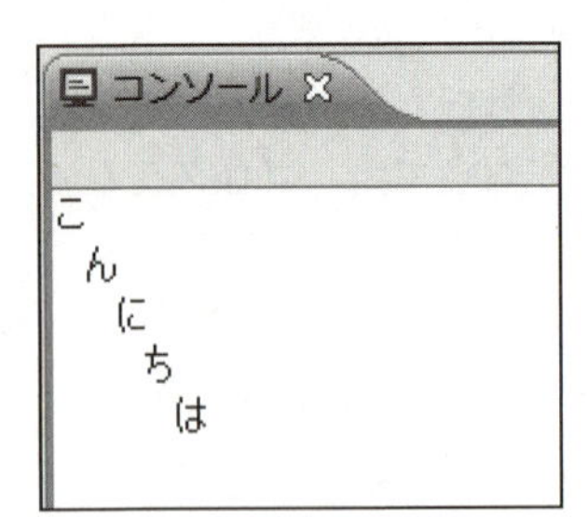

★Eclipseのワークスペースに、pass2-3というプロジェクトがあるので、そこにpass2-3.c を作ってください

第3章 基本的なデータ型

おおまかに言って、データは計算に使えるものとそうでないものがあります。10や1.56のような数値は計算に使えますが、AやBなどの文字は計算に使えません。したがって、プログラムではこれらのデータをそれぞれ違うものとして扱う仕組みが必要です。それをデータ型といいます。この章を理解すると基本的なデータ型の種類を知り、それらの値を出力する適切なプログラムを作成できるようになります。

3.1 データの種類とサイズ

人が数値や文字を記憶するとき、それが脳の中のどこに記憶されていて、どの程度のスペースをとっているかなどは考えません。そもそもそんなことを知らなくても不都合はないからです。しかし、脳ではなくメモリーなど限られた容量の記憶装置を使うコンピュータでは、装置内にどの程度のスペースが必要かを常に考える必要があります。

文字

コンピュータの記憶装置では、最小単位は**bit（ビット）**です。1bitのスペースには0または1を1個だけ記憶できます。そして、半角の英数文字（**ASCII（アスキー）文字**）を1文字記憶するためには、bitで8個分のスペースが必要です。つまり、1文字あたり8bitのスペースが必要で、これを**1byte（バイト）**と呼びます。

重要 **半角英数字の１文字は１バイト（8ビット）**

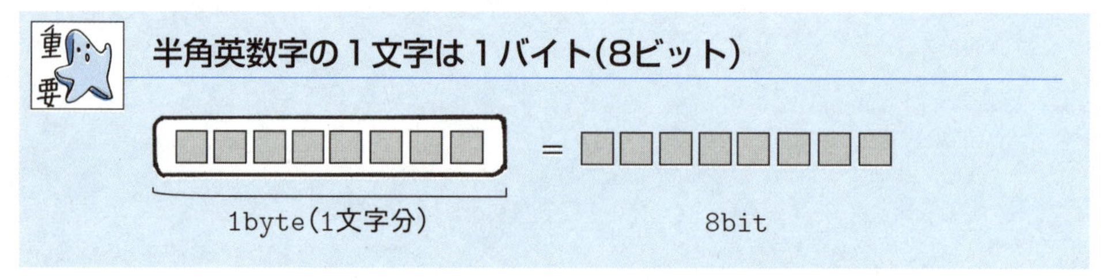

★漢字などの日本語の文字を表すには、もっとたくさんのビット数が必要になります

整数

数値が何バイトのスペースを必要とするかは数値の大きさによります。1バイトで表現できる**整数**は、−128 〜 127です。もっと大きな数を扱うには、2 〜 8バイト分のスペースを使います。例えば、2バイト分のスペースを使うと、−32,768から32,767までの数を表せますし、4バイト分のスペースを使うと、±21億程度の数を表現できます。また、8バイトのスペースでは、922京（1京=1兆×10000）という巨大な数も表現できます。

1 byte		-128 ～127
2 byte		-32,768 ～32,767
4 byte		-2,147,483,648 ～ 2,147,483,647
8 byte		-9223372036854775808 ～ 9223372036854775807

浮動小数点数

さらに大きな数や小数点以下の小さな数を扱うには、整数ではなく**浮動小数点数**を使います。例えば、12469125478.945という数を1.2469125478945×10^{10}と書くのが浮動小数点数です。10^{10}をかけることで、小数点の位置を本来の位置から「浮動」させるため浮動小数点数といいます。

これに対して、一般の小数点付きの数は**固定小数点数**といいます。プログラムでは、固定小数点数をそのまま使いますが、内部では、浮動小数点数に変換されて記憶されます。

12469125478.945 ⇨ 1.2469125478945×10^{10}　内部では浮動小数点数になる

真理値

プログラムでは、値の大小関係や等値関係が問題になる場合があります。例えば、計算結果が予定していた値より大きかったかどうか知りたい場合は、予定していた値と比較する式を作って、比較結果を何かの値で表現します。このような時に使うのが、**真理値**です。

真理値は、もともと論理学(命題論理)で使われる用語です。論理学では「○○は××である」という表現を命題といい、それが正しい時は真(true)、間違っていれば偽(false)とします。

プログラムでは、命題として、例えば、「計算結果が予定していた値より大きい」という式(関係式)を作り、それが正しい時は真、間違っていれば偽とします。

問題は、真と偽をどういう値で表現するかです。C言語では**0が偽、0以外の値(主に1を使う)が真を表す**と定めています。0と1(0以外の値)を使うので、真理値と整数は区別できません。真理値として使われているかどうかは、プログラムの内容から判断します。

わかりやすくするため、1999年に改訂されたC99規格からは、0の代わりにfalse、1の代わりにtrueと書くことができるようになりました(⇨ P.45)。しかし、本格的な普及はこれからです。

練習 3-1

1. 次の空欄に正しい言葉を埋めなさい。

コンピュータの記憶装置にデータを記録する場合、どのくらいのスペースが必要かはデータの種類による。スペースの最小単位はビット(bit)であり、ASCII文字1文字を記録するには［ ① ］ビット、すなわち［ ② ］バイトが必要である。

1バイトで表現できる整数は［ ③ ］から［ ④ ］までの数に過ぎないが、4バイト使うとおおむね21億程度の整数を表現できる。小数点の付く数は［ ⑤ ］として記録される。プログラムでは固定小数点数で書いても、コンピュータ内部では［ ⑤ ］に変換される。

また、プログラムでは、値の大小関係や等値関係を表す式(関係式)の真偽を真理値で表します。C言語では、真理値として、［ ⑥ ］は偽、それ以外の値は真を表すと定められています。

【解答】

① ________　② ________　③ ________

④ ________　⑤ ________　⑥ ________

3.2 データ型

C言語では具体的な値を定数(リテラル)といいます。例えば、A、Bなどの文字や12、0.123などの数値です。文字と数値では特性が異なりますし、数値にも整数と浮動小数点数があります。ひとくちに定数といっても、いろいろなタイプがあります。

タイプ(type)は、日本語では「型」です。そのため、いろいろある定数のタイプをデータ型といいます。C言語では、データ型を次に示す4種類に分類しています。

分類名	型　名	説　明	例
文字型	char	1文字	'A'　'a'
整数型	int	整数	12　−152　+11
浮動小数点型	double、float	実数	12.3　−0.23　.45　2.5f　1.23E2　2.2E−2
論理型	_Bool又はbool	真理値	1　0

次に、それぞれの型について説明します。

文字型

char型(チャー型、キャラ型)は、ひとつの文字を表します。プログラムでは、Aと書くのではなく、'A'のように一重引用符で囲む必要があります。

ただし、一重引用符だけを2つ書いた''はエラーになります。

整数型

int型(イント型)は、小数点の付かない整数です。+12とか-12のように正負の符号を付けて表記できます。GCCやMinGWコンパイラでは、4バイトを使って-2,147,483,648～2,147,483,647の範囲の値を表現できます。

「GCCやMinGWでは」と書いてありますが、限定した言い方ですね。もしかして、4バイトではないコンパイラがあるということですか？

そうなんです。
C言語の仕様書では、intのバイト数を4バイトにするなんて、どこにも書いてありません。コンパイラが都合に合わせて決めることになっています。これを**実装依存**といいます。この点は、6章で、もう一度詳しく説明します。

3

浮動小数点型

double型（ダブル型）は、12.3のように小数点のある数値です。+12.3とか-12.3のように正負の符号を付けて表記できます。GCCやMinGWコンパイラでは、8バイト分のスペースを使って値を表現し、有効桁数は15桁です。

float型（フロート型）の値は、double型の半分程度の有効桁数です。そして、2.5fのように末尾に**f**または**F**を付ける必要があります。fとFの効果は同じです。fまたはFの付かない小数点付きの数は、すべてdoubleとみなされます。

変わった書き方ですが、1.23E2は、**指数形式**という表記方法で、1.23×10^{2}を意味します。Eの後の数値が10のべき乗の数です。2.2E-2は、$2.2\times10^{-2}=2.2\div10^{2}$ですから0.022です。この表記方法は、科学技術計算で使われています。

double型は、記憶装置上でfloat型の2倍のスペースを必要とする型です。しかし、コンピュータの性能が向上したため、現在では、float型はほとんど使われなくなり、浮動小数点型としてはdouble型が常用されています。

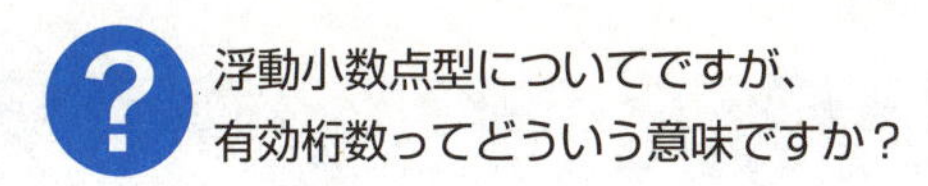

例えば、floatとdouble で1.0÷0.3を計算し、答えを20桁の範囲で表示してみると次のようになります。

　　floatの場合　：3.3333332**53860473633**
　　doubleの場合：3.3333333333333333**481**

太字で示した部分は正しくないことが明らかです。残りの部分が正しい値で、その桁数を数えると、この計算ではfloatは7桁、doubleは16桁でした。このように、正しい値として使える部分の桁数を有効桁数といいます。

論理型

1999年のC99規格から、C言語でも、真理値を表すための型として_Bool型が使えるようになりました。_Bool型は**論理型**といい、値は0か 1 のどちらかになります。C言語では0以外を真と定義していますが、_Bool型は0か1しかないため、真は1です。

同時に、_Boolのエイリアス(別名)として**bool**も定義されましたが、true、falseと同様に、本格的な普及はこれからと考えられています。

練習 3-2

1. 左右で対応するものを線で結びなさい。
   ただし、右側の項目は左側の複数の項目に対応する場合がある。

1236E18	○	○	int
998741	○	○	char
'B'	○	○	double
false	○	○	_Bool
0.2365001	○	○	float
1.1234f	○		

2. 次のうち正しいものに○、誤りに×を付けなさい。
   (1) 0.236502E5は2365.02である
   (2) _Bool型の真(true)は1である
   (3) 0.123Fはfloat型であるが、0.123はdouble型である
   (4) 1は整数だが、真理値の偽(false)としても使われる

3.3 文字と文字列

"abc"のように、文字を並べたものを**文字列**といいます。C言語には、文字型はありますが、文字列型という型はありません。そのため、文字列のデータは文字列定数とは言わず、単に文字列あるいは**文字列リテラル**といいます。すでに見たように文字列は、プログラムの中では"Hello!"のように二重引用符で囲って表記します。

```
"Hello !"    "こんにちは"    文字列は二重引用符で囲む
```

文字列は、終わりを示すために、末尾に特殊な文字(**終端文字**)が追加されています。終端文字には、**'¥0'** が使われます。目には見えない特殊文字です。

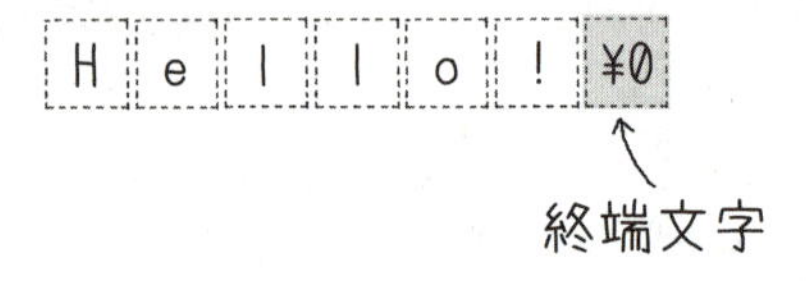

文字列の長さには、終端文字を加える必要があります。したがって、半角の英数字の場合、1バイトで1文字を表現するので、文字数+1バイトが、文字列を格納するのに必要なバイト数です。

半角英数字の文字列を記憶するのに必要なメモリーサイズ

必要なバイト数 =(文字数 + 1)バイト

なお、"a"のように1文字しかなくても、二重引用符で囲むと文字ではなく文字列になります。また、二重引用符だけを2つ書いた""も正しい文字列です。中身がないので、**空(から)文字列**といいます。

(例)

```
"Hello"   ----   6バイト
"a"       ----   2バイト
""        ----   1バイト(空文字列)
```

先輩が「漢字は2バイトで表現する」と言ってましたけど本当ですか？

文字がコンピュータ内部では番号（整数）で記憶されていることは知っていますか？すべての文字に番号を付けて、それで記憶しているわけです。

文字にコンピュータ用の番号を紐付ける方式を**文字符号化方式**と言います。漢字のバイト数は、どんな文字符号化方式を使うかで違うのです。今は、多くの場合、世界共通規格の**UTF-8**を使います。
EclipseもUTF-8を使う設定になっています。これだと、ほとんどの漢字は3バイトです。あまり使わない難しい漢字だと、4バイトになるものもあります。

練習 3-3

1.次のうち正しいものに○、誤りに×をつけなさい。

(1) "C" は 1 文字なので、'C' と同じ文字データである
(2) 半角英字の文字列 "notebook" を記憶するのに必要なメモリーは8バイトである
(3) 文字符号化方式としてUTF-8を使うと、漢字1文字は2バイトで表現できる
(4) 2重引用符だけで中身のない文字列 "" は文法エラーになる
(5) C言語には文字列型はない

3.4 printfの使い方

文字列を表示するために、puts関数を使いましたが、putsでは、文字列だけしか表示できません。いろいろな型のデータを表示するには、**printf**関数を使います。printfは、どんな型のデータでも表示できる万能性と多機能性をあわせ持つ高度な関数です。

最初に、putsと同様に文字列を表示してみます。

sample3-1プロジェクトの中に、この例題を作成したsample3-1.cがあるので見てください。そして、本の解説を読んだら、ビルドして実行し、結果を確認してください。自分でプログラムを作成する練習は、この後に練習問題があるので、そちらでやってみましょう。

例題3-1 文字列の表示

sample3-1.c

```
#include  <stdio.h>
int  main(void)
{
    printf("大丈夫だよ");
    printf("すぐに使いこなせるさ");
    return  0;
}
```

実行結果

コンソール

```
大丈夫だよすぐに使いこなせるさ
```

改行

printfでputsと同じ書き方をすると、実行結果のように、2つの文字列が1行に表示されてしまいました。putsとの違いは、改行しないということです。

printfでは、「ここで改行してほしい」とプログラマが指定しなければなりません。そのためには、**¥n(改行文字)**を文字列の改行したい位置に挿入します。

MacOSでの注意

MacOSでは、¥n ではなく、**\n** を入力します。これ以降、本書で¥nと記載されている部分は、全て \n に読み替えてください。

\（バックスラッシュ）を入力するには、optionキーを押しながら¥キーを押します。optionキーを押さなくても、¥キーを押すだけで \ が入力されるようにしたい場合は、次の手順で¥キーの機能を設定してください。

①メニューで[システム環境設定]を開く
②[キーボード]⇨[入力ソース]と選択する
③ダイアログを下にスクロールし、["¥" キーで入力する文字]で[\（バックスラッシュ)]を選ぶ

では、この例題では次のようにすればよいでしょうか？

```
printf("大丈夫だよ¥n");
printf("すぐに使いこなせるさ");
```

実は、表示処理では、後続のデータ表示のために、常に改行しておくのが「**作法**」です。後から表示する（かもしれない）処理のために、あらかじめ改行しておいてあげるのです。したがって、次のように2つ目のprintfにも改行文字を入れておくのが正解です。

```
printf("大丈夫だよ¥n");
printf("すぐに使いこなせるさ¥n");
```

以上から、例題3-1を次のように書き換えます（sample3-2プロジェクトを見てください）。

例題3-2 文字列の表示

sample3-2.c

```
#include  <stdio.h>
int  main(void)
{
    printf("大丈夫だよ¥n");
    printf("すぐに使いこなせるさ¥n ");
    return  0;
}
```

実行結果

```
コンソール
大丈夫だよ
すぐに使いこなせるさ
```

エスケープシーケンス

改行文字は、¥とnからなりますが、文字としてはこれら2つで1文字を表します。¥0もこの仲間です。このような特殊な文字は、**エスケープシーケンス**といい、¥と何かの1文字で表現します。よく使われるエスケープシーケンスを次に示します。コラム「エスケープシーケンス」も参照してください。

種類	意　味	説　明
¥n	改行する	printfなど文字列処理で使用される
¥t	水平タブ	コンソール表示で空白の代わりに挿入して表示位置を揃える
¥¥	¥	プログラムで文字として¥を表示する時はこれを使う
¥'	'	プログラムで文字として ' を表示する時、必要な場合がある
¥"	"	プログラムで文字として " を表示する時はこれを使う
¥0	終端文字	文字列の終端を示す

★¥は日本固有の文字です。MacOSではバックスラッシュ（＼）を使うので、例えば¥nは\nになります。

練習 3-4

　これからの章では、練習問題用のプロジェクトがあらかじめ作成してあります。プロジェクト名は、**ex＜章番号＞-＜問題番号＞-＜枝番号＞**の形式です。該当するプロジェクト内に、問題で指示されたソース・ファイルを作成してください。
ソース・ファイルは、次の手順で作成します。

①プロジェクトをクリックして選択する
②[新規C/C++ソース・ファイル]ボタン（ ）を押す
③ソースファイル名(プロジェクト名に".c"を付けたもの)を入力する
④[テンプレート]では、[Cソース・テンプレート]を選ぶ
⑤[完了]ボタンを押す

1. 次の実行結果のように表示するプログラム(ex3-4-1.c)をprintfを使って作成しなさい。
各行末では、エスケープシーケンス¥nを使って改行します。

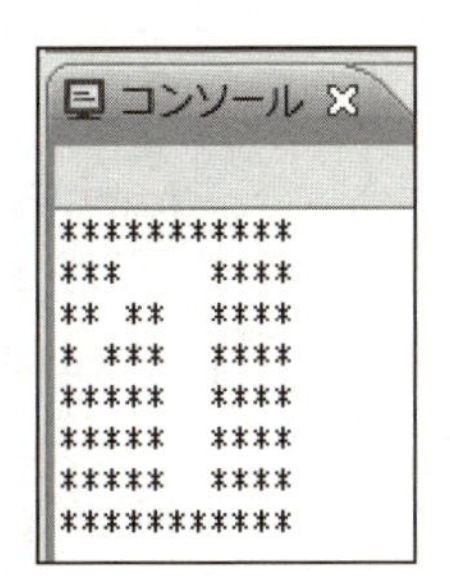

2. 次の実行結果のように表示するプログラム(ex3-4-2.c)を、printfを使って作成しなさい。ただし、空白部分には¥tを使いなさい。空白を空ける部分に、空白の代わりに¥tを書きます。

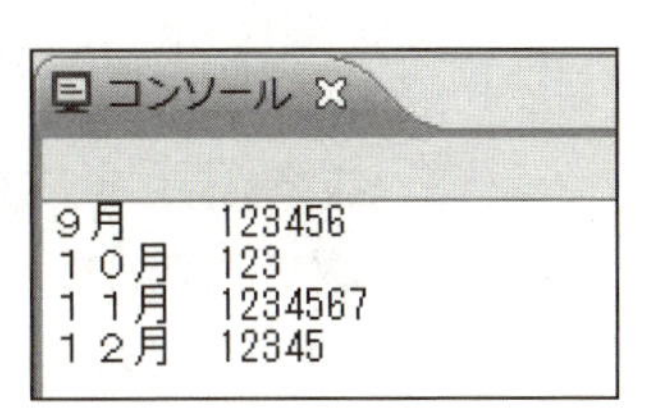

3. 次の実行結果のように表示するプログラム(ex3-4-3.c)を、printfを使って書きなさい。
¥と二重引用符の出力にはエスケープシーケンスを使いなさい。

コンソール
この商品が¥6500は"高い"だろうか？

3.5 いろいろなデータの表示

「オリンピックまであと310日」と書いた看板があり、残日数の部分が毎日変わるという仕掛けがありました。3桁の数字の部分がくり抜かれていて、日数を毎日付け変えられるようになっています。

プログラミングの世界では、これを**テンプレート**方式といい、ウェブシステムなどでよく使われています。綺麗なウェブページをあらかじめ作っておき、どこにデータを埋め込むか目印を書いておきます。そして、実際にウェブに表示するときに、目印の部分だけを具体的なデータで置き換えます。これで表示処理が簡単になり、同じ画面を何回も使い回すことができます。

printfを使って数値などを表示するのも、テンプレート方式です。プログラマは、表示用のテンプレートを作って、どこにデータを埋め込むか指定しておきます。このテンプレートは、文字列で作成します。

例えば、オリンピックの看板を表示するテンプレートは、次のようです。

```
"オリンピックまであと%d日¥n"
```

%dの部分が、《具体的な数(整数)で置き換える》という目印です。末尾には、作法にしたがって改行文字¥nが付いています。printfでは、このテンプレートを使って次のように表示します。

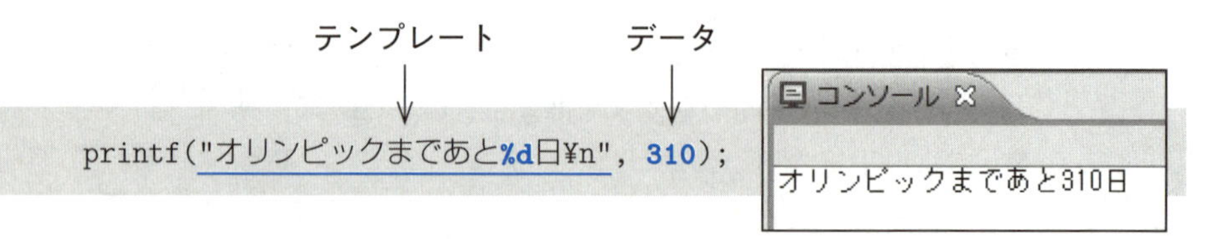

printfは、%dの部分を310という整数で置き換えて、「オリンピックまであと310日」と表示します。実は、前節の例題sample3-2.cは、(置き換えの目印を含まない)テンプレート部分だけを表示するものでした。文字列表示といいつつ、実際は、テンプレートを表示していたのです。

例題3-3 文字と数値の表示

sample3-3.c

```
#include  <stdio.h>
int  main(void)
{
    printf("整数の%dです¥n", 125);             // int型
    printf("浮動小数点数の%fです¥n", 0.125);    // double型
    printf("文字の%cです¥n",'A');              // char型
    return  0;
}
```

★printfのさらに詳しい使い方は6章で解説します。

実行結果

```
整数の125です
浮動小数点数の0.125000です
文字のAです
```

printfの書き方は、次のようです。テンプレートの中には、表示させたい文字列を自由に書けます。そして、変数の値を埋め込みたい位置に、%dを書いておきます。

変換指定子

%d のような文字を**変換指定子**といい、次のようなものがあります。

変換指定子	意　味
%c	文字に変換して出力する
%d	10進数に変換して出力する
%f	浮動小数点数に変換して出力する

printfでは、文字は %c、整数は %d、小数点のある数は %f、のように、データ型にあった変換指定子を使わないと、正しく表示されないので注意してください。なお、_Boolは 1 か 0 しか取らない型なので intと同じ%dを使います。

データ型	使用する変換指定子	使　用　例	表示結果
char	%c	printf("%c", 'A');	A
int	%d	printf("%d", 125);	125
float	%f	printf("%f", 0.125f);	0.125000
double	%f	printf("%f", 0.125);	0.125000
_Bool	%d		

3

練習 3-5

1. 次の空欄を埋めなさい。
   - int型の変換指定子は ［ ① ］
   - double型の変換指定子は ［ ② ］
   - char型の変換指定子は ［ ③ ］
   - _Boolの変換指定子は ［ ④ ］

【解答】

① ＿＿＿＿＿＿　② ＿＿＿＿＿＿　③ ＿＿＿＿＿＿　④ ＿＿＿＿＿＿

2. 2つのprintf文を使って、「123456は0.123456の100万倍です」と1行に表示するプログラムex3-5-2.cを作成してください。ただし、0.123456と123456の2つの数値を、例題と同じように変換指定子を使ってテンプレートに埋め込みなさい。

＜ヒント＞　「123456は」と「0.123456の100万倍です」の2つの部分に分けて表示します

3.6 文字の内部表現

次の例題は、2つの方法で67を表示しています。一方では、「この整数は67です」と表示され、もう一方では、「この整数はCです」と表示されています。よく見るとテンプレートの中の変換指定が違うことに注目してください。

例題3-4 整数を文字として出力してみる

sample3-4.c

```
#include  <stdio.h>
int  main(void)
{
    printf("この整数は%dです¥n", 67);
    printf("この整数は%cです¥n", 67);
    return  0;
}
```

実行結果

コンソール

```
この整数は67です
この整数はCです
```

変換指定に%dではなく%cを指定すると、67を整数ではなく文字として表示します。67を文字として表示するとCが表示されましたが、これは、文字Cがコンピュータ内では、67という整数で記録されていることを意味します。

コンピュータは文字をグラフィックスの字形ではなく、整数の番号で記録しています。画面に表示したり、プリンタに印字したりする時に、字形を収めたフォントデータベースから、番号に見合う字形を取り出して出力するのです。

ですから、コンピュータの記憶装置の中では、例えば'C'、'H'、'A'、'R'という4つの文字は、次の図のように、それぞれ67、72、65、82という整数で記録されています。

これを文字の内部表現といいます。この仕組みを利用して、整数で文字を指定したりする場合があることを覚えておきましょう。

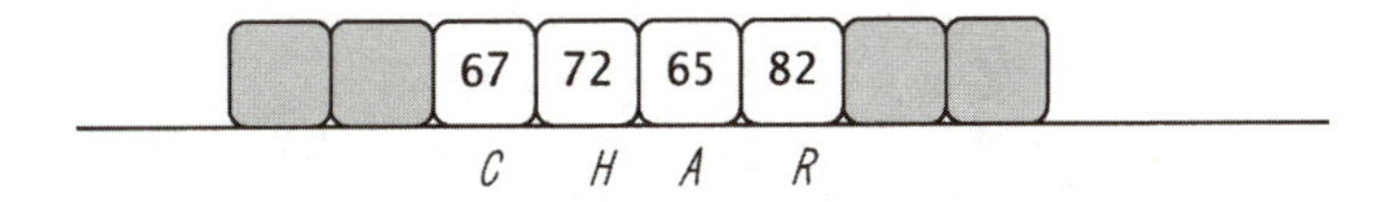

char型のサイズ

・char型は1バイトの整数型である

「それじゃ整数と区別がつかないのでは？」と思われるかもしれませんが、実は、その通りです。整数の67と文字の67は、全く区別がつきません。ですから、表示する時に、変換指定を(%dとするか%cとするか)プログラマが指示するのです。printfの変換指定は、そういう意味です。67だけでは、それが整数なのか文字なのか、コンピュータには区別がつかないのです。

文字コード

どの文字を何番にするかは、ISO(国際標準化機構)によって**文字コード**として規定されています。67が、日本ではCなのに欧米ではXだったりすると、電子メールなどが違う文面になってしまいます。文字コードが、国際的な規格として定義されているのはこのためです。

半角文字のコード表：ASCII(アスキー)文字コード表

	00	01	02	03	04	05	06	07	08	09	10	11	12	13	14	15
00	¥0							¥a	¥b	¥t	¥n	¥v	¥f	¥r		
16																
32	SP	!	"	#	$	%	&	'	(	)	*	+	,	−	.	/
48	0	1	2	3	4	5	6	7	8	9	:	;	<	=	>	?
64	@	A	B	C	D	E	F	G	H	I	J	K	L	M	N	O
80	P	Q	R	S	T	U	V	W	X	Y	Z	[	¥	]	^	_
96	`	a	b	c	d	e	f	g	h	i	j	k	l	m	n	o
112	p	q	r	s	t	u	v	w	x	y	z	{	¦	}	~	

・特定の文字の文字コードは、左上隅を0番として数えていけば分かります。例えば、文字Cは左上隅の0番から数えて67番目にあります。
・文字コードを表から求めるには、行番号＋列番号と計算すれば簡単です。例えば、文字Cの文字コードは、行番号の64と列番号の03を足して67になります。

- 灰色の部分は、**制御文字**といいます。一般の文字ではなくエスケープシーケンスなどが割り当てられています。
- 文字コード32のSPは、空白文字(半角空白)です。
- 大小関係は、おおむね、記号<数字<大文字<小文字となっています。
- 文字コード92に¥がありますが、欧米では、ここにバックスラッシュ(\ )が割り当てられています。

練習 3-6

1. 67、72、65、82 を文字として出力し、「CHAR」と1行に表示するプログラム(ex3-6-1.c)を作成しなさい(「」は出力しなくてよい)。

2. 文字'C'、'H'、'A'、'R'を整数として出力し、「67 72 65 82」と空白をあけて1行に出力するプログラム(ex3-6-2.c)を作成しなさい。空白を出力するには、¥tを使いなさい(「」は出力しなくてよい)。

Column エスケープシーケンス

エスケープシーケンスは、もともと、特殊な文字や機能を、複数の文字で表現するものですが、実際には、基本ソフト(OS)や言語が違うと表現も違い、互換性がありません。しかし、本書の50ページで紹介したものは、C言語であればどのOSでも使えます。ただ、56ページの文字コード表上部には、¥a(ベル音を出す機能)、¥b(バックスペースの機能)、¥v(垂直タブの機能)、¥f(改ページの機能)、¥r(行頭へ復帰するの機能)などを示していますが、Windowsではうまく機能しないものがあります。

なお、C言語では改行として¥nを使いますが、本当の改行コードはOSごとに違います。Windowsでは¥r¥nの2文字、unixやlinuxでは¥n、Macでは¥rです。しかし、C言語では、コンパイラが、¥nをOS独自の改行コードに自動変換します。このおかげで、いつでも改行として¥nを使うだけで済んでいるのです。

3

この章のまとめ

データ型

◇基本的なデータ型として、文字型、整数型、浮動小数点型、論理型があります。それらを、C言語ではchar型、int型、double型、_Bool型といいます。

分類名	型　名	説　明	例
文字型	char	1文字	'A'　'a'
整数型	int	整数	12　−152　+11
浮動小数点型	double、float	実数	12.3　−0.23　.45　2.5f　1.23E2　2.2E−2
論理型	_Bool又はbool	真理値	1　0

◇データを格納するのに必要なビット数(バイト数)は、既定がありませんが、一般的なコンパイラでは、intは32ビット(4バイト)、doubleは64(8バイト)ビットです。

printfによる出力

◇printfは、%と変換指定子(c、d、fなど)を使ってデータを出力できます。
　また、改行は¥nを使って指定します。

```
printf("整数の%dです¥n", 125);              // int型
printf("浮動小数点数の%fです¥n", 0.125);    // double型
printf("文字の%cです¥n", 'A');              // char型
```

文字列と文字の内部表現

◇文字型のデータの内部表現は、整数なので、整数を文字として表示できます。
　printf("この整数は%cです¥n", 67); ⇨ C が表示される

◇文字の集まりを文字列といいます。文字列の最後には終端文字として¥0があります。

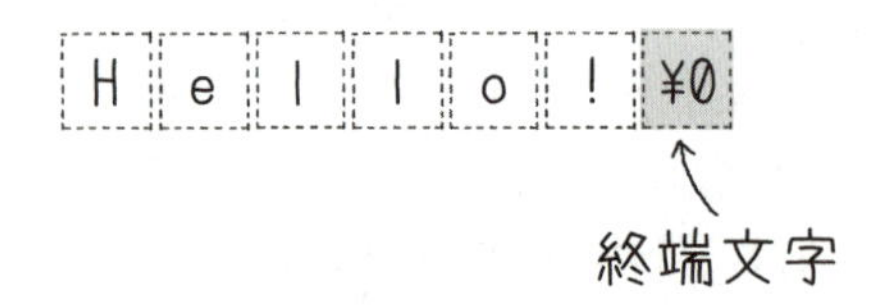

通過テスト

1. 次のデータのデータ型を、選択肢から選んで答えなさい。ただし、記述が誤っているものは、「エラー」と答えなさい。また、文字列リテラルは文字列と答えること。

(1) -365.0	(2) 'X'	(3) "P"	(4) .000050
(5) 123f	(6) 'ab'	(7) "1"	(8) ''
(9) ""	(10) 0.3E-1	(11) 1.23f	(12) 18

選択肢

① char　② int　③ double　④ float　⑤ _Bool　⑥ 文字列　⑦ エラー

【解答】

(1) ＿＿＿ (2) ＿＿＿ (3) ＿＿＿ (4) ＿＿＿ (5) ＿＿＿ (6) ＿＿＿

(7) ＿＿＿ (8) ＿＿＿ (9) ＿＿＿ (10) ＿＿＿ (11) ＿＿＿ (12) ＿＿＿

2. 次のプログラムの実行結果を見て、①～⑦にあてはまるものを選択肢から選んで、番号で答えなさい。ただし、選択肢を重複して使用してよい。

```
#include  <stdio.h>
int  main(void)
{
    printf("%d¥n",①);
    printf("%f¥n",②);
    printf(③);
    printf(④,'a');
    printf(⑤, 80);
    printf(⑥, 12.305f);
    printf("%c¥n", ⑦);
    return  0;
}
```

実行結果

```
コンソール
12305
12.305000
false
97
P
12.305000
1
```

A. "%d¥n"	B. "%c¥n"	C. "%f¥n"	D. 1.2305E3
E. 1230.50E-2	F. 12305	G. "%d¥n",97	H. "false¥n"
I. '1'	J. 1		

＜ヒント＞ E-2は10^{-2}です

【解答】

① ＿＿＿ ② ＿＿＿ ③ ＿＿＿ ④ ＿＿＿ ⑤ ＿＿＿ ⑥ ＿＿＿ ⑦ ＿＿＿

3. 次の文で正しいものに○、間違っているものに×を付けなさい。

(1) 同じバイト数を使う場合、浮動小数点数と整数では、浮動小数点数の方がより広い範囲の数値を表現できる
(2) コンピュータの記憶装置で扱える最小の記憶単位は、8ビットである
(3) 文字列"Hello World!"を記憶するためには13バイト必要である
(4) プログラムで浮動小数点の定数を書いていても、コンピュータ内部では固定小数点数として扱われる
(5) 65.1を%c変換で出力すると、文字コード65の'A'が表示される
(6) 大文字の文字コードよりも、小文字の文字コードの方が大きい
(7) 欧米と日本では、半角英数文字で同じ文字コードに異なる字形を当てている部分がある
(8) C言語のchar型は、文字を4バイトの整数として記録する

【解答】

(1) ＿＿＿＿ (2) ＿＿＿＿ (3) ＿＿＿＿ (4) ＿＿＿＿

(5) ＿＿＿＿ (6) ＿＿＿＿ (7) ＿＿＿＿ (8) ＿＿＿＿

4. printfを使って、次のように表示するプログラム(pass3-4.c)を作成しなさい。

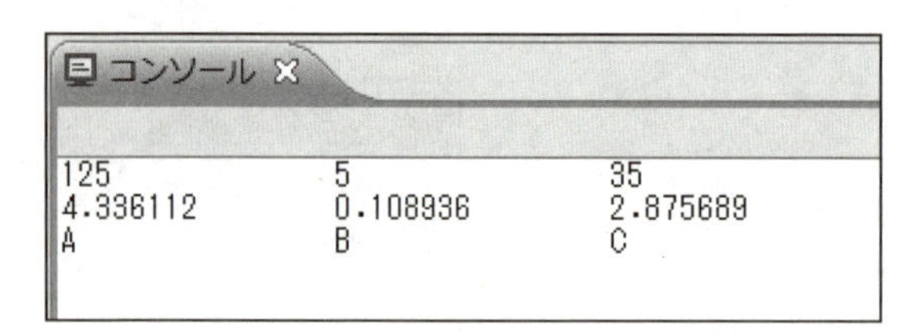

＜ヒント＞
・ひとつの行の表示に、3つのprintfを使いなさい(合計9つ使う)
・¥tでデータの表示位置を調整しなさい(練習3-4-2参照)
・¥tを2つ使うと、より広い間隔をあけることができる

第4章 変数の使い方

海外旅行中の人は、買い物をする度に「これは円ではいくらだろう」と、いつも頭の中で換算しなくていけません。そこで、１ドルが110円であれば、「aドルの品物はa×110円である」と考えます。aという変数を使うところが、ポイントです。プログラムでも、このような変数が使えます。この章を理解すれば、変数を使った簡単な値の入出力プログラムを書けるようになります。本格的なプログラミングへの第一歩です。

4.1 変数とは

プログラムで使う変数は、値の入れ物です。数学で、xやyを変数といって使ったのと、ほぼ同じイメージです。例えば、数学で、次のようにすると、「xは10である」という意味になります。

```
x = 10
```


一方、プログラムでも次のように書くと、「xに10を代入する」という意味になり、結果的に、xは10になります。

```
x = 10;
```

微妙に言い回しが違うのは、等号(=)の働きが数学とプログラムでは違うからですが、とにかく、プログラムでも変数が使えるわけです。変数ですから色々な値を代入できます。また、変数には、好きな名前を付けることができます。

例えば、次のように書くことができます。

```
number = 10;
```

このときの変数numberのイメージは、次の図のようです。

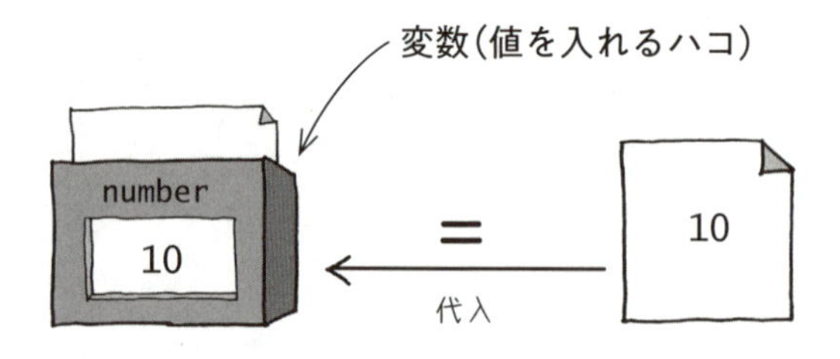

また、次の図のように、numberに新しい値を再設定することができます。

```
number = 20;
```

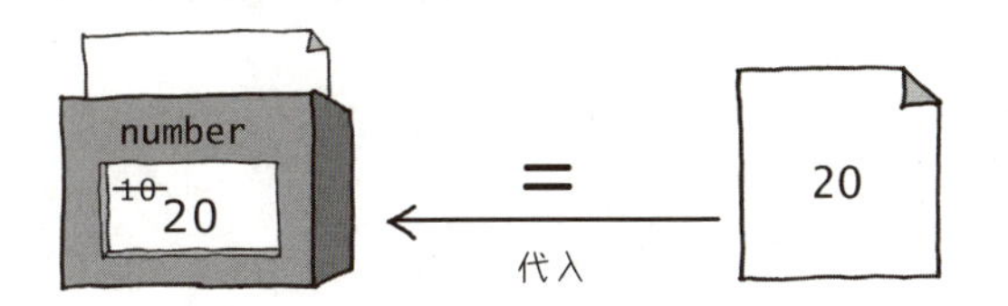

こうすると、numberの中身は、10から20に変わります。つまり、変数の内容は、自由に変更することができます。

さらに、次のような記述では、numberの内容を1だけ増やすことができます。

```
number = number + 1;
```

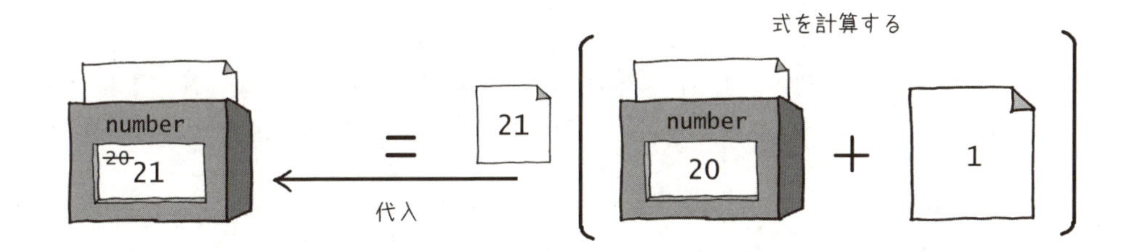

よく考えると、number = number+1という式は、数学では正しくありません。数学で'='は、「右辺と左辺が等しい」という意味でした。

しかし、プログラムにおける等号は、左右が等しいという意味ではなく、「最初に右側の計算をし、その結果を左側の変数に代入する」という意味です。つまり、単なる**代入操作**を意味しているのです。

等号の働き(代入)

- = は、右側の値や式の計算結果を左側の変数に代入する
- 変数 = 値や変数や式 ; という形式で使う

4.2 変数宣言

料理を作る時は、必要な材料が何かを考え、それを用意してから始めます。プログラミングでも、事情は同じです。まず、どういう変数が必要か考え、それを用意する必要があります。

大事だよ
とにかく使う前にやっておこう!

変数を用意することを、**変数宣言**といいます。変数宣言とは、「どんなデータ型で、何という名前の変数を使うか」あらかじめ宣言しておくことです。必ず、**変数を使う前に宣言してください**。

変数宣言の例をあげます。

```
int     number;     // 整数型でnumberという名前の変数を使うと宣言
double  data;       // 浮動小数点型でdataという名前の変数を使うと宣言
```

この例から分かるように、変数宣言は、変数の型と名前を並べた文です。
では、変数宣言をして変数を使う例題を見てみましょう。

例題4-1 変数宣言

sample4-1.c

```
1  #include  <stdio.h>
2  int main(void)
3  {
4      int  number;      // 整数型でnumberという名前の変数を使うと宣言
5      number  =  10;    // numberに10を代入
6      number  =  20;    // numberに20を再代入
7      number  =  number  +  1;              // numberを1増やす
8      printf("numberは%dです¥n", number);   // numberの値を表示
9      return  0;
10 }
```

実行結果

コンソール

```
numberは21です
```

関数ブロックの先頭である4行目で、numberを変数宣言しています。このように、関数では、使う変数をまず宣言します。numberに値を代入したりするのは、その後です。

```
int  number;    // 整数型のnumberという名前の変数を使うと宣言
```

5行目でnumberに10を代入し、さらに、次の6行目で20を再代入しています。これで、numberは20になります。さらに、次の7行目では、number+1を計算してその値を再代入しているので、結局 numberは21です。

```
number  =  10;
number  =  20;
number  =  number + 1;    // これでnumberは21になる
```

8行目のprintfは、numberの値をコンソールに表示するためのものです。定数を表示する時と同じ形です。ただ、定数の代わりに、変数numberを書きます。numberは、int型ですから、変換指定は%dです。

```
printf("numberは%dです¥n", number);    // 変数の中身を表示する
```

変数をそのまま書く

変換指定は、変数の型と合わせる必要があります。また、変数をそのまま書くと、その変数の内容が表示されることに注目してください。これで、コンソールに「numberは21です」と表示されます。

練習 4-1

1. 次の手順を実行するプログラム(ex4-1-1.c)を作成しなさい。
   ① doubleの変数dataを宣言する
   ② dataに1.23を代入する
   ③ dataに0.5を加える(0.5増やす)
   ④ dataを表示する

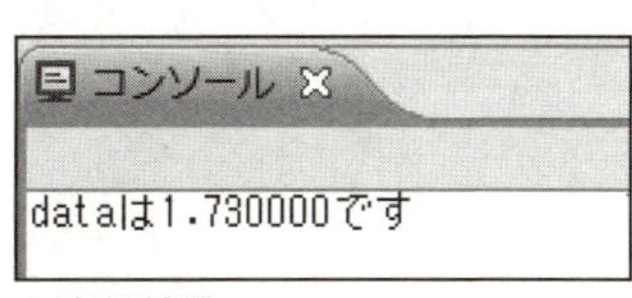

実行結果

4.3 変数の名前の付け方

変数の名前は、自由に付けることができます。このようなプログラマが自由に付けてよい名前を、**識別子**といいます。ここでは、識別子の作り方の規則について解説します。

識別子に使える文字

人名でも名前に使える文字は法律で決まっていますが、変数も同じです。C言語の仕様では、英字の大文字と小文字、それに数字と_(アンダースコア)を使うことになっています。

識別子に使える文字

A B C D E F G H I J K L M N O P Q R S T U V W X Y Z
a b c d e f g h i j k l m n p o q r s t u v w x y z
0 1 2 3 4 5 6 7 8 9
_(アンダースコア)

★これは、C言語の仕様書で決まっている文字ですから、C言語のコンパイラが変わっても使えます。
ただ、仕様書では、C言語のコンパイラで、使える文字を拡張してもよいことになっています。例えば $ 記号は、MinGW(Windows)やGCC(MacOS、Linux)では使うことができます。また、日本語文字(全角の漢字など)は、GCCで使うことができます。しかし、コンパイラで独自に拡張された文字を使うと、他のコンパイラを使った時にエラーになります。原則として使用しない方がいいでしょう。
アンダースコアは、キーボードの右下にある「ろ」のキーです。[SHIFT]キーを押し下げた状態でタイプすると入力できます。次のようなアンダースコア以外の記号を含む名前は、コンパイルエラーになるので注意してください。

```
kosuu-1     program#1
```

識別子の書き方の規則

識別子では、文字の種類の他に、使い方も決まっています。

識別子の規則

- 予約語は使えない
- 数字から始まってはならない(先頭文字は数字以外)
- 英字の大文字と小文字は異なる文字として扱われる

予約語は、すでにキーワードとして使われているので、使ってはいけない語です。一覧は、この後の「予約語」で示します。

また、数字から始まる名前は作れません。コンパイルエラーになります。

```
5name    12_number    数字から始まる名前はコンパイルエラー
```

最後に、大文字と小文字は異なる文字として扱われることに注意してください。次のような小文字と大文字をまぜた4つの名前は、すべて異なる名前になります。

```
myname    Myname    myName    MYNAME    大文字と小文字は異なる文字
```

なお、識別子の長さに特別な制限はありません。

4

予約語

予約語とは、C言語の中でキーワードとして使われている単語です。識別子として使うことはできません。C言語には、次のように37の予約語があります。

```
_Bool       _Complex    _Imaginary  auto        break
case        char        const       continue    default
do          double      else        enum        extern
float       for         goto        if          inline
int         long        register    restrict    return
short       signed      sizeof      static      struct
switch      typedef     union       unsigned    void
volatile    while
```


予約語は、この後の章で少しずつ解説していきます。ただし、_Bool、char、int、double、float、return、void は既出です。識別子として使わないように注意してください。mainは、予約語ではありませんが、識別子として変数名などに使うのは避けた方がいいでしょう。

ただし、予約語であっても、大文字にしたり、識別子の一部として使うのであれば、問題ありません。次は、識別子に使ってもエラーにはならない例です。

```
_BOOL   Char   Int                   全部または一部を大文字にする
double2   returnName   void_Num      識別子の一部として使う
```

整数変数名の慣例

長い歴史を持つプログラミング言語の世界には、いくつかの慣例があります。従わなくてもエラーにはなりませんが、常識とされているものです。

なかでも、整数型の変数名に関するものは、Fortran（古くはFORTRANと書いた）という、最も古い科学技術計算用の言語に源があります。FORTRANでは、i、j、k、l、m、n（から始まる変数）は、暗黙の整数型とみなされていました。そのため、FORTRANの子孫であるPascal、C、Javaなど多くの言語でも、i、j、k、l、m、nというひと文字の変数は、整数型の変数名として使うのが、慣例とされています。

練習 4-2

1. 次の文の①～④にあてはまる言葉を答えなさい。
   - [①]で始まる変数名は使えない
   - プログラムで'='は、等号ではなく[②]の働きをする
   - 変数名やクラス名などプログラマが作成できる名前を[③]という
   - [④]はC言語のキーワードとして予約されているので、変数名やクラス名には使用することができない

【解答】

① ＿＿＿＿＿＿　② ＿＿＿＿＿＿　③ ＿＿＿＿＿＿　④ ＿＿＿＿＿＿

2. 次の中で、変数名として正しいものに○、誤っているものに×を付けなさい。
   (1) NO.7
   (2) main
   (3) return_123
   (4) int
   (5) 22_largeNumber
   (6) largeNumber-22
   (7) #value
   (8) val%
   (9) _bool
   (10) DOUBLE

【解答】

(1) ＿＿＿＿＿　(2) ＿＿＿＿＿　(3) ＿＿＿＿＿　(4) ＿＿＿＿＿　(5) ＿＿＿＿＿

(6) ＿＿＿＿＿　(7) ＿＿＿＿＿　(8) ＿＿＿＿＿　(9) ＿＿＿＿＿　(10) ＿＿＿＿＿

4

4

4.4 複数の変数を使う

プログラムでは、いくつもの変数を使うので、それらをまとめて宣言する方法が用意されています。ここでは、その書き方と注意事項について解説します。

例題4-2 一つ以上の変数の宣言

sample4-2.c

```
1  #include  <stdio.h>
2  int  main(void)
3  {
4      int  m, n;                              // int型変数をまとめて宣言
5      m  =  1;
6      n  =  2;
7      printf("mは%dでnは%dです¥n", m, n);     // 2つの変数を出力
8      return  0;
9  }
```

実行結果

コンソール

```
mは1でnは2です
```

複数の変数をまとめて宣言する

4行目のように、同じ型の変数であれば、変数をコンマで区切って並べ、まとめて宣言できます。いちどに宣言できるので、便利な書き方です。

```
int  m,  n;
```

ただし、intとdoubleのように違う型の変数をまとめて宣言することはできません。

コンパイルエラー!!

```
int  i, double  x;     // 異なる型名の変数をまとめて宣言できない
```

また、次の例では、2つ目の intは不要です。うっかりこのような間違いをしないようにしてください。

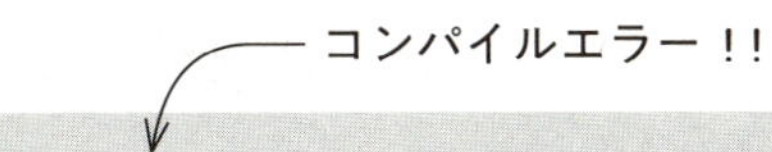


```
int  i, int  j;     // 同じ型のとき型名をそれぞれの変数に付けない
```

同名変数の禁止

ひとつのブロック(ここでは関数ブロック)に、複数の同じ名前の変数を作ることはできません。これは、変数の型が同じでも違っていても不可能です。ブロック内では、ある名前の変数はひとつしか作れないので、例えば次のような宣言は、コンパイルエラーになります。

```
int data;
double data; ← 同名変数を宣言したこの行が、コンパイルエラーになる
```

複数の変数をまとめて出力する

これまで、1つ以上の変数をコンソールに出力するには、ひとつずつ printf で出力していましたが、例のように、ひとつの printf で出力できます。テンプレートに埋め込んだ変換指定子の数と出力する変数の数とは、同じでなければなりません。また、変換指定子と変数の並び順を合わせることに注意してください。

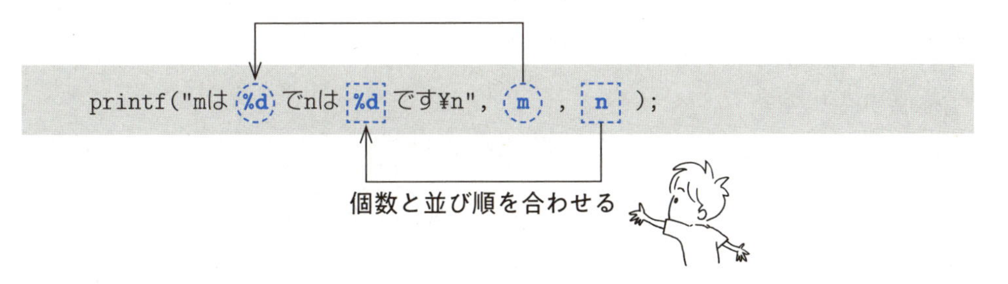

練習 4-3

1. 次の手順を実行するプログラム(ex4-3-1.c)を作成しなさい。
   ① int型の変数nを宣言する
   ② double型の変数a、bを宣言する
   ③ nに10を代入する
   ④ aに1.25を代入する
   ⑤ bに2.5を代入する
   ⑥ 変換指定子を3つ持つ printf を使って、実行結果のようにコンソールに表示する

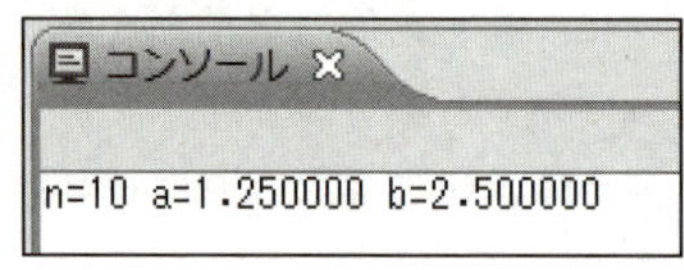

実行結果

4.5 変数を宣言と同時に初期化する

変数にあらかじめセットしておく値を**初期値**といい、初期値をセットすることを**初期化**といいます。変数は宣言と初期化を、同時に行うことができます。

例題4-3 宣言と同時に初期化する

sample4-3.c

```
1 #include  <stdio.h>
2 int  main(void)
3 {
4     int  m=1, n=2;     // 宣言と同時に初期化する
5     printf("mは%dでnは%dです¥n", m, n);
6     return  0;
7 }
```

実行結果

```
コンソール
mは1でnは2です
```

4行目では変数宣言と、変数に値を代入する処理が同時に行われています。これは、変数にあらかじめ何かの値をセットしておきたいときに使う書き方です。

```
int  m=1, n=2;     // 宣言と同時に初期化する
```

なお、次のように複数の変数をまとめて宣言した場合は、その一部だけを初期化しておくことができます。

```
int  i, j=2;     // jだけを初期化しておく
```

初期化していない変数

次は宣言しただけで初期化していない変数を、表示しようとしています。初期化しない変数の値は不定(わからない)なので、それを使おうとすると、多くのコンパイラは警告(warning)を出します。Eclipseではビルドした時、次のような警告マークが付きます。

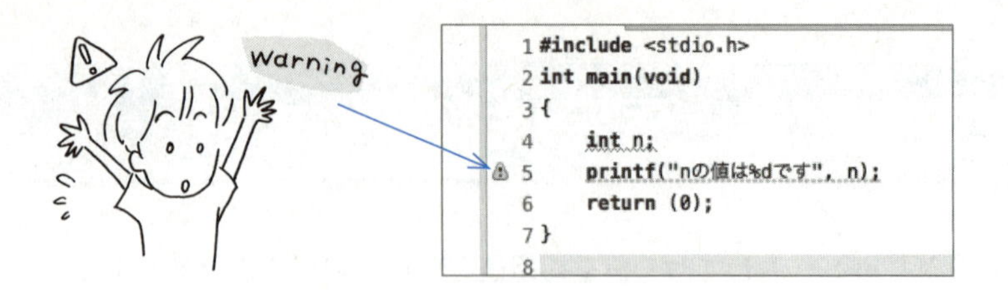

警告マークの上にマウスポインタを重ねると、警告メッセージがポップアップします。

そして、警告を無視して実行すると、次のように変な値が表示されました。

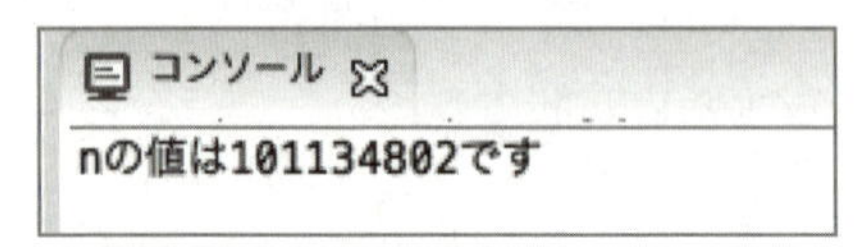

MacOS(GCCコンパイラ)

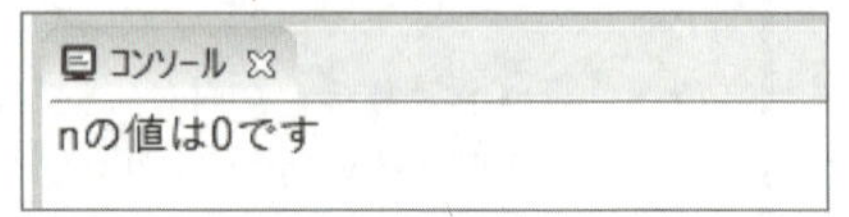

Windows(MinGWコンパイラ)

GCCコンパイラでも、MinGWコンパイラでも、なぜか代入していない値が表示されました。これは、変数の置かれているメモリー領域の値が、そのまま変数の値として表示されたためです。

初期化していない変数(宣言しただけの変数)をそのまま使っても、警告は出ますがコンパイルエラーにはなりません。初期化しないでうっかり実行してしまうと、予期しない結果になります。C言語では初期化は、プログラマの責任です。

練習 4-4

1. 次の手順を実行するプログラム(ex4-4-1.c)を作成しなさい。
   ① int型の変数nを宣言して、同時に15で初期化する
   ② double型の変数xを宣言して、同時に12.561で初期化する
   ③ 変換指定子を2つ持つprintfを使って、実行結果のようにコンソールに表示する

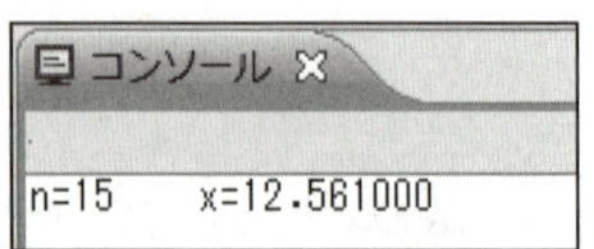

◁実行結果

4.6 変数に値を入力する

コンピュータでも、電卓のようにキーをタイプして計算できたら便利です。ただ、電卓では、キーをタイプすると液晶画面に値が表示されますが、コンピュータでは、キーをタイプしただけでは何も起こりません。

コンピュータが、電卓のように機能するには、それなりのプログラムが必要です。プログラムでは、このためにscanf関数を使います。scanfは、キーボードがタイプされるまでじっと監視を続け、実際に入力されると、その値を内部に取り込む働きをします。キーボードをscan（スキャン）する命令というところから、scanfという名前になっているのです。

scanfは、取り込んだ値を何かの変数に移します。ですから、scanfを使う時には、何という変数に値をセットしてほしいか、指定しておかねばなりません。ここが、scanfを使う時のポイントです。

このようなscanfを使うプログラムは、たった2行で書け、次のようにとてもシンプルです。この例では、タイプされた値は、変数dataにセットされます。

```
int data;                // 変数dataを宣言する
scanf("%d", &data);      // タイプされた値を取り込んで、dataにセットする
```

scanfの中に、printfでも使った変換指定子があります。%dですから、これはキータイプして入力された値を、「整数として取り込む」という指定です。値をセットする変数も、これに合わせてint型です。

printfとの大きな違いは、変数の頭に&があることです。

&はアドレス演算子といい、入力値を受け取る変数には必ず付けなくてはいけません。&を付けることにより、scanf関数は変数dataがメモリー上のどこにあるか（アドレスという）を知ることができ、値をセットすることが可能になります。

4

例題4-4 キータイプして値を入力する

sample4-4.c

```
1  #include  <stdio.h>
2  int  main(void)
3  {
4      int  data;
5      scanf("%d", &data);    // キータイプで入力した値を変数dataに取り込む
6      printf("入力した値は%dです¥n", data);
7      return  0;
8  }
```

実行結果

```
150
入力した値は150です
```

まず、5行目のscanfの書き方について説明します。

"変換指定"の部分は、printfでは"テンプレート"と書きましたが、scanfは、この部分に出力したい文字列を書けないので、変数の値を埋め込む「テンプレート」ではありません。この部分には、%dのように、変換指定だけしか書けないのです。

なお、doubleだけは、printfと異なる変換指定子(**lf**)を使うことに注意してください。

データ型	scanfの変換指定	printfの変換指定
char	%c	%c
int	%d	%d
float	%f	%f
double	**%lf**	%f

変数の頭に、&を付け忘れたり、変数とは違う型の変換指定子を書いてしまっても、コンパイルエラーにはなりません。それどころか、scanf("%d");のように、&変数の部分を書き忘れても、コンパイルエラーにならないのです。

C言語では、これらはプログラマの責任です。間違うとプログラムが異常終了したり、意図しない結果になったりするので気を付けて下さい。

コンソール入力をするプログラムの動かし方

例題の5行目では、scanfを使って、キータイプした値を変数dataに取り込んでいます。

scanfが起動すると、人がキーボードをタイプして、データを入力しなければなりません。その方法は、次の手順にしたがってください。

【入力手順】

① プログラムを起動したら、直ちにコンソールの中をクリックする

これにより、コンソールウィンドウがフォーカスを得る(タブが青くなります)

② 5行目のscanfが起動しているので、プロンプト(|)が点滅している。そこで150とタイプする

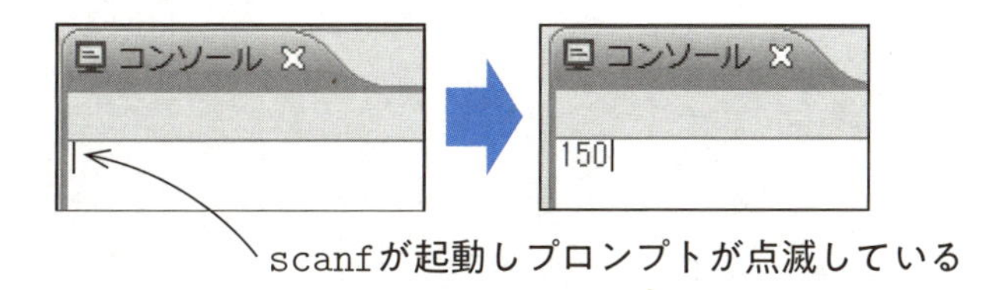

③ 入力終了の意味で、Enterキーをタイプする

これによりscanfが終了し、次の6行目のprintfが起動して、「入力した値は150です」と表示する

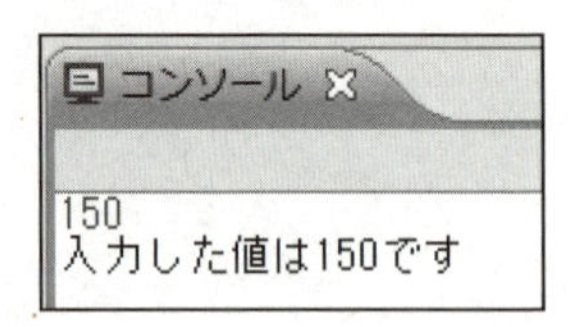

ただし、この手順では画面に何の指示もでないので、キータイプするタイミングが分かりにくいという欠点があります。そこで、入力をうながすガイドメッセージを表示するよう例題を改良します。「整数を入力してください>」と表示してから、scanfが動くようにします。

4

例題4-5(つづき) キータイプして値を入力する(その2)

sample4-5.c

```
1  #include  <stdio.h>
2  int  main(void)
3  {
4      int  data;
5      printf("整数を入力してください>");   // 入力をうながすガイドメッセージを表示
6      scanf("%d", &data);
7      printf("入力した値は%dです¥n", data);
8      return  0;
9  }
```

実行結果

```
整数を入力してください>150
入力した値は150です
```

5行目にprintfを挿入しました。

わざと'¥n'を付けていないので、同じ行で続けて入力になります。入力手順は、次のようにわかりやすくなりました。実際にプログラムを動かして、確認して下さい。

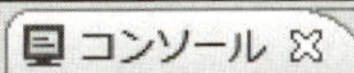


```
整数を入力してください>
```

プログラムを起動すると5行目のprintfによりメッセージが表示されています。メッセージの近くをクリックします。

このあたりをクリックする

```
整数を入力してください>|
```

すでに6行目のscanfが起動しているので、メッセージの横にプロンプト（|）が点滅し、入力待ち状態になっています。

```
整数を入力してください>150|
```

150とタイプして、Enterキーをタイプします。scanfが終了します。

```
整数を入力してください>150
入力した値は150です
```

7行目のprintfにより「入力した値は150です」と表示されます。

練習 4-5

1. 例題にならって、実行結果のように動作するプログラム(ex4-5-1.c)を次の手順で作成しなさい。
   ① doubleの変数xを宣言する
   ② 入力をうながすメッセージを表示
   ③ scanfでxに値を入力する
   ④ xの値を10増やす
   ⑤ xの値を表示する

```
浮動小数点数>15.5
入力した値に10.0を足すと25.500000です
```

実行結果

この章のまとめ

この章では、変数の使い方や値の入出力について解説しました。

変数の使い方

◇変数は、型を明示して**変数宣言**で作成して使います。宣言時に値を入れておくこともでき、それを変数の**初期化**といいます。

```
int      number;
double  data=0, ans;
```

◇変数には、同じ型の値を代入します。

```
number = 10;
ans = data + 0.5;
```

◇＝は代入の働きがあるので、**number=number+10;** は、numberに10を足し、その結果をnumberに再び代入する、と言う意味です。

変数への値の入力とその表示

◇変数の値を表示するには、**printf**関数を使い、変数に値を入力するには**scanf**関数を使います。scanfでは、対象の変数に **&** を付けなくてはいけません。

```
printf("%d¥n", number);
scanf("%d", &number);
```

◇printfとscanfでは、**変換指定子**を使って変数の型を指定する必要があります。

データ型	scanfの変換指定	printfの変換指定
char	%c	%c
int	%d	%d
float	%f	%f
double	%**lf**	%f

通過テスト

1. 次のA～Qは、別々のプログラムの中の1、2行を抜粋したものです。
　A～Qのうち、コンパイルエラーになるものに×、誤りがあるがコンパイルエラーにはならないもの(多くは実行結果が不正なものになる)に△、完全に正しいものに○を付けなさい。

	プログラム	正誤
A	`char  c = "A";`	
B	`n = 5;` `int n;`	
C	`int  number = number + 1;`	
D	`double  d1, d2&`	
E	`char ch_1;`	
F	`double x, y=1, z;`	
G	`char c;` `scanf("%lf", &c);`	
H	`char ch1 = 'a', ch2;`	
I	`int _20a = 10;`	
J	`double double2 = 2.1;`	
K	`int dt = 10;` `char dt = 'A';`	
L	`_Bool bl = 1, int m=10;`	
M	`int n1, int n2;`	
N	`char  ch;` `scanf("%c", ch);`	

O	`int n=4;`
	`double a=1.5, b=2.2;`
	`printf("%d  %f  %d", n, a, b);`	

P	`scanf("%d");`	
Q	`double v;` `scanf("%f", &v);`	

2. 整数nを3倍するには、`n = n * 3;`と書きます。*は、C言語では×の代わりに使う記号です。そこで、次の実行結果のように、入力した整数の3倍の値を表示するプログラム(`pass4-2.c`)を作成しなさい。

実行結果

```
コンソール
整数を入力>12
入力した値の3倍は36です
```

3. 次の実行結果のように、3つの値をキータイプして入力し、結果を表示するプログラム(pass4-3.c)を作成しなさい。

実行結果

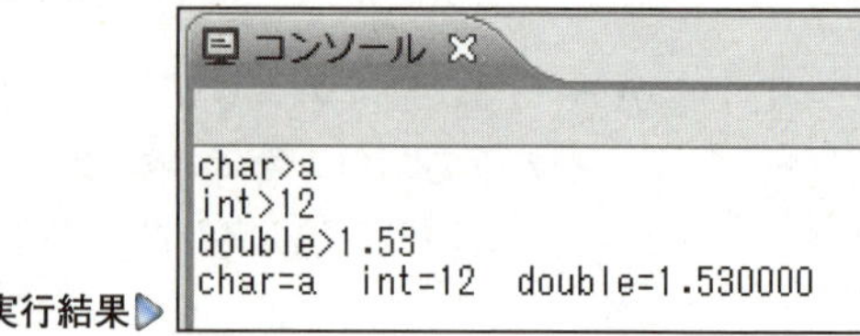

＜ヒント＞

・ char、int、doubleの変数c、n、xをそれぞれ宣言します
・ 3つのscanf文を書いて、c、n、xに値を取り込みます
・ ひとつのprintfで、3つの変数を実行結果のように表示します
・ 3つの値を間隔を空けて表示するには、¥tを間にはさみなさい

4

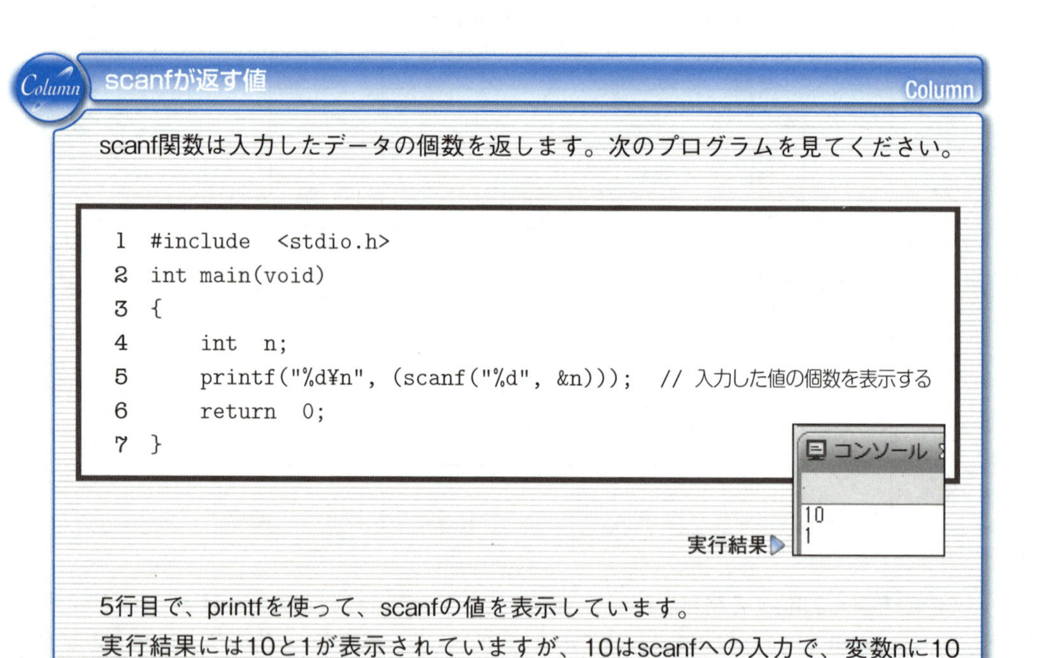

Column scanfが返す値

scanf関数は入力したデータの個数を返します。次のプログラムを見てください。

```
1 #include  <stdio.h>
2 int main(void)
3 {
4     int  n;
5     printf("%d¥n", (scanf("%d", &n)));  // 入力した値の個数を表示する
6     return  0;
7 }
```

実行結果

5行目で、printfを使って、scanfの値を表示しています。

実行結果には10と1が表示されていますが、10はscanfへの入力で、変数nに10を入力したことがわかります。そのあとで1と表示されているのが、printfが表示した値です。これは、scanfが返した値をそのまま表示しています。

scanfは一度に複数のデータを入力できますが、入力したデータの個数を返すのです。この例ではひとつだったので1が表示されています。

第5章 計算と式

C言語でいろいろな式を作って計算させる方法を解説します。式の値や計算順序の規則、データ型の自動変換などについて理解する必要があります。この章を学習すると、基本的な計算処理のプログラムについて、計算順序や型の整合性に配慮した正しいプログラムを書けるようになります。

5.1 式と評価

例えばa、b、cを int型の変数とするとき、次のようなものを**式**といいます。

```
a+10      算術式
a+b       算術式
c=a+b     代入式
```

プログラムの中に書かれた式は、実行時に計算され、具体的な値に変換されます。

では、式の値を確認してみましょう。次の例題を実行してみてください。

例題5-1 式の値を確認する

sample5-1.c

```
#include  <stdio.h>
int  main(void)
{
    int  a=1, b=2, c;
    printf("%d¥n", a+10);      // 11
    printf("%d¥n", a+b);       // 3
    printf("%d¥n", c=a+b);     // 3
    return  0;
}
```

実行結果

コンソール

```
11
3
3
```

うーん、printfの中に、式を書いても ちゃんと計算してくれるのですね！

それは、どんな式でも計算すると何かの値になるからです。
printfは値を表示する関数ですから、式を書くとその値を計算して表示するのです。
c=a+b のような代入式でも、最終的に、左辺の変数の値が式になります。

実行結果を見ると、次のようになったことがわかります。

```
a+10  ⇨ 11
a+b   ⇨  3
c=a+b ⇨  3
```

算術式は、計算をした結果が式の値です。c=a+bの代入式は、左辺の変数cの値が式の値になります(c＝a+bなので3です)。

このように、どんな式でも値に還元されます。式の値を求めることを**式の評価**といいます。

練習 5-1

1. int a=6, b=2, c;と宣言し、例題にならってprintfを使って次の式の値を表示するプログラム(ex5-1-1.c)を作成しなさい。ただし、*は掛け算(×)を意味する演算記号で、/は割り算(÷)を意味する演算記号ですから、このまま使いなさい。

   1. a*b+10　　2. 30-a/b　　3. c=a-b+20

5

5.2 算術演算子

ここでは何かの計算をするための演算子である**算術演算子**の使い方について解説します。

例題5-2 ＋－×÷の演算子

sample5-2.c

```
#include  <stdio.h>
int  main(void)
{
    int  a=20, b=4;
    printf("a+b-3   = %d¥n", a+b-3);       // 加算と減算
    printf("a/b*5   = %d¥n", a/b*5);       // 乗算と除算
    printf("a/(b+4) = %d¥n", a/(b+4));     // カッコのある式
    return  0;
}
```

実行結果

```
a+b-3   = 21
a/b*5   = 25
a/(b+4) = 2
```

数学の式で使う＋　－　×　÷の演算をC言語では、＋ － * / を使って書きます。掛け算は*、割り算は/を使うことに注意してください。また、計算の順序を変更して計算したい時は、( )を使うことができます。

おや、実行結果をみると、a/(b+4) が2になってます！
20/8 だから、2.5 ではありませんか？

整数同士の演算では、答えも整数にしかなりません。そのため、小数点以下は捨てられてしまい、2になるのです。式を a/(b+4.0) と書けば、整数同士の演算ではなくなるので、答えは2.5になりますよ。

例題5-3 -aなどの符号(単項演算子)

sample5-3.c

```
#include  <stdio.h>
int  main(void)
{
    int  a=10, b=4;
    printf("  -a+b =%d¥n", -a+b);         // 変数に単項マイナスを付ける
    printf("-(-a+b)=%d¥n", -(-a+b));      // 式全体に単項マイナスを付ける
    return  0;
}
```

実行結果

```
コンソール
  -a+b =-6
-(-a+b)=6
```

-aのように、符号として使うマイナス記号を、**単項マイナス演算子**といいます。+aのように使う**単項プラス演算子**もありますが、余り使われません。例のように、( )で囲った式全体にも付けることができます。

5

例題5-4 割り算の余りを求める

sample5-4.c

```
#include  <stdio.h>
int  main(void)
{
    printf("1%%3 = %d¥n", 1%3);     // 1を3で割った余り
    printf("2%%3 = %d¥n", 2%3);     // 2を3で割った余り
    printf("3%%3 = %d¥n", 3%3);     // 3を3で割った余り
    printf("4%%3 = %d¥n", 4%3);     // 4を3で割った余り
    return  0;
}
```

実行結果

```
コンソール
1%3 = 1
2%3 = 2
3%3 = 0
4%3 = 1
```

割り算の余りだけを求めるのが、%(**剰余演算子**)です。整数だけに使うことができ、doubleやfloatには使用できないので注意してください。

> % は double や float には使えない

例では、3で割った余りを計算していますが、1と2のように3より小さい数は、それ自身が余りになります。

割った余りを求める演算子なんて、一体、どういう用途に使うのですか？

例えば、変数nが偶数かどうか判定したりできます。
n % 2 の答えが0なら、nは2で割り切れるので偶数とわかります。
さらに、n % 7 の答えが0なら、nは7で割り切れるので、7の倍数だということもわかりますね。

%を表示するには

printfでは、%が変換指定のために使われているので、%を文字として表示するには、%%と2つの%を重ねて書きます。

printfのテンプレートの中では % ⇨ %% と書く

5

練習 5-2

1. 次のプログラムは、scanfを使って円の半径を表す値rを入力し、さらに、rから円の面積を計算して表示します。面積を求める公式は、半径×半径×3.14です。①の部分には、何と書けばよいか答えなさい。

```
#include  <stdio.h>
int  main(void)
{
    double  r;
    printf("半径を入力してください>");
    scanf("%lf", &r);    // 半径をrに入力
    double s = [    ①    ];
    printf("円の面積=%f¥n", s);
    return  0;
}
```

実行結果

```
コンソール
半径を入力してください>5
円の面積=78.500000
```

【解答】＿＿＿＿＿＿＿＿

2. 次は、scanfを使って変数 aとbに値を入力し、さらに、aとbの合計に1.5を掛けた答えを表示するプログラムです。実行結果を参考にして、①②にあてはまる記述を答えなさい。

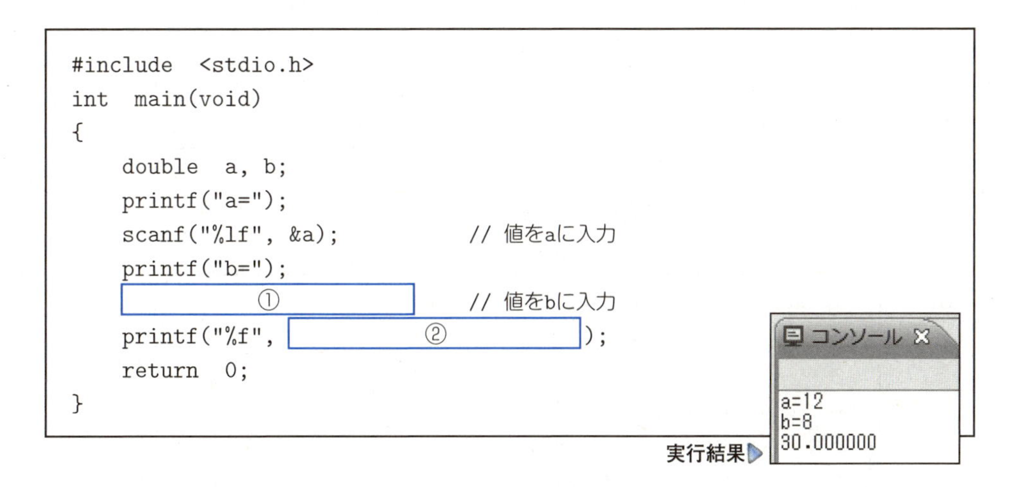

【解答】

① ______________________

② ______________________

3. 次をC言語の式で書きなさい。

(1) -4ab
(2) (a+b)÷-2
(3) a^2+3a-5　＜注：2乗はa*aと書いてください＞
(4) 20を3で割った余り
(5) a+3を5で割った余り

【解答】

(1) ____________ (2) ____________ (3) ____________

(4) ____________ (5) ____________

4. 次の式でa、b、cはいくつになるか答えなさい。

```
int a = 15%6;
int b = 5%6;
int c = 27%23%5;
```

【解答】

a= ____________ b= ____________ c= ____________

5. 次のプログラムの間違いを2か所指摘し、理由を説明しなさい。

```
 1  #include  <stdio.h>
 2  int  main(void)
 3  {
 4      int  a  =  10;
 5      printf("a%3=%d¥n", a%3);
 6      double  x, y=21;
 7      x = y % 5;
 8      printf("%f¥n", x);
 9      return  0;
10  }
```

【解答】

① ________________________________

② ________________________________

5

5.3 代入演算子

代入演算子は、右辺の式の値を左辺の変数に代入する演算子です。= だけでなく、他の演算子と合体した**複合代入演算子**があります。

代入演算子とは

代入演算子は、右辺の式の値を左辺の変数に代入する

例題5-5 複合代入演算子

sample5-5.c

```
#include  <stdio.h>
int  main(void)
{
    int  a=1, b=2, c=3;
    double  x=2.2;
    a  +=  5;       // a=a+5
    b  +=  c+5;     // b=b+(c+5)
    x  +=  3.5;     // doubleにも使える  x=x+3.5

    printf("a=%d¥n", a);
    printf("b=%d¥n", b);
    printf("x=%f¥n", x);
    return  0;
}
```

コンソール

```
a=6
b=10
x=5.700000
```

実行結果

複合代入演算子は、算術演算子と合体した演算子で、次のような式の短縮形です。例題に示した+=以外にも、-=、*=、/=、%=があり、慣れると便利な書き方です。

```
a = a + 5;   ⇨   a += 5;
a = a - 5;   ⇨   a -= 5;
a = a * 5;   ⇨   a *= 5;
a = a / 5;   ⇨   a /= 5;
a = a % 5;   ⇨   a %= 5;
```

整数型だけでなく、doubleやfloatなどの浮動小数点型でも、複合代入演算子を使うことができます。

これらは◎を何かの演算子とすると次のような形に一般化できます。

```
a = a ◎ b;    ⇨    a ◎= b;
```

初期化済みの変数を使う

複合代入演算子では、すでに何かの値がセットされた変数、つまり初期化済みの変数を使わねばなりません。というのも、初期化されていない変数の値は0ではなく、不定(どんな値かわからない)だからです。変数を初期化せずに複合代入演算子を適用した場合、その結果も不定になります。

例えば、次のようにすると、nが初期化されていないのでMacOSのGCCコンパイラでは、nは予想外の値になります。

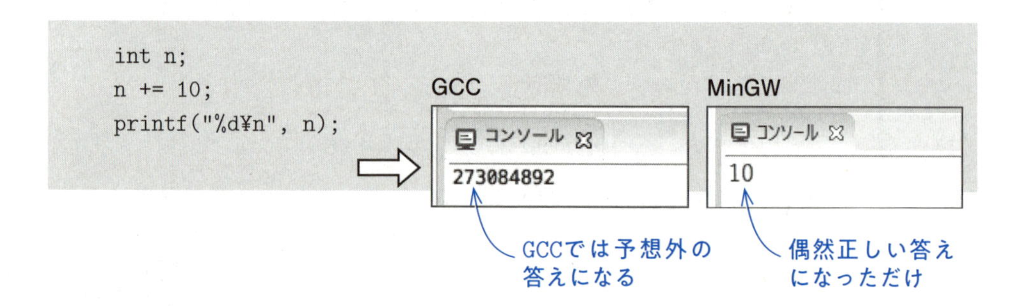

MacOSのGCCコンパイラでは、とても大きな値になり、異常です。WindowsのMinGWコンパイラでは0になりますが、これは単なる偶然にすぎません。やはり、変数は、プログラマの責任できちんと初期化すべきです。

例題5-6 多重代入

sample5-6.c

```
#include  <stdio.h>
int  main(void)
{
    int  a, b, c=1, d=1, e=2, f=2;
    a=b=0;       // b=0   の後で   a=b
    c+=d+=5;     // d+=5  の後で   c+=d
    e+=f=1;      // f=1   の後で   e+=f

    printf("a=%d¥tb=%d¥n", a, b);
    printf("c=%d¥td=%d¥n", c, d);
    printf("e=%d¥tf=%d¥n", e, f);
    return  0;
}
```

実行結果

コンソール

```
a=0 b=0
c=7 d=6
e=3 f=1
```

5

代入演算子をいくつも使って、多くの変数に連続的に値を代入することを**多重代入**といいます。代入演算子は右結合ですから、a=b=0は右端から実行されます。すなわち、最初にb=0を実行し、次にa=bを実行します。この結果、aも0になります。

```
a=b=0
```

ただし、次のように、変数の初期化で多重代入を行うことはできません。うっかり間違うことが多いので注意してください。

```
int  a=b=0;        // コンパイルエラー
int  a=0, b=0;     // 正しい書き方
```

複合代入演算子による多重代入

また、複合代入演算子でも多重代入が可能です。例題ではc、dの初期値は1ですが、最初にd+=5が実行されてdが6になり、次にc+=dが実行されるので、cは7になります。

```
c+=d+=5       //d+=5 の後で c+=d
```

複合代入演算子と代入演算子が混在する多重代入も、問題なく実行できます。例題では、eの初期値は2ですが、最初にf=1が実行され、次にe+=fが実行されるので、結局eは3になります。

```
e+=f=1;       //f=1 の後で e+=f
```


練習 5-3

1. a=24、b=5のとき、次の式の値(式の値は左辺の変数aの値)を解答欄に書きなさい。
   (1) a -= b;
   (2) a *= 10;
   (3) a /= b+3;

【解答】

(1) ＿＿＿＿＿＿＿＿ (2) ＿＿＿＿＿＿＿＿ (3) ＿＿＿＿＿＿＿＿

2. a=12、b=3で(1)～(4)の式を実行したとき、a、bの値はいくつになるか答えなさい。
   (1) a=b=10
   (2) a+=b+=10
   (3) a/=b*=2
   (4) a%=b%=5

【解答】

(1) a= ＿＿＿＿＿ b= ＿＿＿＿＿ (2) a= ＿＿＿＿＿ b= ＿＿＿＿＿

(3) a= ＿＿＿＿＿ b= ＿＿＿＿＿ (4) a= ＿＿＿＿＿ b= ＿＿＿＿＿

5.4 演算子の優先順位と結合規則

演算記号を**演算子**といいます。C言語には多くの演算子がありますが、次の表はこの章で解説した演算子の一覧表です。

優先順位	名前	意味	演算子	使用例	結合規則
高	単項	符号 型変換(キャスト)	+ − (型)	-10.5　+21　-a　+a (double)a	←右
↑	乗除	乗算 除算 剰余(割った余り)	* / %	a * b * c a / b / c a % b % c	左→
↓	加減	加算 減算	+ −	a + b + c a - b - c	左→
低	代入	単純代入 複合代入	= += −= *= /= %=	a = b = c a += b　a -= b　a *= b a /= b　a %= b	←右

ここでは、演算子の優先順位と結合規則について理解しておきましょう。

演算子の優先順位

a+b*1という式では、先にb*1を計算し、その後でaを足します。*の方が+よりも強い演算子です。このような演算子の強弱の関係を、演算子の**優先順位**といいます。上の表では、上段にあるほど優先順位の高い演算子になります。ただし、同じ枠内では優先順位は同じです。例えば、* / % は同じ優先順位です。

大まかに、優先順位は、次のような関係であることを覚えておきましょう。

代入演算子 < 加減演算子 < 乗除演算子 < 単項演算子

右辺の式に( )は不要

複合代入演算子の優先順位は、全演算の中で下から2番目と大変低いので、右辺が算術式であれば先にそれを計算し、その値を使って複合代入演算を行います。つまり、右辺全体を () で囲まなくても () が付いているのと同じ動作になります。

```
b += c+5    ⟺    b += (c+5)
b *= c+5    ⟺    b *= (c+5)
```

同じ

右結合と左結合

a+b+c という式では、式は左側から順に計算します。つまりa+bを先に計算し、その結果にcを加えます。このように、算術式は左から順に計算するので、**左結合**といいます。

これに対して、c=b=aのような代入式では、最初にb=aを実行して、次にc=bを実行します。つまり、代入演算子は右から処理するので**右結合**といいます。

5.5 型変換

double x=12;と書くと、xには12.0がセットされます。これは、xがdouble型なので、12が自動的に12.0に変換されるからです。これを暗黙の**型変換**といい、どんな値でも変数に代入する時に、変数と同じ型に変換されるのです。

また、12+1.5を計算する際にも、12は12.0に変換されます。これは、小数点付きの数は整数よりも表現力が高いので、12も同じ表現力をもつように変換されるからです。これも暗黙の型変換のひとつで、計算式では、表現力の高い方の型に変換してから計算を行います。

C言語では、このような暗黙の型変換のおかげで、型を意識しなくても自動的に適切な計算結果が得られるようになっています。そこで、この節では型変換の実際を確認し、注意点を解説します。

5

例題5-7 代入による型変換

sample5-7.c

```
#include  <stdio.h>
int  main(void)
{
    double  x=12;       // doubleに整数を代入
    int     n=1.85;     // intに実数を代入

    printf("x=%f¥n", x);
    printf("n=%d¥n", n);
    return  0;
}
```

実行結果

コンソール

```
x=12.000000
n=1
```

double x=12;では、xには12.0がセットされますが、小数点以下6桁まで表示されるので、12.000000と表示されています。

これに対して、int n=1.85;では、nは 1 になっています(コンパイラによっては四捨五入して 2 にするものもあります)。n は int ですから、小数点以下は消えてしまいます。小数点以下がなくなってもいいかどうかの判断は、プログラマに任せられています。

代入時の型変換

どんな値でも変数に代入する時には、変数と同じ型に変換される

例題5-8 計算式における型変換

sample5-8.c

```
1  #include  <stdio.h>
2  int  main(void)
3  {
4      double  x1, x2, x3;
5      x1  =  6/25*10;        // 6/25はintで計算するのでゼロになる
6      x2  =  6/25*10.0;      // 6/25をintで計算するのでやはりゼロになる
7      x3  =  6.0/25*10;      // 6.0/25はdoubleで計算しそれに10.0を掛ける
8
9      printf("x1=%f¥n", x1);
10     printf("x2=%f¥n", x2);
11     printf("x3=%f¥n", x3);
12     return  0;
13 }
```

実行結果

```
x1=0.000000
x2=0.000000
x3=2.400000
```

? 実行結果を見ると、6/25*10 の答えが0になってますよ！
これは正しい計算ですか？

/ と * は、優先順位が同じで、左結合なので、**最初に、6/25 を計算**しますが、整数同士の計算なので、答えも整数になります。6/25は0.24なのですが、小数点以下が捨てられるので0になります。そのため、全体の答えも0になるのです。

算術式は、左端から2項ずつ取り出して、順に評価されるので、5行目は次のように計算され、答えは0です。

① 6/25 を計算 ― どちらもintなので答えは0
② 0×10を計算 ― 0が求まるがこれを0.0にしてx1に代入する

6行目は、末尾に10.0とdoubleの定数がありますが、6/25が0になるので、答えはやはり0になってしまいます。

① 6/25 を計算 ― どちらもintなので答えは0
② 0.0×10.0を計算 ― doubleにそろえて計算するが答えは0.0。これをx2へ代入する

7行目では、6.0/25⇨6.0/25.0と計算され、答えがdoubleの0.24になります。これに10⇨10.0と型変換した値を掛けるので、2.4という正しい答えを得ることができます。

① 6.0/25 を計算 ― 6.0/25.0とdoubleに揃えて計算し0.24が求まる
② 0.24×10.0を計算 ― 0.24×10.0とdoubleにそろえて計算し、答えの2.4をx3へ代入

計算式は左端から順に計算されますが、ひとつの計算ごとに型変換が行われます。そして、ひとつの計算では各項の値を、表現力の高い型に変換した上で計算を行います。

計算時の型変換

- 計算式は左端から順に評価され、ひとつの計算ごとに型変換が行われる
- ひとつの計算では、各項の値を表現力の高い方の型に変換した上で計算する

暗黙の型変換に頼るのではなく、プログラマが強制的に型変換を行うこともできます。それにはキャスト演算子を使います。

例題5-9 強制的に型変換するキャスト演算子

sample5-9.c

```
1  #include  <stdio.h>
2  int  main(void)
3  {
4      double  x=12.8;
5      int     n=(int)x;        // xの値をintに変換してnに代入
6      printf("n=%d¥n", n);    // nを表示
7      return  0;
8  }
```

実行結果 コンソール

```
n=12
```

5行目の(int)xは、「xの値を強制的にint型にする」という記述で、**キャスト**といいます。そして、int を囲む( )を**キャスト演算子**といいます。

先に、P.95に示した演算子一覧表を参照して、キャスト演算子の優先順位を確認してください。キャスト演算子は、単項演算子の仲間で優先順位が高く、定数、変数、式に対して使うことができます。

例えば、次のように使用します。

```
(int)a              変数aの値をintの値に変換する
(double)a           変数aの値をdoubleの値に変換する
(int)12.5           12.5をintの値に変換する(12にする)
(int)(a+12.5)       a+12.5を計算した値をintの値に変換する
```

C言語では、キャストは主に、プログラマの意図を明らかにしておくために使われます。例題では、キャストを使っても使わなくても答えは同じですが、「doubleであるxをintに変換してnに代入する」というプログラマの意図を示すことができます。

練習 5-4

1. 次の式でaはいくつになるか答えなさい。

```
(1) int a = 12.5;
(2) double a = 12;
(3) char a = 48.6;
(4) double a = 3+8/4.0;
(5) double a = 3/5+2-6/5.0;
(6) double a = (2+1.3)/3;
(7) double a = (double)15/6;
(8) double a = (double)(15/6);
(9) double a = 15/6*(double)10;
(10) double a = 15/(double)6*10;
```

＜ヒント＞
(3) charは1バイトの整数型とみなしてください
(7)、(10) キャスト演算子は優先順位が高いので / 演算子よりも先に実行されます

【解答】

(1) ________ (2) ________ (3) ________ (4) ________ (5) ________

(6) ________ (7) ________ (8) ________ (9) ________ (10) ________

この章のまとめ

この章では、式の評価、いろいろな演算子と型変換について解説しました。

演算子

◇演算子として、次の表に示すものを解説しました。

高 ↑ 優先順位 ↓ 低

名前	意味	演算子	使用例	結合規則
単項	符号 型変換(キャスト)	+ − (型)	-10.5　+21　-a　+a (double)a	←右
乗除	乗算 除算 剰余(割った余り)	* / %	a * b * c a / b / c a % b % c	左→
加減	加算 減算	+ −	a + b + c a - b - c	左→
代入	単純代入 複合代入	= +=　-=　*=　/=　%=	a = b = c a += b　a -= b　a *= b a /= b　a %= b	←右

◇代入演算子(複合代入演算子を含む)の優先順位が一番低くなっています。それは、右辺の式が評価されて、最後に代入操作が実行されるようにするためです。

式の評価と型変換

◇C言語では、右辺の式や値を、左辺の変数に代入する時、変数の型に自動型変換されます。また、整数と浮動小数点数を含む式では、整数は浮動小数点数に自動型変換されます。

◇整数同士で割り算を行うと、結果も整数となり、小数点以下の値は捨てられます。

◇自動型変換されたくない場合は、キャスト演算子を使ってキャストすることができます。キャスト演算子は一番高い優先順位を持っています。

通過テスト

1. 次を最も簡潔なC言語の式で書きなさい。
   (1) (2a+1)(-a-1) ________________
   (2) a+3を12で割った余り ________________
   (3) aを5で割った答えをaに代入する ________________
   (4) a+1の値をdouble型にキャストする ________________

2. scanfを使って整数を入力し、その値を7で割った余りを、実行結果のように表示するプログラム(pass5-2.c)を作成しなさい。

実行結果

```
コンソール
整数を入力してください>19
19%7=5
```

<ヒント>　プログラムは次の手順で作成します
① 整数変数nを宣言する
②「整数を入力してください>」と表示する(改行はしない)
③ scanfでnに整数を入力する
④ nと「nを7で割った余りを計算する式」を、printfの中に書いて表示する
※ひとつのprintfで、nと「nを7で割った余りを計算する式」の2つを表示します
※printfで%自体を文字として表示するには、%%のように2つ連続して記述します

3. 台形の面積は、(上底+下底)×高さ÷2で求められます。scanfで上底、下底、高さを入力し、実行結果のように面積を表示するプログラム(pass5-3.c)を作成しなさい。

実行結果

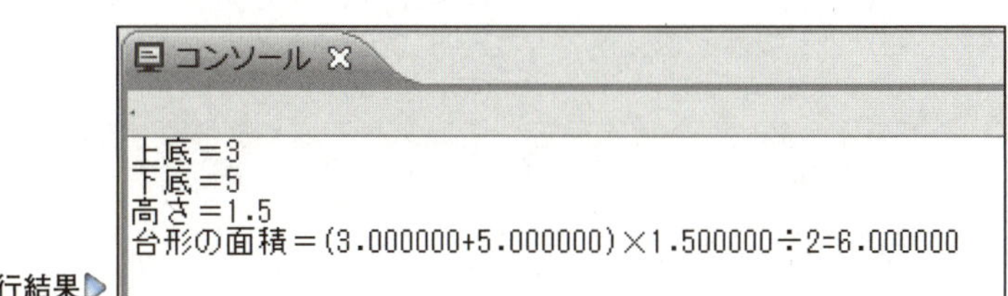

<ヒント>
上底、下底、高さ、面積をセットするための変数としてdouble a, b, h, s;を宣言しなさい。a、b、hにはscanfで値を入力します

4. 次を実行したとき、正しいものはどれか選択肢から選んで答えなさい。

(1)

```
#include  <stdio.h>
int  main(void)
{
    int  a=b=c=2;
    printf("%d¥n", a+b*2-c);
    return  0;
}
```

(2)

```
#include  <stdio.h>
int  main(void)
{
    double  mean;
    mean = (3+4+5+6)/4;
    printf("%f¥n", mean);
    return  0;
}
```

(3)

```
#include  <stdio.h>
int  main(void)
{
    int  a, b=1, c=1;
    a += b+= c;
    printf("%d¥n", a);
    return  0;
}
```

A.0 と表示する　　E. 4.500000 と表示する
B. 2 と表示する　　F. 5.000000 と表示する
C.4 と表示する　　G.不定の値を表示する
D.4.000000 と表示する　　H.コンパイルエラーになる

【解答】

(1) ＿＿＿＿＿＿　(2) ＿＿＿＿＿＿　(3) ＿＿＿＿＿＿

型と変換指定

C言語には、基本のchar、int、doubleに加えて多くの拡張型があります。この章では、それらについて詳しく解説します。また、多様な型の値を正しく入出力するための変換指定についても解説します。この章を理解すると、さまざまなデータ型の値を入出力するプログラムを、正しく書けるようになります。ただ、この章では最初から全てを覚えてしまう必要はありません。必要になった時、この章を参照するようにしてください。

6.1 数値型の拡張

C言語で基本の型は、次の5種類です。

※サイズ欄は、値を表現するのに必要なバイト数で、GCC、MinGWコンパイラの場合です。

型名	サイズ	意味	値の範囲
char	1	文字型	0～255
int	4	整数型	−2147483648～2147483647
float	4	浮動小数点型	およそ-10^{38}～10^{38} 有効桁数6桁
double	8	倍精度の浮動小数点型	およそ-10^{308}～10^{308} 有効桁数15桁
_Bool	1	論理型	0か1

基本データ型のうち、char、int、doubleは、キーワードとして、**unsigned/signed**、**long/short**などを付加した**拡張データ型**を使うことができます。使うことができるキーワードは、int型が一番多く、次のようになっています。

【基本データ型と拡張データ型】

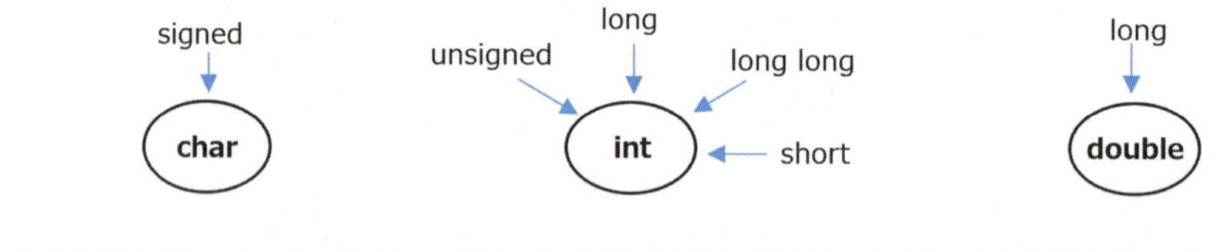

char (unsigned char) signed char	int short int long int long long int	unsigned int unsigned short int unsigned long int unsigned long long int	double long double

※charとunsigned charは同じです

unsigned/signed

unsignedを付けると、型のサイズは変えずに正の値だけを扱うので、表現できる(正の)値の範囲が2倍になります。

long/short

longは、型のサイズを大きくすることで、より大きな範囲の値を表すことができるようにします。また、long long はlongよりもさらに大きくします。逆にshortは型のサイズを小さくして、表現できる値の範囲を小さくします。

派生型を含めた型の一覧は次のようです。表の中で、薄いグレーになっているのは、通常は記述を省略される部分です。例えば、signed short int は、shortと省略形で表記します。

【データ型の一覧】 ※サイズと値の範囲はMinGW、GCCコンパイラのものです

型名	サイズ	値の範囲
signed char	1	−128 ～ 127
unsigned char	1	0 ～ 255
char	1	0 ～ 255
signed short int	2	−32768 ～ 32767
unsigned short int	2	0 ～ 65535
int	4	−2147483648 ～ 2147483647
unsigned int	4	0 ～ 4294967295
signed long int	4	−2147483648 ～ 2147483647
unsigned long int	4	0 ～ 4294967295
signed long long int	8	−9223372036854775808 ～ −9223372036854775807
unsigned long long int	8	0 ～ 18446744073709551615
float	4	-3.402823×10^{38} ～ 3.40282×10^{38} 有効桁数6桁
double	8	-1.797693×10^{308} ～ 1.797693×10^{308} 有効桁数15桁
long double	12	-1.189731×10^{4932} ～ 1.189731×10^{4932} 有効桁数18桁
_Bool	1	0か1

※特殊なものとして次のような型や型定義がありますが、ここでは省きます。

- void ………………「ない」ことを意味する型、また、型が不明なポインタ(⇨17章)に使う型
- _Complex …………複素数型
- struct・union …複数のデータの集まりを定義する型
- enum ………………同じ種類の複数の名前を列挙して定義する型
- typedef……………既存の型から新しい型を定義する

なお、MinGWとGCCでは、intとlong intは同じです。大きな値を扱うにはlong long int を使う必要があります。

ずいぶん細かく種類分けした感じですね。本当に、これだけの種類を使うのですか?

C言語は、もともと機械語の代わりになる高級言語として設計されています。そのため、とにかく計算効率を重視します。
機械語でよく使う8ビットや16ビットの整数を利用するために、shortやsigned charを取り入れました。また、機械語では、正の数だけしか使わないことも多いので、unsignedを使えるようにしたのです。

普遍性のある整数型

byte数の欄、「GCC、MinGWの場合」っていうのが気になります。
コンパイラによりバイト数が違うのですか？

そうなんです。高速に計算できる値のサイズが、CPUによって違うので、C言語ではそれぞれの型を何バイトにするか、規定していません。
過去には、8ビットCPUや16ビットCPUも使われていました。それらでは、1バイト(8ビット)や2バイト(16ビット)の値を処理する時が、最も効率がよかったのです。現在でも32ビット、64ビットなどの違いがあります。
柔軟に対応できるように、型のバイト数を規定していないのですが、やはり、困るケースはあります。コンパイラを変えただけで、入ると思っていたデータが入らなかったりするわけですから。

他のCPUへの移行を考えて、最近は、サイズをビット単位で指定できる整数型が導入されました。また、指定したビット幅以上のサイズの整数型などもあります。

ただし、これらの型を利用するには、**stdint.h**をインクルードします。

型　名	説　明	例
intN_t	Nビットのサイズの整数型	int8_t
int_leastN_t	Nビット以上のサイズの整数型	int_least16_t
int_fastN_t	Nビット以上で高速に処理できる整数型	int_fast32_t

※unsignedタイプは、uintN_t、uint_leastN_t、uint_fastN_t

一方、個数や長さなどを扱うデータ型や、ポインタ（⇨17章）を扱うデータ型では、型のサイズを決めておくよりも、コンパイラに最適なサイズを選ばせるようにする方が安全です。つまり、コンパイラによって動作が保障されるというアプローチです。

次のようなデータ型が定義されています。

型　名	説　明
intmax_t	そのコンパイラで最大のサイズを持てる整数型
intptr_t	そのコンパイラで使うのに適したサイズを持つポインタ型
ptrdiff_t	そのコンパイラで使うのに適したサイズを持つ2つのポインタの引き算の結果の型
size_t	そのコンパイラで使うのに十分な大きさを持つ符号なし整数型 ※size_t型は、sizeof演算子で求まる値の型として定義されている

※uintmax_t 、uintptr_tはそれぞれの型のunsignedタイプを表します

これらの型名を使ったプログラムなら、コンパイラが変わってもそのまま使うことができます。

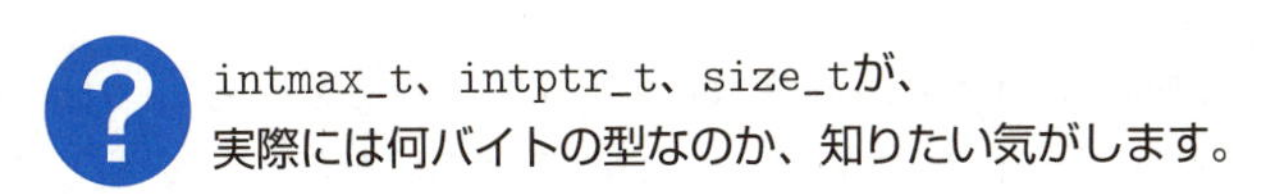

それは、**sizeof**演算子を使うと簡単にわかります。後でやってみますが(⇨113ページ)、分かってもあまり意味はないのです。なぜって、そんなことを知らなくても済むのが良い所なわけですから。

練習 6-1

1. 次の文の①～⑤にあてはまる語を選択肢から選んで答えなさい。
   - unsigned　n;と書く時、この型は正確には［　①　］の意味である
   - char型は、［　②　］バイトの整数型である
   - 浮動小数点数でunsigned 修飾子が付く型は［　③　］
   - 正の整数で最も大きな値を記憶できるのは［　④　］型である
   - unsigned longとlongでは、記憶装置上に必要なバイト数は［　⑤　］

①	ア unsigned short	イ unsigned int	ウ unsigned long	
②	ア 1	イ 2	ウ 4	エ 8
③	ア ある	イ ない		
④	ア long long	イ unsigned long long	ウ unsigned long	
⑤	ア 同じ	イ longの方が大きい	ウ unsigned longの方が大きい	

【解答】

① ________　② ________　③ ________　④ ________　⑤ ________

6

6.2 printfの変換指定

これまで、printfを使ってchar型、int型、double型などの値を出力しましたが、その際、printf("%d", intValue); のように、% と d などの**変換指定子**を使って出力先の形式を指定しました。前節で解説したすべての型にも、変換指定子が決まっています。次はその一覧表です。

【 printfの変換指定子 】

★表の中の l は小文字のエル、oは小文字のオーです

型＼変換先	文字	10進	16進	8進	固定	自動	指数	文字列へのポインタ	ポインタ
signed char	c	hhd	hhx	hho				s	
(unsigned) char	c	hhu	hhx	hho				s	
int		d	x	o					
short		hd	hx	ho					
long		ld	lx	lo					
long long		lld	llx	llo					
unsigned		u	x	o					
unsigned short		hu	hx	ho					
unsigned long		lu	lx	lo					
unsigned long long		llu	llx	llo					
float					f	g	e		
double					f	g	e		
long double					Lf	Lg	Le		
ポインタ型									p
size_t		zu	zx	zo					
intptr_t									p
ptrdiff_t		td	tx	to					
intmax_t		jd	jx	jo					

★dの代わりにiを使うことができます

★小文字のx、e、gの代わりに大文字のX、E、Gを使うことができます

左欄は出力するデータ型で、それぞれどんな形式で出力するかによって変換指定子を並べています。整数は、**10進数**、**16進数**、**8進数**と3通りの出力形式があるので、3種類の変換指定子があります。

また、浮動小数点数は普通の表示(**固定小数点**)と**指数形式**があり、それぞれに変換指定子が決まっています。また、どちらの形式で表示するか自動的に決定するという指定もあるので、結局、3種類の変換指定子があります。

表記		123.456の表示例	説明
固定	固定小数点形式	123.456000	
自動	自動切り替え	123.456	固定小数点と指数形式を桁数に応じて自動切替
指数	指数形式	1.234560e+002	1.234560×10^2の意味

なお、表には**ポインタ型**についても記載しています。ポインタは17章で解説しますので、その際にこの表を参照します。

次は、short、unsigned、long long、long doubleの値を出力する例です。変換指定子に注意してください。

例題6-1 printfによる値の出力

sample6-1.c

```
1   #include <stdio.h>
2   #include <limits.h>
3   int main(void)
4   {
5       short       s  = SHRT_MAX;     // shortの最大値
6       unsigned    u  = UINT_MAX;     // unsignedの最大値
7       long long   ll = LLONG_MAX;    // long longの最大値
8       long double ld = 123.45678;    // long doubleの値
9
10      printf("s  = %hd¥n", s);      // short
11      printf("u  = %u¥n", u);       // unsigned
12      printf("ll = %lld¥n", ll);    // long long
13      printf("ld = %Lf¥n", ld);     // long double
14      return      0;
15  }
```

大文字のLです。小文字はエラーになります。

実行結果

```
コンソール
s  = 32767
u  = 4294967295
ll = 9223372036854775807
ld = 123.456780
```

例題は、short、unsigned、long longの最大値、およびlong doubleの値を出力するだけの簡単なものです。10～13行での変換指定子の使い方を確認してください。前出の一覧表から、それぞれの型に適合する変換指定子を選んで使いますが、特にlong doubleを出力する **%Lf** に注意してください。Lは大文字で、小文字を使うとエラーになります。

おや、SHRT_MAXとかUINT_MAXとかありますけど、これらはどういう変数ですか？

それは**マクロ**というモノで、具体的な値の代わりに使います。
いろいろな型の最大値や最小値が、マクロとして、limits.hというヘッダファイルの中で定義されています。2行目の #include <limits.h> は、そのlimits.hファイルを読み込んで、定義を有効にするために書かれています。

参考までに、limits.hでは次のように定義されています。

```
#define     SHRT_MIN        (-32768)
#define     SHRT_MAX        32767
#define     USHRT_MAX       0xffffU
#define     INT_MIN         (-2147483647 - 1)
#define     INT_MAX         2147483647
#define     UINT_MAX        0xffffffffU
#define     LONG_MIN        (-2147483647L - 1)
#define     LONG_MAX        2147483647L
#define     ULONG_MAX       0xffffffffUL
#define     LLONG_MAX       9223372036854775807ll
#define     LLONG_MIN       (-9223372036854775807ll - 1)
#define     ULLONG_MAX      0xffffffffffffffffull
```

#define ～ は**define文**といって、文字列の置き換えを指定する書き方です。

#define A　B と書くと「AをすべてBに置き換える」という意味です。したがって、プログラムの中にSHRT_MAXと書いておくと、それは、プログラムをコンパイルする前に32767に置き換えられるのです。具体的な値の代わりになるSHRT_MAXなどを**マクロ**といいます。

例題で使った以外に、int型やlong型、unsigned long型などの最小値と最大値も、名前で定義されていることがわかります。

なお、符号なし整数(USHRT_MAX、UINT_MAXなど先頭がUで始まるもの)では、値が16進数で書かれていますが、16進数については、次の７章で解説します。

最後に、普遍的な整数型がGCCやMinGWでは何バイトなのか、sizeof演算子を使って、調べてみましょう。

例題6-2 普遍的な整数型のバイト数

sample6-2.c

```
 1  #include <stdio.h>
 2  #include <stdint.h>
 3  #include <stddef.h>
 4  int main(void)
 5  {
 6      printf("%zu バイト¥n", sizeof(intmax_t));
 7      printf("%zu バイト¥n", sizeof(intptr_t));
 8      printf("%zu バイト¥n", sizeof(ptrdiff_t));
 9      printf("%zu バイト¥n", sizeof(size_t));
10      return 0;
11  }
```

実行結果

```
コンソール  検索
8 バイト
8 バイト
8 バイト
8 バイト
```

sizeof演算子は、sizeof (型) のように使って、その型が何バイトのサイズかを返す演算子です。「size_t 型はsizeof 演算子が返す値の型である」とC言語の仕様書にも書いてあるので、返される値の型はsize_t 型です。

前掲の変換指定子の一覧表から、size_t 型の出力には、%zuを使うことがわかります。実行した結果を見ると、printfでの出力結果は、やはりどれも8バイトになることがわかります。これは、64ビット版のGCC、MinGWコンパイラで扱える整数で一番大きなサイズです。

コンパイラが変わると、このサイズも当然変わる可能性がありますが、プログラムは変更なしでそのまま使うことができます。

この例題では、stdio.hの他に、**stdint.h**と**stddef.h**を読み込んでいます(2、3行目)。これは、intmax_t型、intptr_t型がstdint.hで、また、ptrdiff_t型がstddef.hでそれぞれマクロ定義されているからです。これらの型を使う時は、ここに示したヘッダファイルを必ずinclude文で読み込んでおく必要があります。

なお、size_t型は、よく使うので、stdio.hで定義されています。

練習 6-2

1. 文字'A'を、文字、10進数、16進数、8進数の4通りの変換指定で表示するプログラム(ex6-2-1.c)を書きなさい。

2. 整数255を、10進数、16進数、8進数で表示するプログラム(ex6-2-2.c)を書きなさい。ただし、16進数の変換指定子は、小文字のxと大文字のXの２通りで表示しなさい。

3. doubleの値である217.45678を、固定、自動、指数の3通りの変換指定で表示するプログラム(ex6-2-3.c)を書きなさい。ただし、指数の変換指定子は、小文字のものと大文字のものの２通りで表示しなさい。

※自動、指数では有効桁数が標準では６桁となっており、それ以上ある場合は、四捨五入されます。次の「3.表示幅などの調整」で解説する表示幅や精度の調整を行うと、正確な表示ができます。

6.3 表示幅などの調整

値の表示幅を一定にして表示すると、見やすい表示になります。ここでは、そのための追加的な指定方法を解説します。

例題6-3 桁幅を揃えた出力

sample6-3.c

```
 1  #include  <stdio.h>
 2  int  main(void)
 3  {
 4      int      n=12345;
 5      double   x=12.345;
 6  
 7      printf("%d¥n", n);        // 指定なし
 8      printf("%7d¥n", n);       // 7桁の幅で表示
 9      printf("%f¥n", x);        // 指定なし
10      printf("%7.3f¥n", x);     // 7桁の幅で小数点以下は3桁で表示
11      return  0;
12  }
```

実行結果

```
コンソール
12345
  12345
12.345000
 12.345
```

変換指定子の前に数字を書くと、表示幅を指定することができます。

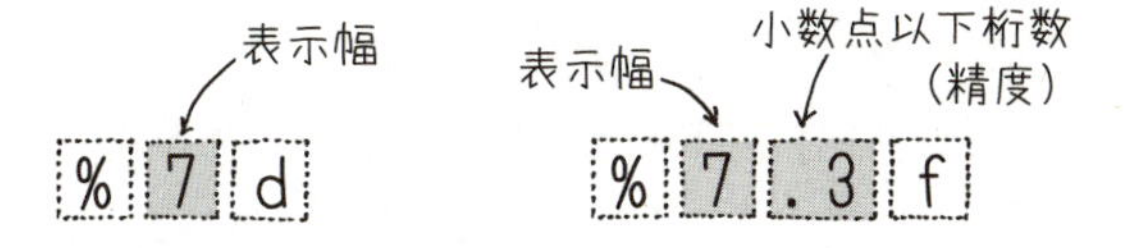

整数を表示する8行目では、"%7d"によって、12345の表示幅を7桁に指定しています。その結果は、実行結果のように、7桁の幅の中に数値が右詰めで表示され、先頭の2桁には、空白が詰められています。

doubleの12.345では、"%7.3f"によって12.345の表示幅を7桁とし、さらに小数点以下の表示桁数を3桁にします。全体の表示幅には、小数点も1桁として含まれます。7桁の幅の中に数値が右詰めで表示され、先頭の1桁には、空白が詰められています。

なお、表示する数値が、表示幅に指定したよりも大きな桁数だった場合は、大きな桁数で正確に表示されます。表示幅の指定は、「最小の表示幅」を指定するものです。

フラグ

数値が表示幅に満たない桁数だった場合、先頭余白が空白で埋められますが、空白ではなく0を埋めたい場合もあります。また、プログラム中の16進数定数は、FFであれば先頭に0xを付けて0xFFと表記する規則になっているので(P.138参照)、0xを自動的に付けてくれれば便利です。図のような時、フラグという1文字の指定を、変換指定の先頭に付加します。

フラグ文字	意　味
#	16進数の先頭に0xを付加する、また、8進数の場合は先頭に0を付加する
0	数値を出力する時、先頭余白に0を埋める

次の図は、16進数FFの変換指定に、フラグ(#、0)を付けたものです。フラグは、変換指定の左に付けます。図のように、複数のフラグを付加することができます。

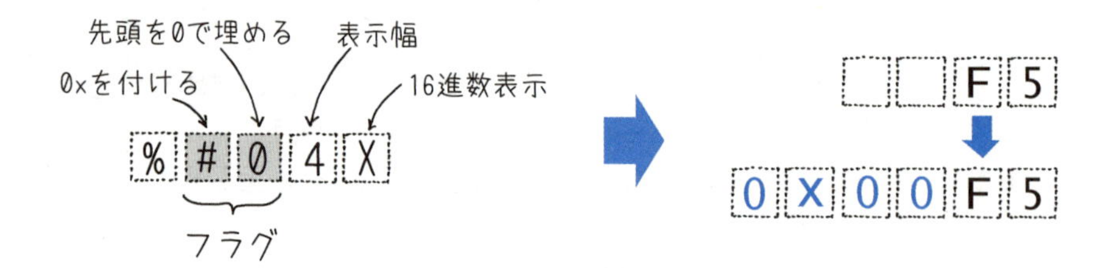

4桁の表示幅を指定する4Xだけでは、4桁の表示幅の中に、右詰めで値が入り、余った部分は空白で埋められますが、#と0を付加することで、先頭に0xを付けた上で、先頭余白を0で埋める効果があります。

練習 6-3

1. 次の表示をするプログラム(ex6-3-1.c)を作成しなさい。ただし、ひとつのプログラムですべての値を表示すること。
   - 整数7862を表示幅6桁で表示する
   - 6.582を表示幅7桁、小数点以下4桁で表示する
   - 整数245を表示幅6桁の16進数で表示する
     ただし、先頭に0xを付加し、先頭余白を0で埋める
     (表示幅には0xの2桁も含まれます)

▲実行結果

6.4 scanfの変換指定

scanfでも、データを入力する時に % と変換指定子で、入力する値の型を指定しました。次は、scanfのための変換指定子の一覧表です。

printfとほとんど同じですが、**doubleの入力には f ではなく lf を使う必要があります。** doubleの入力に f は使えないので気を付けてください。

【 scanfの変換指定子 】

型＼変換先	文字	10進数	16進数	8進数	浮動小数点数	文字列へのポインタ	ポインタ
char	c	hhd	hhi	hhi		s	
unsigned char	c	hhu	hhx	hho		s	
int		d i	i	i			
short		hd hi	hi	hi			
long		ld li	li	li			
long long		lld lli	lli	lli			
unsigned		u	x	o			
unsigned short		hu	hx	ho			
unsigned long		lu	lx	lo			
unsigned long long		llu	llx	llo			
float					f		
double					lf		
long double					Lf		
ポインタ型							p
size_t		zu	zx	zo			
intptr_t							p
ptrdiff_t		td	tx	to			
intmax_t		jd	jx	jo			

★fの代わりにa、e、f、および、A、E、Fを使うことができます
★xの代わりにXを使うことができます

これらの変換指定子のうち、c、d、f、lfはすでに77ページで使いました。ここでは、それ以外の変換指定子を使ってみましょう。

例題6-4 整数を10進数、16進数、8進数で入力する

sample6-4.c

```
#include <stdio.h>
int   main(void)
{
      short   a;
      printf("int>"); scanf("%i", &a);     // %dではなく、%iで入力する
      printf("値=%d¥n", a);
      return 0;
}
```

実行結果

コンソール	コンソール	コンソール
int>255 値=255	int>0xff 値=255	int>0377 値=255
10進数を入力	16進数を入力	8進数を入力

16進数と8進数は次章で解説しますが、scanfで入力できることを確認しておきましょう。そのためには、変換指定子としてdではなく、iを使います。**%i**と指定すると、10進数だけでなく、16進数や8進数でも入力できます。

値が16進数であることを示すには、先頭に0x(または0X)を付けます。また、8進数であることを示すには先頭に0を付けます。例題では、0xffと0377を入力していますが、10進数に直すとどちらも255になります。

なるほど、16進数と8進数を直接入力できるわけですね。
それじゃ、2進数はどうですか?

残念ですが、それはできません。
C言語だから2進数も扱えて当然と思うのですが、C言語では、2進数の定数(リテラル)の書き方について規定がありません。
ただ、GCCやMinGWでは拡張表記として、0bまたは0Bを使って、0b00101111のように書けます。しかし、scanfに0b00101111と入力しても受け付けてもらえません。少し残念な気がします。

例題6-5 2つ以上の値を入力するscanf

sample6-5.c

```
#include  <stdio.h>
int  main(void)
{
    unsigned a,b;
    printf("正の整数を2つ入力してください>");
    scanf("%u%u", &a,&b);

    printf("a=%u¥n", a);
    printf("b=%u¥n", b);
    return  0;
}
```

半角空白で区切って入力

実行結果

```
コンソール
正の整数を2つ入力してください>10 5
a=10
b=5
```

2つ以上の変数に、同時に値を取り込みたいときには、この例のように変換指定を2つ並べます。そして、対応する変数をコンマで区切って指定します。

例題ではunsignedの変数a、bに値を入力するので、変換指定は%uを使っています。

6

入力時の区切り文字

入力では、"10 5"のように半角空白で区切って、2つのデータを入力します。半角空白やタブ、改行などが、入力データの区切り文字として認識されるからです。これを**空白類文字**といいます。空白類文字は読み捨てられて、入力データには含まれません。

Enterキーをタイプしてデータを区切ってもよい

例題では、"10 5"と空白で区切って入力しましたが、10を入力して Enter キーをタイプし、さらに5を入力して Enter キーをタイプしてもかまいません。改行文字も空白と同じとみなされるからです。

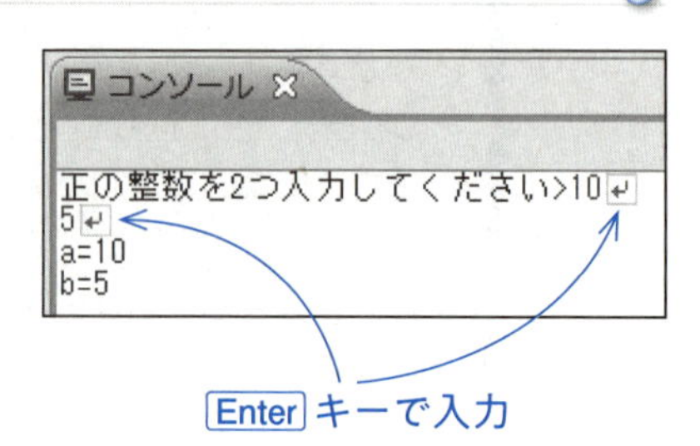

例題で右図のように入力して、正しく動作することを確認してください。

区切り文字を指定できる

標準の空白類文字ではなく、例えばコンマ(,)などを区切り文字に指定したい場合は、変換指定の間に区切り文字にしたい文字を挿入します。例題のscanfを、次のように変えて試してみてください。

コンマを挿入して区切り文字にする

```
scanf("%u,%u",  &a, &b);
```

コンマで区切って2つの値を入力する

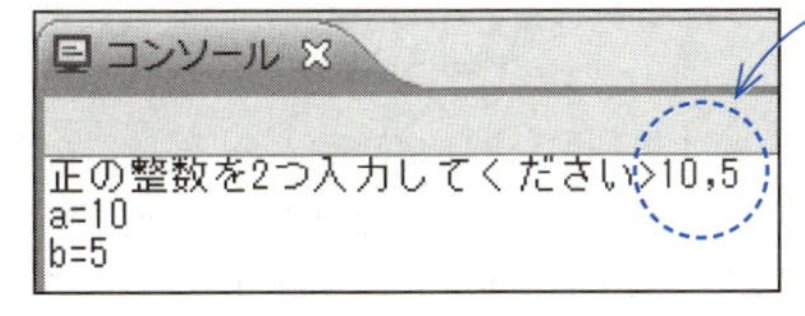

練習 6-4

1. 実行結果のように、キーボードをタイプしてunsigned shortの値を入力した s を表示するプログラム(ex6-4-1.c)を書きなさい。

実行結果

2. int nとdouble xを宣言し、実行結果のように値を入力するプログラム(ex6-4-2.c)を作成しなさい。ただし、ひとつの scanf で nとxを入力し、区切り文字にはコンマ(,)を使いなさい。

　また、入力後、nとxを実行結果のように表示しなさい。表示はnもxも7桁の表示幅で、xは小数点以下3桁を表示する指定にしなさい。

実行結果

```
int,double>125,12.852
n=    125
x= 12.852
```

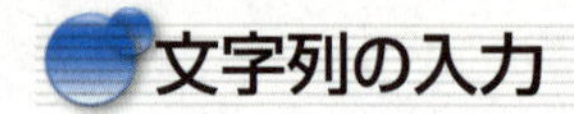

文字列の入力

最後に文字列を入力してみましょう。

例題6-6 文字列を入力する

sample6-6.c

```
1   #include <stdio.h>
2   int main(void)
3   {
4       char string[1000];                    // 999文字分を確保しておく
5       printf("文字列>");scanf("%s", string);  // %s で文字列を入力
6       printf("string=%s¥n", string);
7       return 0;
8   }
```

実行結果

```
コンソール
文字列>Hello!
string=Hello!
```

文字の集まりが文字列です。しかし、char型の変数には1文字しか入りません。そこで、たくさんのchar型(文字型)変数をまとめて使って、文字列を格納します。4行目が、変数を宣言して用意している部分で、stringというchar型の変数を作っています。

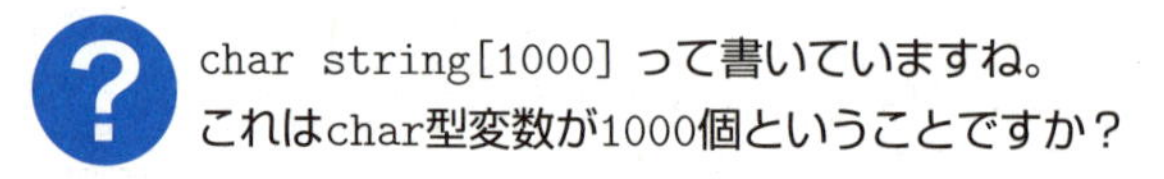

その通り！ 1000個もあれば、だいたいは大丈夫ですからね。
4行目は、char型変数を1000個まとめて作って、全体にstringという名前を付けるという変数宣言です。これだけで、1000個のchar型変数を、ひとまとめにしてstringという名前で扱うことができるのです。

4行目のように、たくさんの変数を集合して、1つのように扱うものを**配列**といいます。また、stringのような変数を**配列変数**といいます。配列は8章でもう一度解説しますが、ここでは集合型の変数という理解で十分です。

あとは、変換指定子にsを使って、scanfで入力するだけです。

```
scanf("%s", string);
```

ただし、1つだけ注意があります。
それは、**配列変数の場合は、&を付けずに変数名だけを指定する**、ということです。例題でもscanfに、&stringではなく、stringと指定しています。うっかり間違わないように、十分気を付けてください。

また、6行目で文字列を出力しています。変換指定子は同じsで、%sと指定します。書き方は、他の型の変数の場合と変わりません。

```
printf("string=%s¥n", string);
```

練習 6-5

1. 実行結果のように、日本語の名前を入力すると、挨拶を表示するプログラム(ex6-5-1.c)を作成しなさい。

```
コンソール
お名前>田中宏
こんにちは田中宏さん
```

▲実行結果

この章のまとめ

この章では、C言語のデータ型を詳しく解説しました。また、いろいろなデータ型の値をprintfとscanfで入出力する時の変換指定子の使い方を解説しました。

データ型

◇基本データ型に符号(signed、unsigned)とサイズ(short、long)を付けることで、たくさんの拡張データ型を定義しています。一覧表はP.107にあります。

◇他の環境に移った時でも安心して使える普遍的な型が定義されています。特に、大きさや長さを表すためのsize_t 型はよく使います。size_t 型はunsignedです。
他に、ビット幅を指定できるintN_t 型などもあります。

◇コンパイラにより、データ型のサイズは違う可能性があります。sizeof 演算子を使うと、その環境で、いろいろな型が何バイトなのか知ることができます。

変換指定子

◇printfに使う変換指定子はP.110に、scanfに使う変換指定子はP.118にあります。必要に応じて、参照してください。

◇printfの変換指定子には、表示幅や小数点位置を指定できます。

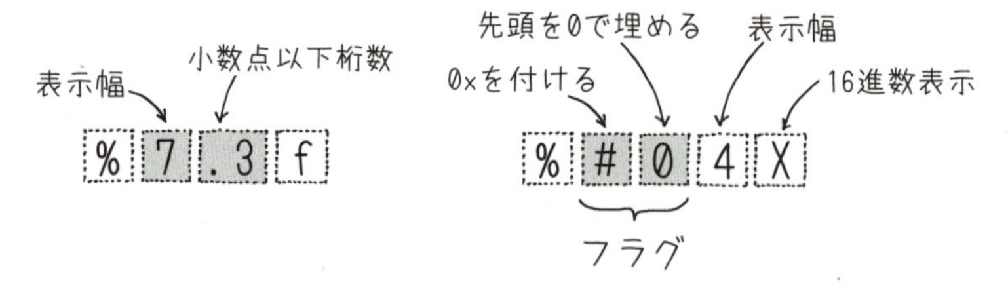

◇文字列は文字型の配列に入力します。printfとscanfでは次のように扱います。

```
char string[1000];        // 1000個のchar型変数の集まり
scanf("%s", string);      // &stringとしない
printf("%s¥n", string);
```

通過テスト

1. 次の①〜⑨にあてはまる型名、演算子名を答えなさい。

　小さな数だけを効率よく扱うために、intの半分のサイズの[①]型がある。また、[②]型は、intと同じサイズだが、正の数だけ扱うので、intの2倍の大きさの数まで扱える。さらに、intのサイズでは表現できない大きな整数を表すのに、long 型や[③]型が作られた。これも[④]を付けると、正の数に限るが2倍の大きさの値まで扱える。浮動小数点型も、[⑤]があり、double型より大きな精度の値を扱えるようになっている。なお、いろいろな型のサイズが何バイトであるかは、[⑥]演算子を使って調べることができる。

　型のサイズがコンパイラによって違うと困ることがあるので、最初からサイズを指定できる型もある。たとえば、サイズを指定できる整数型として[⑦]型がある。また、コンパイラが変わっても安全に使える型として、長さ、大きさを表すのに使う符号なし整数型の[⑧]型がある。

2. キーボードをタイプしてdoubleの値を入力し、その2乗を計算して表示するプログラム(pass6-2.c)を作成しなさい。ただし、入力データは固定小数点形式で、表示桁数6桁、小数点以下(精度)2桁で表示しなさい。また、2乗した値は指数形式で、表示桁数14桁、精度5桁で、かつ先頭余白に0を埋めて表示しなさい。作成にあたっては、実行結果を参考にしなさい。

実行結果
```
コンソール
double>12.5
 12.50の2乗は0001.56250e+02です
```

3. キーボードをタイプして2つのunsignedの値を入力し、それらの合計を表示するプログラム(pass6-3.c)を作成しなさい。ただし、2つの値はひとつのscanfで入力し、入力の区切り文字として+を使いなさい。2つの入力データはそのまま表示し、合計した結果は、表示桁数を8桁で先頭余白を0で埋めて表示しなさい。作成にあたっては、実行結果を参考にしなさい。

実行結果
```
コンソール
unsigned+unsigned>145+877
145+877=00001022
```

4. キーボードをタイプして姓と名を別々の変数name1、name2に入力し、それを使って実行結果のように表示するプログラム(pass6-4.c)を作成しなさい。ただし、1つのscanf文でname1とname2を同時に入力してください。

実行結果

```
コンソール
姓 と名を半角の空白で区切って入力>田中 宏
田中 宏さんですね
```

★入力時、姓と名の間は半角の空白で区切ります。

第7章 いろいろな演算子

この章では、重要な演算子について解説します。C言語のプログラムを記述するための、基本文法の最後のパートです。この章を学習すると、C言語の重要な演算子の働きを説明でき、それらを使ったプログラムを書けるようになります。

7.1 C言語の演算子

C言語特有の演算子が、いくつかあります。この章では、型や変数のサイズを計算するsizeof演算子、変数の値を±1するインクリメント、デクリメント演算子、ビットを操作するビット演算子について解説します。

まず、これまでに学習した演算子と、この章で解説する演算子(青い網掛けの部分)をまとめた表を示します。優先順位は上の方ほど高く、下の方ほど低くなります。ただし、同じ枠内にある演算子は、同じ優先順位です。

演算子の優先順位は、できるだけ覚えるようにしましょう。

<table>
<tr><th>優先順位</th><th>演算子</th><th>説明</th><th>結合性</th></tr>
<tr><td>高い</td><td>()</td><td>関数呼び出し</td><td>左結合</td></tr>
<tr><td></td><td>[]</td><td>配列の添字</td><td></td></tr>
<tr><td></td><td>++ --</td><td>後置インクリメント、デクリメント</td><td></td></tr>
<tr><td></td><td>+ -</td><td>正と負の符号</td><td>右結合</td></tr>
<tr><td></td><td>(type)</td><td>型キャスト</td><td></td></tr>
<tr><td></td><td>sizeof</td><td>サイズ取得(戻り値はsize_t型)</td><td></td></tr>
<tr><td></td><td>++ --</td><td>前置インクリメント、デクリメント</td><td></td></tr>
<tr><td></td><td>~</td><td>ビット単位の論理否定</td><td></td></tr>
<tr><td></td><td>* / %</td><td>乗算、除算、剰余</td><td>左結合</td></tr>
<tr><td></td><td>+ -</td><td>加算、減算</td><td></td></tr>
<tr><td></td><td><< >></td><td>ビット単位の左シフト、右シフト</td><td></td></tr>
<tr><td></td><td>&</td><td>ビット単位の論理積</td><td></td></tr>
<tr><td></td><td>^</td><td>ビット単位の排他的論理和</td><td></td></tr>
<tr><td></td><td>|</td><td>ビット単位の論理和</td><td></td></tr>
<tr><td></td><td>=</td><td>代入</td><td>右結合</td></tr>
<tr><td></td><td>+= -=</td><td>加算、減算による複合代入</td><td></td></tr>
<tr><td></td><td>*= /= %=</td><td>乗算、除算、剰余による複合代入</td><td></td></tr>
<tr><td></td><td><<= >>=</td><td>ビット単位の左シフト、右シフトによる複合代入</td><td></td></tr>
<tr><td>低い</td><td>&= ^= |=</td><td>ビット単位の論理積、排他的論理和、論理和による複合代入</td><td></td></tr>
</table>

※すべての演算子の一覧表は巻末資料にあります

7.2 sizeof演算子

例えば、int型のデータを記憶するのに何バイト必要かなどを調べるのが、**sizeof演算子**です。次のようにすると、nにint型のサイズ(バイト数)が入ります。

```
size_t n = sizeof(int);
```

? 答えを受け取るのにsize_t型の変数が使われていますが、int 型を使って、int n = sizeof(int); ではダメですか？

はい、intでもOKです。
size_t型を使ったのは、**sizeof演算子の返す値の型は、size_t型である**とC言語の仕様書に書かれているからです。

sizeof 演算子は、型だけでなくリテラルや変数のサイズも計算できるので、そういう時はsize_t型を使う方がいいでしょう。対象が極端に大きなオブジェクトで、sizeofの値が巨大な数になることも、可能性としてはあるからです。

変数のサイズを求める

sizeof 演算子で変数のサイズを求めてみましょう。型は何でもいいのですが、変数dataについて次のようにすると、そのサイズ(バイト数)を求めることができます。

```
size_t size = sizeof(data);
```

変数のサイズを求める時は、size_t size=sizeof data; のように( )を省略できます。しかし、size_t size=sizeof data+n のように、式の中で使った時、sizeofで求まるのがdataのサイズなのか、data+nのサイズなのか紛らわしくなります。
やはり、例示のように()を付ける方がいいでしょう。

int や double 型の変数だとサイズは明らかですから、ここでは、文字列のサイズを求めてみましょう。

例題7-1 文字列の長さを求める

sample7-1.c

```
1  #include <stdio.h>
2  int main(void)
3  {
4    char string[] = "こんにちは";  // 文字列の入ったchar型の配列変数
5    size_t len = sizeof(string);  // 文字列のバイト数を求める
6    printf("「%s」は%zuバイトです", string, len); // 出力
7    return 0;
8  }
```

実行結果

```
コンソール
「こんにちは」は16バイトです
```

6章では、scanfを使って、文字列を**配列**に入力する例を説明しました(⇨P.122)が、ここでは、配列に初期値として文字列をセットしておいて、そのサイズ(バイト数)を求めてみましょう。

char型の配列に初期値として文字列をセットするだけなら、4行目のようにして作成します。scanfを使うより、ずいぶん簡単です。

```
char string[] ="こんにちは";
```

文字列をセットする**配列変数**stringは、[]内に**何個のchar型変数を使うか指定しません**。必要な個数は右辺に書いた文字列から自動的に計算して決定されるのです。数えるのも面倒なので、これは便利な仕組みです。

あとは、stringを使って、そのサイズを計算したり、表示したりできます。例題は5行目でサイズを計算し、6行目で結果をコンソールに表示しています。

なお、size_t型を使ったので、printfの変換指定は%**zu**です。size_tは符号なしのunsigned型ですから、%zdではなく%zuとします。

おや、「こんにちは」は、たった5文字しかないのに、16バイトになってますよ！

UTF-8という文字コードを使っているので、ほとんどの日本語文字は、1文字が**3バイト**です。
1文字分のデータは、char型変数3個を使って記録しているのです。ですから、15個、つまり15バイト必要ですが、文字列の最後を示すために '¥0' が付くので、1バイト増えて、全体では16バイトになります。

ただ、日本語文字ではなく、**ASCII文字**（P.56に一覧表がある半角の英数字、記号）は、UTF-8でも1バイトです。
例題で、文字列を "こんにちは" から "Hello" に変えて実行してみてください。

```
char string[] = "Hello";              // 文字列の入ったchar型の配列変数
```

実行結果

```
コンソール
「Hello」は6バイトです
```

終端文字があるので、1文字分多く6バイトと表示されますが、これから1文字が1バイトであることがわかります。このように、**文字の種類によって1文字のサイズが違う**ことに注意してください。そのため**マルチバイト文字**と呼ばれています。

参考：ワイド文字

C言語では、すべての文字のバイト数を同じにした**ワイド文字**も使えます。ワイド文字の型は**wchar_t** 型です。ワイド文字で文字列を変数にセットするには、Lを付けて次のようにします。

```
wchar_t  string[] = L"こんにちは";
```

ワイド文字での1文字のバイト数はコンパイラによって違い、MinGWでは2バイト、GCCでは4バイトです。固定長なので、文字列を扱う時、計算が簡単になる利点がありますが、専用の関数を使う必要があります。

練習 7-1

1. 次のプログラムを、コンパイルして実行した時の結果として、正しいものはどれか答えなさい。ただし、GCC、MinGWコンパイラでintは4バイトです。

<ヒント>　sizeof演算子と+演算子の優先順位を、確認してください。

```
#include  <stdio.h>
int  main(void)
{
    int  m=0;
    unsigned n = sizeof m + 2;    // この計算に意味はありません
    printf("%u¥n", n);
    return  0;
}
```

A. 0　　B. 2　　C. 4　　D. 6　　E. コンパイルエラー

【解答】 ____________________

2. 文字列 "さようなら!" のサイズを、sizeof("さようなら!") として求めることができます。この値を求めて、「○バイト」の形式で、画面に表示するプログラム(ex7-1-2.c)を作成しなさい。

実行結果

```
19バイト
```

7.3 インクリメント、デクリメント演算子

何個のデータを処理したかとか、同じ操作を何回やったかなどを数え上げる処理では、**インクリメント**演算子や**デクリメント**演算子を使います。インクリメント演算子は、変数の値を+1し、デクリメント演算子は-1します。

例題7-2 インクリメントとデクリメント

sample7-2.c

```
 1  #include <stdio.h>
 2  int main(void)
 3  {
 4      int a=0, b=10;
 5      ++a;                // (前置で)1増やす
 6      --b;                // (前置で)1減らす
 7      printf("a=%d b=%d¥n", a, b);
 8
 9      a++;                // (後置で)1増やす
10      b--;                // (後置で)1減らす
11      printf("a=%d b=%d¥n", a, b);
12
13      return 0;
14  }
```

実行結果

```
コンソール
a=1 b=9
a=2 b=8
```

++は変数の値を1増やし、--は1減らす演算子です。つまり、a=a+1; やb=b-1;と同じです。記述を短くでき、意味も分かりやすくなります。

注意としては、間に空白を入れないことです。++、--のように2つ並べて書いてください。

++a、--bのように、変数の前に付けるだけでなく、9、10行目のように、変数の後に付けて、a++、b--と書くこともできます。前に付けるのを**前置**、後ろに付けるのを**後置**と言います。

この例では、前置でも後置でも、働きは同じです。機能に違いはありません。どちらを使うかは、好みの問題です。ただし、式の一部分として使う時は結果が違ってくるので、

注意が必要です。次の例で考えてみましょう。

例題7-3-1、7-3-2 前置と後置の違い

sample7-3-1.c

```
#include  <stdio.h>
int  main(void)
{
    int  a=0, n;
    n = ++a;     // 前置：aは1になり、nにはa(値は1)が代入される
    printf("n=%d / a=%d¥n", n, a);
    return  0;
}
```

実行結果（前置）

コンソール

```
n=1 / a=1
```

sample7-3-2.c

```
#include  <stdio.h>
int  main(void)
{
    int  a=0, n;
    n = a++;     // 後置：nにはa(値は0)が代入され、その後で、aは1になる
    printf("n=%d / a=%d¥n", n, a);
    return  0;
}
```

実行結果（後置）

コンソール

```
n=0 / a=1
```

前置では、先に++aを実行し(aが1になる)それをnに代入するので、nは1になりますが、後置では、nにa(aは0のまま)を代入した後でa++を実行するので、nは0になります。

？ 前置でも、後置でもaやbの値が1増減することは同じですね。それなのに、nの値が1だったり、0だったりするわけですか？

要は、タイミングの問題です。
aを1だけ増やしてからnに代入するか、あるいは、aをnに代入してから1増やすか、ということです。

++演算子について、前置と後置の機能を図解すると、次のようになります。

```
n=++a;   ➡   a = a+1;
             n = a;

n=a++;   ➡   n=a;
             a = a+1;
```

++a; とか a--; のように、単体で使うと何の問題もありませんが、式の一部として使うと働きが違ってきます。式は簡単になりますが、動作の違いが分かりにくくなります。

インクリメント、デクリメント演算子は、式の一部としては使わないようにする方が安全です。次の練習問題を考えてみて、それを実感してください。

練習 7-2

1. a=1のとき、次の代入式を実行した後のa、bの値を答えなさい。
（Eclipseに入力して確かめてはいけません。考えて答えてください）

(1) b = ++a + 1;　　a= ______　b= ______
(2) b = a++ - 1;　　a= ______　b= ______
(3) b = (a++) + 1;　　a= ______　b= ______

7

7.4 ビット演算の準備

ビット演算は、00111101のような、1と0からなるパターンに対して行う特殊な演算です。ひとつの1や0を**ビット**(bit)といい、00111101なら8ビットのパターンということになります。

ここでは、ビット演算で必要になる2進数と16進数について説明します。

1 10進数と2進数の変換

コンピュータでは、整数は**2進数**に変換して0と1からなるビットパターンで記憶されています。そこで、一例として66を2進数に変換して、どんなビットパターンなのか調べてみましょう。

10進数の66を2進数に直すには、66を2で割って商と余りを求め、その商をさらに2で割る操作を繰り返します。そして、商が0になるまで割っていき、最後に右側の余りだけを取り出して並べたものが、2進数です。

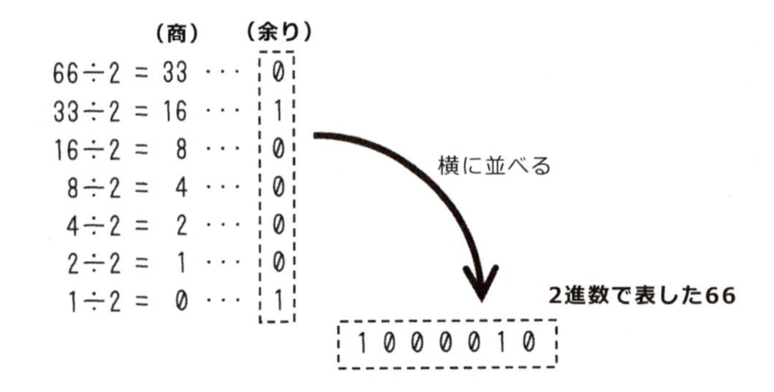

66は、1000010という2進数になりましたが、これは、7ビットしかありません。コンピュータでは、1バイト＝8ビットが基本の単位ですから、先頭に0を付けて、区切りよく8ビットにします。

これが、66を8ビットの2進数に変換したものです。

66 ⇨ 1000010 ⇨ 01000010 （8ビットの2進数）

2進数を10進数に変換する

逆に、2進数を10進数に変換するのは簡単です。
例えば、4桁の10進数では、左から1000の位、100の位、10の位、1の位です。

そこで、次のように、各桁の数を位の値と掛けると、10進数の値になります。

10進数	2	3	4	5	$2\times1000 + 3\times100 + 4\times10 + 5\times1 = 2345$
桁の位	1000	100	10	1	

では、4桁の2進数1101を考えてみましょう。例えば、4桁の2進数は、左から順に、8の位、4の位、2の位、1の位になります。

そこで、10進数の場合と同様に、各桁の数を位の値と掛けてすべて足してみます。すると次のように、13になりますが、これが10進数での値になります。位の数が1か0なので、計算は暗算でもできますね。

2進数	1	1	0	1	$1\times8 + 1\times4 + 0\times2 + 1\times1 = 13$
桁の位	8	4	2	1	

練習 7-3

1. 次の10進数を8ビットの2進数に直しなさい。
(1) 1　(2) 2　(3) 4　(4) 8　(5) 127　(6) 255

【解答】

(1) ________　(2) ________　(3) ________
(4) ________　(5) ________　(6) ________

2. 次の4桁の２進数を10進数に直しなさい。

(1) 0010　(2) 1100　(3) 0011　(4) 1111

【解答】(1)____　(2)____　(3)____　(4)____

2 2進数と16進数の変換

ビット演算では、整数を2進数のビットパターンとみて演算を行います。ただ、表記の問題として、11010011のような1と0だけのパターンは、どうしても0と1の数を数える必要があり、素早く判読するのには適していません。

そこで、1101 0011のように4ケタずつに分けて表記する方法があります。これでもいくらかわかりやすいのですが、十分ではありません。そこで、もう少し見やすい形の16進数が使われます。

16進数の数え方

16進数は、0～15の数を0、1、2、3、4、5、6、7、8、9、A、B、C、D、E、Fで表します。10進数が、10で桁上がりするのと同じように、16進数は16になると桁上がりします。

桁上がりを示すため、16進数を0から22まで数え上げてみたのが次の表です。青字の桁上がりした部分に注目してください。Fの次は10（イチゼロ）で、1Fの次は20（ニーゼロ）になります。なお、上段の小さな数字は対応する10進数です。

0	1	2	…	9	10	11	12	13	14	15	16	17	18	…	30	31	32	33	34	…
0	1	2	…	9	A	B	C	D	E	F	10	11	12	…	1E	1F	20	21	22	…

16進数の定数

プログラムで16進数の定数を使う場合は、10進数と区別するため、先頭に0xまたは0Xを付けます。ローマ字のo（オー）ではなく、数字の0（ゼロ）です。0xも0Xも意味は同じです。

16進数の定数の書き方

・16進数には先頭に0xまたは0Xを付ける
（例） A5 ⇨ 0xA5

16進数から10進数への変換

2桁の16進数では、左から16の位、1の位です。したがって、例えば16進数のA5は、次のようにして、10進数の値にします。

10進数	A	5	➡ A×16 + 5×1	➡	10×16 + 5×1 = 165
桁の位	16	1			

2桁だと、16の位と1の位ですね･･･
桁数が増えると、どうなりますか？

位の値は、2進数なら2のべき乗、10進数なら10のべき乗で表せます。16進数なら16のべき乗ですから、例えば4桁だと、16^3、16^2、16^1、16^0が位の値です。4096、256、16、1 になりますね。

2進数から16進数への変換

4桁の2進数を10進数に直し、それを16進数に変換すると簡単です。4桁の2進数は、1桁の16進数になるからです。暗算でもできますが、便利なように早見表も掲げておきます。

4桁の2進数は0000～1111までの数で、0～Fまでの16進数になります。

(2)	(16)
0000	0
0001	1
0010	2
0011	3

(2)	(16)
0100	4
0101	5
0110	6
0111	7

(2)	(16)
1000	8
1001	9
1010	A
1011	B

(2)	(16)
1100	C
1101	D
1110	E
1111	F

8ビットの2進数は、4ビットずつ16進数に変換します。
例えば、1101 0011 は、左が13、右は3です。したがって、16進数ではD3です。

3 8進数について

8進数は、0、1、2、･･･、7の文字を使って表し、8になると桁上がりする数です。3ビット、つまり2 進数 3 桁で表せる数です。現在ではあまり使われることはありません。数え方を示しておきます。上段は10進数、下段は8進数です。

0	1	2	…	6	7	8	9	10	…	14	15	16	17	18	…
0	1	2	…	6	7	10	11	12	…	16	17	20	21	22	…

8進数の定数

プログラムで8進数の定数を使う場合は、10進数と区別するため、先頭に0を付けます。ローマ字のo（オー）ではなく、数字の0です。したがって、普通の数字を0から書き始めると8進数とみなされるので、注意してください。

8進数の定数の書き方

・8進数には先頭に0（ゼロ）を付ける

（例） 72 ⇨ 072

※8進数の変換指定はo（英字のオー）でした（P.110、118）。混同しないようにしてください。

練習 7-4

1. 次の8桁の2進数を、2桁の16進数に直しなさい。4桁の2進数ごとに、暗算で10進数に換算し、それを16進数に変換して答えるようにしてください。

（1） 0101 0010 = ______ （2） 1010 1001 = ______ （3） 1110 1011 = ______

2. 暗算で、次の16進数の計算をしなさい。16進数を一度10進数に換算して計算し、その答えを16進数に直します。

（1） A+3 = ________ （2） 6+4 = ________ （3） E+F = ________

7.5 シフト演算子

2進数や16進数を理解したので、いよいよ演算について学習します。
ビット演算は、主に計測や制御の分野で使う演算です。例えば、8本の信号線があり、それが計測器につながっているとします。すると、電気が流れている線は1、そうでない線は0として、8本分、8ビットのデータが計測器から得られます。

0001 0111 --- 8本の信号線に対応する8ビットのデータ

この時、どの線がONで、どの線がOFFか調べるには、ビットごとに値をテストする必要があります。また、どれかの信号線をON/OFFしたりするには、ビットごとに1にしたり、0にしたりする操作も必要です。そういう時に使うのが、ビット演算です。

> **?** ビットごとの操作・・・
> 足したり引いたりする操作ではなさそうですね。
>
> そうなんです。
> 扱うデータは、数値ですが、1と0が並んだビットのパターンです。それを左右に何ビットかずらしたり、特定のビットだけを取り出したり、あるいは反転したりする演算があります。

では、最初はビットを左右にずらす**シフト演算**から見ていきましょう。

例題7-4 シフト演算

sample7-4.c

```
 1  #include <stdio.h>
 2  #include <stdint.h>
 3  #include "util.h"
 4  int main(void)
 5  {
 6      uint8_t   a, b, c;                  // 8ビットサイズの符号なし整数
 7      a = 0x0F;
 8      printf("a="); bprintln(a);          // a=0000 1111
 9
10      b = a << 4;                         // aを4bit左シフトしてbに代入
11      printf("b="); bprintln(b);          // b=1111 0000
12
13      c = b >> 4;                         // bを4bit右シフトしてcに代入
14      printf("c="); bprintln(c);          // c=0000 1111
15
16      return 0;
17  }
```

実行結果

```
コンソール
a=0000 1111
b=1111 0000
c=0000 1111
```

ここでは符号なしのデータを扱うので、6行目で、ビット幅を8ビットに指定できる符号なし(unsigned)のint型であるuint8_t型(⇨P.108)を使って、変数a、b、cを宣言しています。また、uint8_t型を使うにはstdint.hをインクルードする必要があります(2行目)。

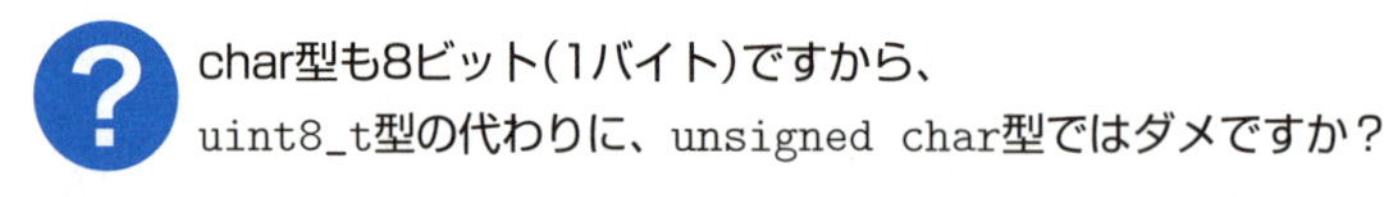

それでもOKです。
ただ、bit操作をする時、何ビットのデータを対象にしているのか、はっきりしておくと、間違いを防ぐことができます。**uint16_t**、**uint32_t**、**uint64_t**も使えます。コンパイラが違っても大丈夫なので便利ですよ。

なお、3行目にインクルードしているutil.hは、**bprintln**関数を使う時にインクルードする必要があります。

util.hは、同じプロジェクトの中に入れてあるので、<util.h>ではなく、"util.h"のように2重引用符で囲って指定します。

```
include "util.h"
```

bprintln関数は、1バイトの数値を8ビットのビットパターン、つまり2進数の形式で表示する関数です。

C言語には、数値を2進数形式で表示する関数がないので、これは本書のために作成したマクロ(⇨P.379)で実現しています。bprintlnは表示後に改行しますが、改行したくない場合は**bprint**関数も使えます。

例題は、7〜8行で uint8_t 型の変数aに、16進数の**0F**を代入し、すぐに表示しています。実行結果を確認してください。

```
a=0000 1111
```

これが、0Fの2進数表記です。ビット列がそのまま表示されていますが、見やすいように、4ビットごとに空白が1文字挿入されています。

さて、肝心のビットシフト演算は、10行目と13行目です。

```
b = a << 4;   // 左に4ビットシフトする
c = b >> 4;   // 右に4ビットシフトする
```

10行目のa<<4は、aの値を4ビット左に移動(シフト)します。シフト演算子は不等号を2つ連続して書きます。なお、**移動して値がなくなってしまうビットには0が埋められます**。

同様に右シフトは **>>** です。13行目のb>>4は、bの値を4ビット右に移動(シフト)します。そのため、c は a と同じ値になります。

なお、**a<<4の演算でaの値が変わることはありません**。それは、b=a+4; とやってもaの値が変わらないのと同じです。

では、出力結果を見て、シフトした状態を確認してください。

```
b=1111 0000
c=0000 1111
```

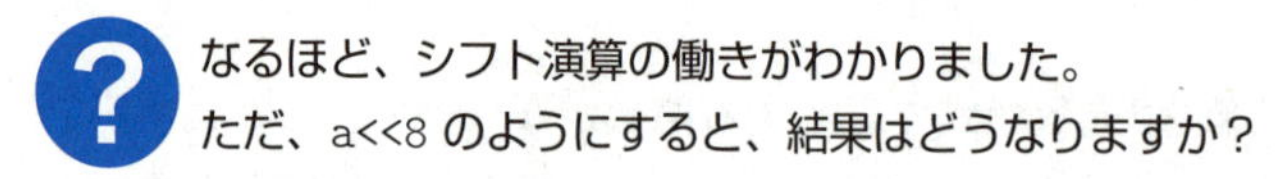

なるほど、シフト演算の働きがわかりました。
ただ、a<<8 のようにすると、結果はどうなりますか？

やってみればわかりますが、それだと0000 0000になります。
bprintln(a<<8); とすれば確認できます。
0になってしまう理由は、ビットシフトして、値がなくなるビットには自動的に0が埋められるためです。

ビットシフトの複合代入演算子

ビットシフトのような演算を、まとめて**ビット演算**といいます。また、>> や << のような記号は、**ビット演算子**といいます。ビット演算子は、算術演算子（ +、−、*、/、% ）と同じように、複合代入演算子の形で使うことができます。

例題7-5 複合代入演算でのビットシフト

sample7-5.c

```
1   #include <stdio.h>
2   #include <stdint.h>
3   #include "util.h"
4   int main(void)
5   {
6       uint8_t a = 0x0F;
7       printf("a="); bprintln(a);       // a=0000 1111
8
9       a <<= 4;                          // a = a<<4;  と同じ
10      printf("a="); bprintln(a);       // a=1111 0000
11      return 0;
12  }
```

実行結果

```
コンソール
a=0000 1111
a=1111 0000
```

9行目が複合代入演算子として左シフト（ << ）を使う例です。コメントに書いているように、これは、**a = a<<4;** と同じ意味です。実行すると、4ビット左シフトしたaの値が、aに再代入されます。そのため、aは、0Fから、F0に変わっています。

練習 7-5

1. 次の演算を、複合代入演算子を使う形に書き換えなさい。

① a = a << 4; ＿＿＿＿＿＿

② a = a >> 2; ＿＿＿＿＿＿

2. uint8_t 型の変数 a に、0X0Fを代入し、2ビット右シフトした値を実行結果のように表示するプログラム(ex7-5-2.c)を作成しなさい。

```
コンソール
右シフト前=0000 1111
右シフト後=0000 0011
```

7

7.6 ビット演算子(ビットごとの論理演算)

論理演算とは

a、b、2つの変数がある時、それぞれが 1 か 0 のどちらかであるとします。この時、次のように、全ての組み合わせを表す表のマス目に、適当に1または 0 のどちらかを埋めると、それだけでaと b に関する演算a◎bを定義したことになります。

a＼b	0	1
0		
1		

→

a＼b	0	1
0	**0**	**0**
1	**0**	**1**

→

a	b	a◎b
0	0	0
0	1	0
1	0	0
1	1	1

例えば、図のように埋めると、a=0、b=0 の時 0 、a=1、b= 1 の時 1、のように、組み合わせの規則が決まります。そこで、aと b のすべての組み合わせを取り出すと、右端のような関係であることがわかります。

これは、aとbが両方とも1の時は1にするが、それ以外は0にする、という演算の規則を表しています。

? 演算って、そんな風に定義していいのですか？
なんだか適当すぎるみたいですが。

本来、演算は人工的な規則ですから、どんな風に決めてもかまいません。
ここで示す演算は、それでも、**命題論理**に基づく由緒正しい演算なのです。

マス目が4つあるので2^4、つまり16通りの演算が定義できますが、次に示す3つの演算と否定演算が主に使われます。図は、上段が規則の表で、下段は表からaとbのすべての組み合わせを取り出して並べたものです。

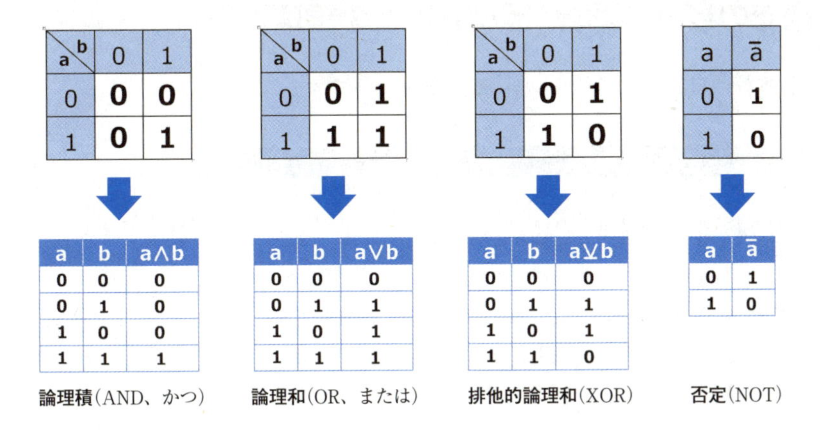

a＼b	0	1
0	0	0
1	0	1

a	b	a∧b
0	0	0
0	1	0
1	0	0
1	1	1

論理積(AND、かつ)

a＼b	0	1
0	0	1
1	1	1

a	b	a∨b
0	0	0
0	1	1
1	0	1
1	1	1

論理和(OR、または)

a＼b	0	1
0	0	1
1	1	0

a	b	a⊻b
0	0	0
0	1	1
1	0	1
1	1	0

排他的論理和(XOR)

a	$\bar{a}$
0	1
1	0

a	$\bar{a}$
0	1
1	0

否定(NOT)

それぞれの演算の説明を下に示すので、よく読んで(記憶して)ください。

論理積(AND、かつ)	a、bが両方とも1の時だけ1で、それ以外は0
論理和(OR、または)	aまたはbのどちらか、あるいは両方が1なら1で、それ以外は0
排他的論理和(XOR)	aとbが互いに異なれば1、同じなら0
否定(NOT)	0なら1、1なら0のように反転する

論理積(**AND**、かつ)、論理和(**OR**、または)、排他的論理和(**XOR**)、否定(**NOT**)の演算があります。この、規則は覚えてしまう必要があります。

覚えるしかないので、以上で論理演算の説明は終わりです。
演算の規則を覚えたかどうか、次の練習問題で確認してください。

練習 7-6

1. a=1、b=0の時、次の空欄を埋めなさい。

・aとbのAND演算は(①)になる
・aとbのOR演算は(②)になる
・aとbのXOR演算は(③)になる
・aのNOT演算は(④)になる

C言語でのビット演算(ビットごとの論理演算)

ビット演算には次のようなビット演算子を使います。

AND	OR	XOR	NOT
& アンパサンド	| バーチカル・バー	^ カレット(ハット)	~ チルダ

C言語では扱うデータは変数に入っていて、最低でも8ビットあります。そこで、ビット演算子ではビットごとに論理演算(AND、OR、XOR、NOT)を行います。つまり、aとbの同じ桁位置にあるビット同士で、論理演算を行うわけです。

次の図は、a=00101101、b=11011100 の時のAND演算とOR演算の様子です。

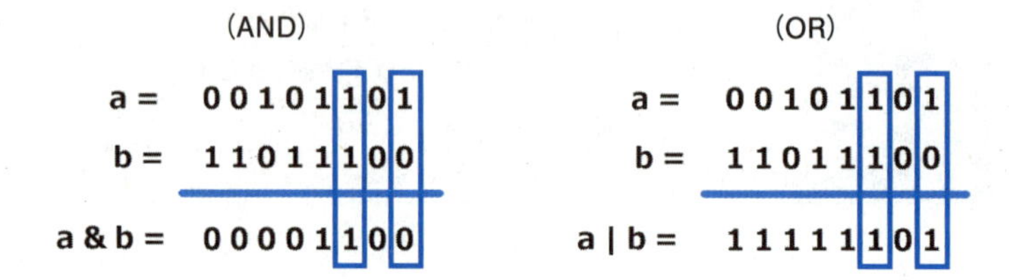

ここでは、青枠で囲った部分を見てみましょう。

まず、ビット位置は、右端から、1ビット目、2ビット目、3ビット目 ･･･ と数えます。左側のAND演算では、1ビット目は、a=1、b=0 なので **1 & 0** の計算から、このビットは 0 になります。また、3ビット目は、a=1、b=1 なので **1 & 1** の計算から、このビットは 1 です。

右側のOR演算では、1ビット目は、a=1、b=0 なので **1 | 0** の計算から、このビットは 1 になります。また、3ビット目は、a=1、b=1 なので **1 | 1** の計算から、3ビット目も 1 です。

このように、ビット毎に演算した結果から、AND演算の答えは 0000 1100 、OR演算の答えは 1111 1101 になります。

では、同じ a、b の値を使って、ひと通り、ビット演算を試してみましょう。

例題7-6 ビット演算のテスト

sample7-6.c

```
1    #include <stdio.h>
2    #include <stdint.h>
3    #include "util.h"
4    int main(void)
5    {
6        uint8_t  a= 0x2D, b=0xDC, c;     // a、bに値を代入
7        printf("a¥t= ");bprintln(a);     // aを2進数形式で表示
8        printf("b¥t= ");bprintln(b);     // bを2進数形式で表示
9
10       c = a & b; printf("a&b¥t= ");    bprintln(c);   // AND演算
11       c = a | b; printf("a|b¥t= ");    bprintln(c);   // OR演算
12       c = a ^ b; printf("a^b¥t= ");    bprintln(c);   // XOR演算
13       c = ~a;    printf("~a¥t= ");     bprintln(c);   // NOT演算
14       return 0;
15   }
```

実行結果

```
コンソール
a     = 0010 1101
b     = 1101 1100
a&b   = 0000 1100
a|b   = 1111 1101
a^b   = 1111 0001
~a    = 1101 0010
```

例題は、2つの変数a、bの間で、ビット演算を行ってその結果を表示します。a、bおよび演算結果を入れる変数 c は、符号なし8ビット整数なので、uint8_t型を使います。また、結果は、bprintln関数を使って、2進数形式で出力します。

10行目～13行目が、ビット演算を実行しているところです。演算結果をcに代入し、cをbprintln関数を使って、2進数形式で表示しています。

実行結果を見て、演算が正しく実行されたか、確認してください（論理演算の規則は覚えましたか？）。

うーん、演算のやり方はわかるのですが、
実際にはどういう風に役に立つのか、それがわかりません。

そうですね。
例えば、計測器を通して8ビットの制御データが得られる時、右から3ビット目がON(=1)かどうか知りたいというケースが考えられます。
あるいは、逆に8ビットの制御データのうち、右から2ビット目をON(=1)にして、回路に出力したい、などのケースです。
演算の部分だけですが、次の例題でやってみましょう。

例題7-7 ビット演算の応用

sample7-7.c

```
1   #include <stdio.h>
2   #include <stdint.h>
3   #include "util.h"
4   int main(void)
5   {
6       uint8_t  data =   0B11011100;       // 受け取った制御データとする
7       printf("data="); bprintln(data);   // 制御データを表示する
8
9       uint8_t test = data & 0B00000100;  // 右から3ビット目を取り出す
10      printf("%hhu¥n", test);            // 表示する
11
12      data |= 0B00000010;                // 2ビット目をON(=1)にする
13      printf("data="); bprintln(data);   // 値を表示する
14      return 0;
15  }
```

実行結果

```
コンソール
data=1101 1100
4
data=1101 1110
```

この例題では、6行目で定数の2進数表記を使っています。先頭に**0b**または**0B**を付けると、1と0の並びで、2進数の定数を表記できます。これは、C言語の標準仕様にはない書き方ですが、GCCやMinGWコンパイラで使える**準**標準仕様ですから、学習目的でなら使っても大丈夫でしょう。

例題は、9行目で受け取った制御データ(11011100)の右から3ビット目がON(=1)か

どうか調べます。

そのために、右から3ビット目だけが1になっている 00000100 とAND演算を行います。0とANDを取ると0になりますが、右から3ビット目だけ 1 とANDを取るので、もしも、結果の値が0なら、3ビット目も0だったことがわかります。

```
data=    1 1 0 1 1 1 0 0
   p=    0 0 0 0 0 1 0 0
data&p=  0 0 0 0 0 1 0 0
```

結果の値は、0000 0100（10進数では4）となり、0ではないので、右から３ビット目がONだったことがわかります。

また、例題は12行目で、変数dataの右から２ビット目をONにします。

それには、2ビット目だけが1のデータ00000010とOR演算をします。

```
data=    1 1 0 1 1 1 0 0
   p=    0 0 0 0 0 0 1 0
data|p=  1 1 0 1 1 1 1 0
```

なお、**data |= 0B00000010;** の **|=** は、**複合代入演算子**です。

```
data |= 0B00000010;   ⬅   data = data | 0B00000010;
```

data | 0B00000010 を実行するだけでは、dataの値は変わりません。結果の値をdataに再代入するために、data = data | 0b00000010; とする必要がありますが、複合代入演算子を使って、記述を簡略にしています。

否定(～)以外のビット演算子は、どれも複合代入演算子にできるので、**&=**、**^=**、**|=**、**<<=**、**>>=** も使えることを覚えておきましょう。

このように、シフト演算やビット演算の特徴を利用すると、データをビット単位で検査したり、加工したりできるわけです。

練習 7-7

1. 変数aを、uint8_t a=0B01101101; と宣言し、aの右から6番目のビットをOFF(=0)にセットして、実行例のように表示するプログラム(ex7-7-1.c)を作成しなさい。
   <ヒント>適切な値のデータと論理積(AND)を取ります。

```
コンソール
実行前=0110 1101
実行後=0100 1101
```

2. 変数aを、uint8_t a=0B11001101; と宣言します。そして、aの右から1番目～4番目のビット(下位4ビット)だけを、ビット反転して、実行例のように表示するプログラム(ex7-7-2.c)を作成しなさい。
   <ヒント>適切な値のデータと排他的論理和(XOR)を取ります。

```
コンソール
実行前=1100 1101
実行後=1100 0010
```

Column プロジェクトのクリーン

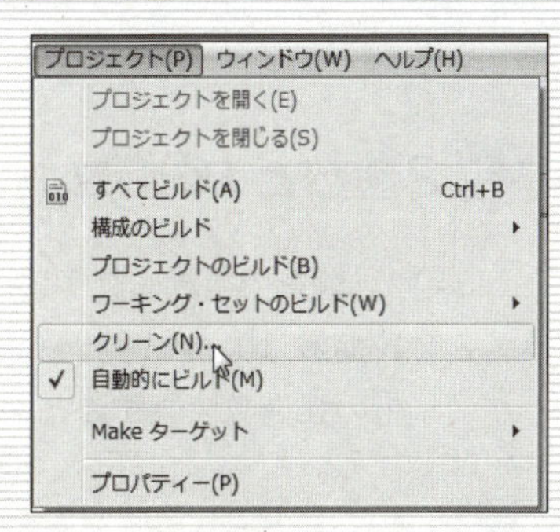

　プログラムのどこにも間違いがないのに、なぜかコンパイルエラーになる場合があります。

　そんな時、クリーンを実行するとオブジェクトコードや実行プログラムを一度すべて消し、再度コンパイル・リンクをやり直してくれます。その結果、多くの場合、エラーが解消されます。困った時は、一度はやってみるべきコマンドです。

　クリーンはメニューから[プロジェクト]⇨[クリーン]と選択します。すると次のようなクリーンダイアログがでるので、対象のプロジェクトにチェックを入れて[OK]をクリックします。

クリーン
クリーンを実行するとすべてのビルドの問題とビルド状態が破棄されます。プロジェクトは初めから再ビルドされます。
すべてのプロジェクトをクリーン(A)
以下で選択したプロジェクトをクリーン(S)
ex68_1
ex68_2
ex69_1
ex70_1
mvtest
OK
キャンセル

7

この章のまとめ

この章では、sizeof 演算子、インクリメント・デクリメント演算子、論理演算子について解説しました。また、論理演算の基礎となる2進数と16進数の扱い方も解説しました。

sizeof演算子

◇sizeof演算子は、型だけでなく**リテラルや変数のサイズも計算できます**。戻り値の型は、**size_t** 型で、いろいろなサイズの値を保持するのに十分なサイズを持ちます。

◇UTF-8ではASCII文字は1バイト、日本語文字は3～4バイト(**マルチバイト文字**)です。

インクリメント・デクリメント演算子

◇++a、a++のように前置と後置で使えますが、式の中で使うと、**前置と後置では機能が違う**ので注意が必要です。

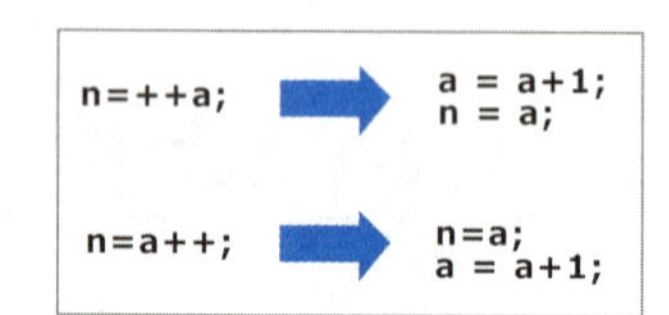

2進数と16進数

◇2進数を10進数に直すには、1011 ⇨1×**8**+0×**4**+1×**2**+1×**1** とします。

◇16進数は0～15を**0～9、A、B、D、E、F**の16個の文字で表します。4桁の2進数は1桁の16進数で表すことができます。

ビット演算子

◇シフト演算子(<<、>>)は、a<<n、a>>nのように使って、aの値をnビットずらすことができます。

◇AND、OR、XOR、NOTの意味と記号は次のようです。

論理積（AND、かつ）	&	a、b が両方とも 1 の時だけ 1 で、それ以外は 0
論理和（OR、または）	|	a または b のどちらか、あるいは両方が 1 なら 1 で、それ以外は 0
排他的論理和（XOR）	^	a と b が互いに異なれば 1、同じなら 0
否定（NOT）	~	0 なら 1、1 なら 0 のように反転する

◇&、|、^、~ の各演算子は、値のビット毎に論理演算を実行します。

```
  a=  00101101        a=  00101101
  b=  11011100        b=  11011100
a&b=  00001100      a|b=  11111101
```

通過テスト

1. 次の2桁の16進数は、8桁の2進数ではいくつになるか、また、符号なし整数とみると、10進数ではいくつになるか答えなさい。

(1) 0x01　2進数= ____________　10進数= ____________
(2) 0x80　2進数= ____________　10進数= ____________
(3) 0x0f　2進数= ____________　10進数= ____________
(4) 0xf0　2進数= ____________　10進数= ____________
(5) 0xff　2進数= ____________　10進数= ____________

2. 次の2桁の16進数を8ビットの2進数に直しなさい。

＜ヒント＞
(1)は8進数、(2)は16進数です。(3)は++の扱いをどうするのかを考えて下さい

(1) FF ____________
(2) F ____________
(3) 33 ____________
(4) 88 ____________
(5) EE ____________

3. キーボードをタイプして文字を入力し、実行結果のように、文字と16進数の文字コードを表示するプログラム(pass7-3.c)を作成しなさい。

```
コンソール
半角1文字>A
Aの文字コードは0X41です
```

▲実行結果

＜ヒント＞
・printfでは、入力した文字を文字および16進数として2回表示します
・16進数の表示で値の前に0Xを付けるには、変換指定にフラグとして#を指定してください
(フラグについては6章P.116を参照)

4. scanf で uint8_t 型の変数 a に、0x00 ～ 0xFFの範囲の値を入力します。16進数の形式で入力できるようにします。そして、図に示すように、a の値の上位4ビットを u1 に、下位4ビットを u2 に代入します。さらに、u1、u2を実行結果のように表示してください。作成するプログラムはpass7-4.cとします。

```
コンソール
0x00～0xFFの値>0x2E
u1=(02) 0000 0010
u2=(0E) 0000 1110
```

▲実行結果

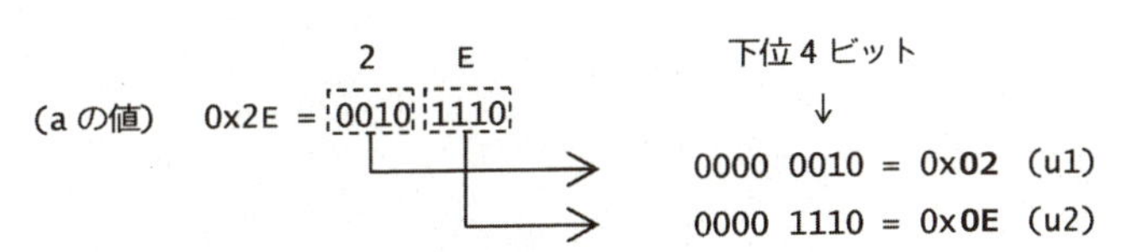

＜ヒント＞
・a、u1、u2は、uint8_t型で宣言します(`stdint.h` をインクルードすること)
・実行結果のような出力は、u1の場合、次のようにします
```
printf("u1=(%02X) ", u1); bprintln(u1);
```
・16進数形式で a を入力するための変換指定子は、%hhx(⇨P.118) を使います
・上位４ビットを取り出すには、aにシフト演算を適用します
・下位4ビットを取り出すには、aと適切な値とでAND演算を行います

5. uint8_t型の変数u1とu2に、scanfで値を入力します。u1とu2の上位４ビットを、互いに交換して新しいu1とu2を作成し、実行結果のように表示してください。作成するプログラムは`pass7-5.c`とします。

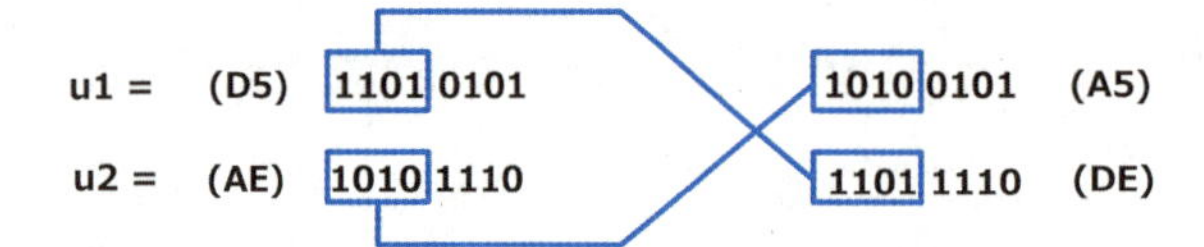

実行結果

```
コンソール
[0x00～0xFF] u1, u2 : >0xD5 0xAE
u1=(D5) 1101 0101
u2=(AE) 1010 1110
----
u1=(A5) 1010 0101
u2=(DE) 1101 1110
```

＜ヒント＞
・u1、u2の下位4ビットを0にしたデータa1、a2を作成します
・u1、u2の上位4ビットを０にしたデータb1、b2を作成します
・a2とb1、a1とb2で、適切なビット演算を行って求めるデータを得ます

第8章 配列とfor文

データが2、3個であれば、a+b+cのように式を書いて合計を得ることができますが、個数が増えて100個くらいになると大変です。total = a1+a2+a3+･･･+a100; のように、沢山の変数を+でつないで、長い式を作らねばなりません。このようなときの定番の方法が、配列とfor文です。

配列は変数の集合体で、for文はそれを簡単に処理するための構文です。これらを使うことによって、データが何万個あっても、わずか数行のプログラムで合計を計算できるのです。この章を学習すると、配列とfor文を使って、大量のデータを効率よく処理するためのプログラムを、作成できるようになります。

8.1 配列の作り方

例えば、クラス全員の得点のリストを処理するプログラムでは、たくさんの同じ種類のデータをまとめて扱う必要があります。

氏 名	得点
田中 浩二	75点
木村 洋子	80点
佐々木 隆	65点
鈴木 花子	91点
佐藤 栄作	70点

図は得点のデータですが、合計や平均を計算するために、それぞれを変数a、b、c、d、eに入れると、長い足し算の式などを書くことになります。

```
total =a+b+c+d+e;
```

データが5個でなく500とか1000とかあると、この方法がまずいことは、誰の目にも明らかでしょう。このような時に使うのが、**配列**(array)です。配列を使うと、もっとスマートにデータを処理できるのです。

配列とは

配列は、変数を集めてひとつにまとめたもので、次のように宣言して作成します。

int dt[5];

dt[0]	dt[1]	dt[2]	dt[3]	dt[4]

この例は、int型の変数5個からなる**dt**という名前の配列で、dtを**配列変数**といいます。5個ある変数は、dt[0] ～ dt[4] のように、0から始まる番号で区別され、それぞれを**配列要素**といいます。また、0～4の番号を、**要素番号**(添え字、インデックス)などといいます。

配列要素には、次のようにすると値を代入できます。

```
dt[0] = 75;
dt[1] = 80;
dt[2] = 65;
dt[3] = 91;
dt[4] = 70;
```

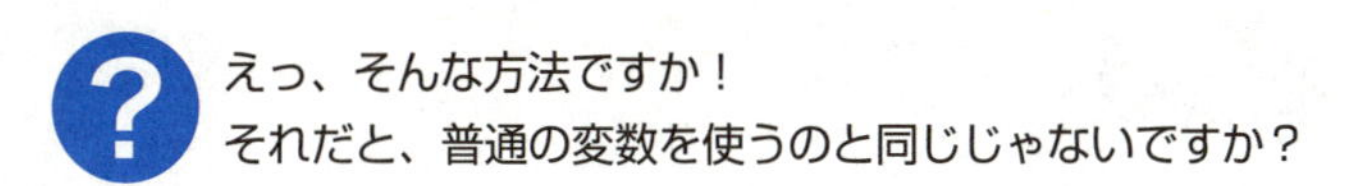

た、確かに・・・。
本当は、もっといい方法がありますが、それは、次の章で説明します。
今は、普通の変数と同じように代入などができる、と知っておいてください。
その代わり、変数宣言時に値をセットする方法を説明しておきます。

例題8-1 配列の作成と内容の出力

sample8-1.c

```
1  #include  <stdio.h>
2  int  main(void)
3  {
4      int  dt[]  = {75, 80, 65, 91, 70};
5      printf("%d %d %d %d %d¥n", dt[0], dt[1], dt[2], dt[3], dt[4]);
6      return  0;
7  }
```

実行結果

```
コンソール
75 80 65 91 70
```

これは、**宣言と同時に**値をセットする方法です。{ } の中に、セットしたい値をコンマで区切って並べます。{75, 80, 65, 91, 70} を**初期化リスト**といいます。

配列変数は、int dt[] のように、配列要素の数を省略します。こうしておくと、初期化リストに書いてあるデータの個数だけ、配列要素が作成されます。

なお、宣言の時だけしか使えない方法ですから、次のようにするとエラーになります。

```
int  dt[5];
dt = {75, 80, 65, 91, 70};
```

例題は、5行目で、配列要素dt[0]～dt[4] の値をコンソールに出力します。printfを使う出力の方法は、普通のint型変数の場合と同じです。

配列の書き方

型　変数名[] = {初期値リスト};

（例） int　dt[]　= {75, 80, 65, 91, 70};

★ひとつの配列要素は、ひとつの変数と同じである

char、float、double、_Bool、･･･ どんな型の変数でも配列にできます。また、配列宣言時に初期値を設定する方法も同じです。

```
char ch[] = {'H','E','L','L','O'};
double x[] = {1.57, 2.63, -3.12, 2.81};
_Bool bool[] = {1,1,0,1,0};
... ...
```

すると、char ch[] = {'こ'、'ん'、'に'、'ち'、'は'}；
こんな風に、日本語文字でも大丈夫ですか？

うーん、それは、エラーになりますね。
初期化リストを使うと、ch[0]←'こ'、ch[1]←'ん'、･･･ のように、1つの配列要素に初期化リストのデータを1つずつ代入しようとします。

覚えていると思いますが、**日本語文字はだいたい3バイト**のサイズがあります。ですから、1バイトのcharには入らないのです。

7章では、char型の配列に文字列を代入しました(P.130)が、書き方が違いました。

```
char ch[] ="こんにちは";
```

右辺が初期化リストではなく、**文字列**です。この時、配列要素は5個ではなく、15個も作られます。それは、1文字を3つの配列要素に分けて格納するからです。また、最後には '¥0' も付くので、1つ増えて、合計16個になりました。

7章(P.131)で説明したように、C言語では、文字の種類によって1文字のバイト数が異なります(**マルチバイト文字**)。そのため、char型の配列の初期化リストに使えるのは、1バイトで表せるASCII文字だけです。char型は、他のデータ型とは少し事情が異なることを覚えておきましょう。

練習 8-1

1. 次のような値を持つ配列を作成し、例題にならってその内容を出力するプログラム(ex8-1-1.c)を作成しなさい。3つの出力を1つのプログラムで実行します。

(1) doubleの配列x

x[0]	x[1]	x[2]	x[3]
1.57	2.63	-3.12	2.81

(2) charの配列c

c[0]	c[1]	c[2]	c[3]	c[4]
'H'	'E'	'L'	'L'	'O'

(3) shortの配列sh

sh[0]	sh[1]	sh[2]	sh[3]
2256	-2048	-1024	3512

<ヒント>
変換指定は%hdです

2. 次のプログラムでn1、n2の値はそれぞれいくつになるか答えなさい。
(Eclipseでプログラムを作成しないで答えてください)

```
#include  <stdio.h>
int  main(void)
{
    int  a[]  =  {71, 12, 34, 44, 15, 26};
    int  n1   =  a[0] * 2;
    int  n2   =  a[2] - a[4];
    return  0;
}
```

【解答】

n1= ________________ n2= ________________

8.2 for文の書き方

配列の内容を出力するのに、例題8-1のように配列要素を羅列するのは、本来のやり方ではありません。for文を使うと、もっと簡単にできます。そこで、for文をマスターすることから始めましょう。,

for文は、「**～回繰り返す**」という繰り返しの構文です。後の節で意味を説明しますが、それまでは、次の図の白抜きの部分以外は、いつもこの通りに書いてください。書き換えるのは、繰り返しの回数と、実行したい処理の部分だけです。

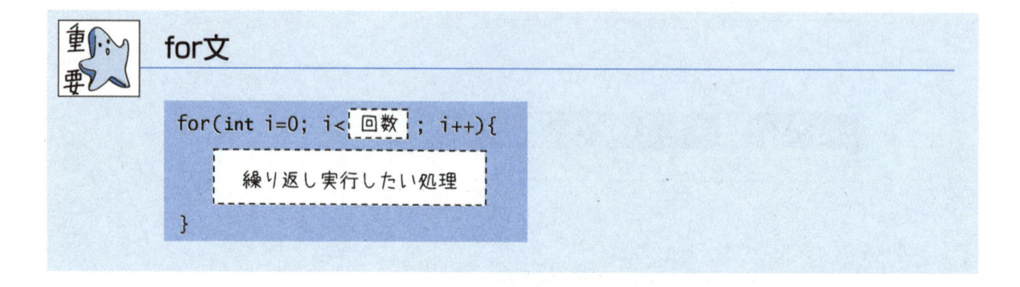

次の例題は、この構文を使って「ヤッホー!」を出力するputs文を、5回実行します。

例題8-2 ヤッホー！を5回表示する

sample8-2.c

```
1  #include  <stdio.h>
2  int  main(void)
3  {
4      for(int i=0; i<5; i++){     // for文
5          puts("ヤッホー！");
6      }
7      return  0;
8  }
```

実行結果

```
ヤッホー!
ヤッホー!
ヤッホー!
ヤッホー!
ヤッホー!
```

このfor文は、回数に5を指定しています。また、繰り返し実行したい処理として、`puts("ヤッホー！");`を指定しています。putsは、コンソールに文字列を表示する関数です。

putsは、1つしか書いていないのに、実行結果から分かるように、「ヤッホー！」を5回表示しています。つまり、putsを5回実行したわけです。回数の「5」を他の数に変えて実行し、繰り返し処理が機能することを確認してください。

?「ヤッポー！」と表示するだけでは、どうも実感がわきません。
「繰り返したい処理」には、他のことも書けるのですか？

それはもちろんです。
後でやってみますが、配列の出力とかですね、何でも書けます。
次の練習問題を、やってみてください。

練習 8-2

1. 例題にならって、for文を使って次の処理を3回繰り返すプログラム(ex8-2-1.c)を作成しなさい。

```
printf("反復処理¥n");
```

実行結果

```
コンソール
反復処理
反復処理
反復処理
```

2. 次は、キーボードをタイプして入力した値を、そのまま表示するプログラムです。次の3行をfor文の中に書き、この処理を3回繰り返すプログラム(ex8-2-2.c)を作成しなさい。

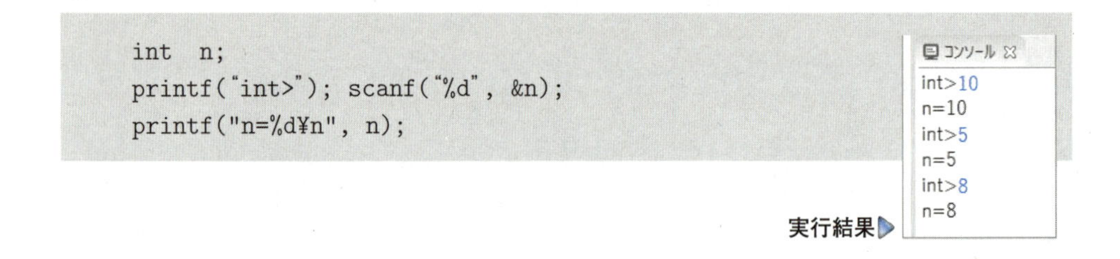

```
int  n;
printf("int>"); scanf("%d", &n);
printf("n=%d¥n", n);
```


実行結果

3. 次は、キーボードをタイプして正方形の辺の長さaを入力し、面積を計算するプログラムです。次の3行をfor文の中に書き、この処理を3回繰り返すプログラム(ex8-2-3.c)を作成しなさい。

```
double  a;
printf("double>"); scanf("%lf", &a);
printf("面積=%f¥n", a*a);
```

実行結果

```
コンソール
半径>5.1
面積=26.010000
半径>2.5
面積=6.250000
半径>3.33
面積=11.088900
```

8

SPD — プログラムを視覚的に理解する

繰り返し処理などが加わって、これから、少しずつプログラムが複雑になっていきます。そこで、プログラムを視覚的に表現する図法を使うことにします。それは**SPD**(Structured Programming Diagram)という図法です。

次は、SPDの例と元のプログラムを並べて示したものです。プログラムを日常の言葉で表現し、流れを示す線や繰り返しの矢印を使って、視覚的に表示しているので、処理の流れと意味がわかりやすくなっています。

順次構造

int 型の変数 a を宣言する
"int>" と表示して、a に整数を入力する
入力した a の値を表示する

```
int a;
printf("int>"); scanf("%d", &a);
printf("値=%d¥n", a);
```

反復構造

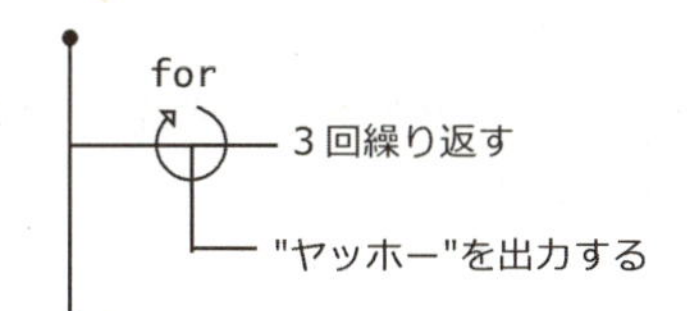


```
for(int i=0; i<3; i++){
    puts("ヤッホー");
}
```

うーん、何となく意味がわかります。
ほとんど、プログラムと同じみたいだけど･･･

プログラムを、日常のコトバに直して書いてあるからです。
プログラムと比べても、とてもよく対応がとれていることが分かると思います。
これ以降のプログラムにはSPDも付けているので、参考にしてください。

8.3 {}のないfor文

次のfor文を見て、実行結果と比べてください。どこがおかしいかわかるでしょうか。

```
for(int i=0; i<3; i++)
    puts("aaa");  ←―――― これだけがfor文の対象
    puts("bbb");
```

コンソール

```
aaa
aaa
aaa
bbb
```

実行結果

あれっ、3回繰り返すfor文なのに、
puts("bbb"); が1回しか実行されていません！

puts("bbb"); は、for文の対象になっていないからです。
それは、for文に{ }が付いていないせいです。繰り返したい処理は{ }の中に書きますが、{ }がない時は、for文の後のひとつの文しか対象にならないのです。

インデントで字下げされているので、puts("bbb")もfor文の対象と勘違いします。このようなミスを防ぐため、{ }のないfor文は書かないようにしましょう。

まさか、そんなミスはしないと思いますけど。
書いている途中で気が付きますからね。

確かに、自分ではしないかもしれません。ただ、プログラムは長い間、保守されていくものです。何年か経ってから、puts("bbb"); を書き加える必要が起こったとします。それをするのは、もはやあなたではなく、他の誰かですから、{ } がないことに気づかない可能性があります。
「誰か他の人」のために、まぎらわしいプログラムを書かないようにしましょう。

練習 8-3

1. 次のプログラムの実行結果として、正しいものはどれか選択肢の記号で答えなさい。

<ヒント>　2章のP.30には次のような記述があります
「プログラムでは改行には意味がありません。文の最後はセミコロンで判定できるので、文法的には全く改行しなくてもよいのです。」

```
(1)
for(int i=0; i<3; i++) printf("aaa"); printf("bbb");
```

```
(2)
for(int i=0; i<3; i++)
{printf("aaa"); printf("bbb");}
```

【解答】

(1) ________________　(2) ________________

選択肢

ア aaabbbaaabbbaaabbb
イ aaaaaaaaabbbbbbbbb
ウ aaaaaaaaabbb
エ 何も表示されない
オ コンパイルエラー

8.4 ループカウンタ

for文で使う変数iを、**ループカウンタ**といいます。推測されるように、変数iは、繰り返し処理に深い関係があります。

ループカウンタ

```
for(int i=0; i<回数; i++){
    繰り返し実行したい処理
}
```

for文を実行する時、iはどうなっているのでしょうか。iの値と繰り返し処理の関係を調べるため、次の例題は、繰り返し処理の中で毎回iの値を表示します。

例題8-3 ループカウンタiを見る

sample8-3.c

```
#include  <stdio.h>
int  main(void)
{
    for(int i=0; i<5; i++){        // 5回繰り返す
        printf("%d¥n", i);         // iの値を表示
    }
    return  0;
}
```

実行結果

コンソール

```
0
1
2
3
4
```

iは0,1,2,3,4と変化している！

ふーむ、iの値を出力しているのですね。
iは、5回の繰り返しで、0、1、2、3、4と変わっています！

そうです、iの値が繰り返しの中で、変わっていくというのがポイントです。
1回目は0で、2回目は1、と変わっていき、5回目に4になって終わります。

「最初が0で、1ずつ増えて行き、4まで変わる」ということですね。

これらは、for文の( )内の記述に対応しています。

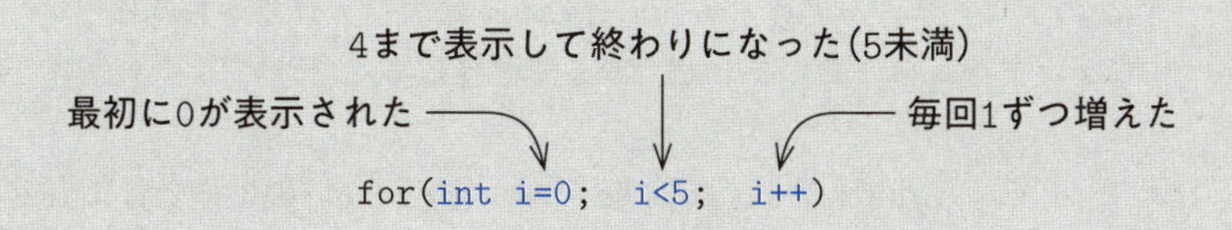

以上からわかることは、iは処理回数のカウンタで、繰り返し処理の中で、「今は何回目の繰り返しか」を示す値が常に入っているということです。iをループカウンタというのは、このためです。

繰り返し回数とiの値を表にすると、次のようです。iが、1ではなく、0から始まることに注意してください。

回数	1回目	2回目	3回目	4回目	5回目
iの値	0	1	2	3	4

練習 8-4

1. 次のプログラムを実行すると、どのように表示されるか答えなさい。
（プログラムを作成しないで、考えて解答してください）

＜ヒント＞　printfの書式指定に¥nが書かれていないので横一行に表示されます

(1)

```
for(int i=0; i<6; i++){
    printf("%d ", i);
}
```

(2)

```
for(int i=0; i<6; i++){
    printf("%d ", i*2);
}
```

(3)

```
for(int i=0; i<6; i++){
    printf("%d ", i+1);
}
```

【解答】

(1) ____________________　(2) ____________________　(3) ____________________

8.5 配列要素の表示

for文の中で、iが0、1、2、3、4と変わるのなら、**dt[i]** と書いておけば、**d[0]**、**d[1]**、～ のようになるのでしょうか？

いい質問ですね、それを確かめてみましょう！
次の例題では、for文の中に d[i] と書いてみました。
実行結果を見てください。

例題8-4 for文で配列要素を表示する

sample8-4.c

```
1  #include  <stdio.h>
2  int  main(void)
3  {
4      int  dt[]  = {75, 80, 65, 91, 70};
5      for(int i=0; i<5; i++){
6          printf("%d¥n", dt[i]);    // iは0,1,2,3,4と変化する
7      }
8      return  0;
9  }
```

iはループカウンタ

実行結果

```
コンソール
75
80
65
91
70
```

ループカウンタiを、配列の要素番号に使っています。iは、0、1、2、3、4と変化していくので、アクセスする要素もdt[0]、dt[1]、dt[2]、dt[3]、dt[4]と変化します。ループカウンタを0から始めるのは、このためです。次の図は、アクセスの様子を示しています。

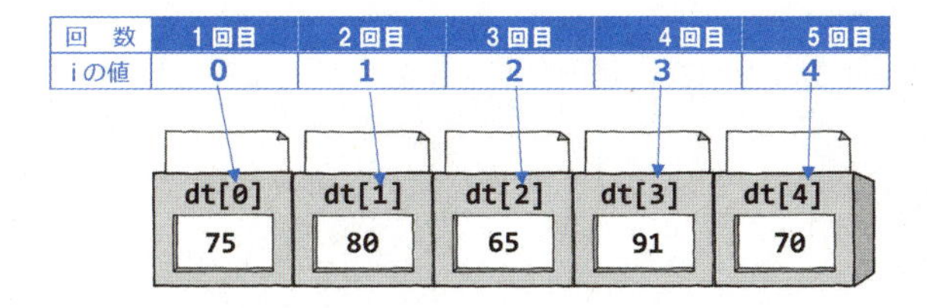

この方法により、配列の操作が簡単になることが分かりました。一般に、配列を使う処理では、必ずfor文を使用し、かつ、ループカウンタを要素番号として使います。この例題を実行して結果を確認してください。

例題のSPDを示します。

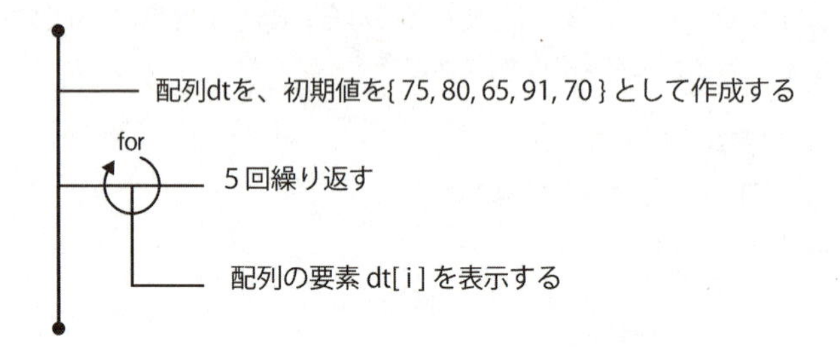

練習 8-5

1. 例題にならって、for文を使って`char c[]={'a','b','c','d','e'};`のすべての要素を表示するプログラム(ex8-5-1.c)を作成しなさい。

実行結果

コンソール

```
a
b
c
d
e
```

2. 例題にならって、for文を使って`double a[]={5.7, 2.3, 0.5, 3.1};`の各要素を10倍した値を表示するプログラム(ex8-5-2.c)を作成します。ただし、表示幅は小数点も含めて5桁とし、小数点以下は1桁だけを表示しなさい。

実行結果

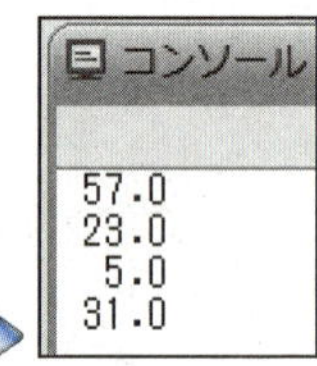

<ヒント>

・ printfでa[i]*10を表示してください

・ 変換指定は%5.1fです

3. for文を使ってint n[]={10、15、68、2、47, 51};のすべての要素を右図のような形式で表示するプログラム(ex8-5-3.c)を作成しなさい。

実行結果 コンソール

```
n[0]=10
n[1]=15
n[2]=68
n[3]=2
n[4]=47
n[5]=51
```

<ヒント>

- printfの変換指定に"n[%d]=%d¥n"として、iとa[i]の値を表示してください
- n[○]=○という表示は○の部分にiとa[i]の値を埋め込みます

4. 要素の個数が同じ2つの配列n1、n2があります。

```
int n1[]={12,17,30,52};
int n2[]={26,33,41,12};
```

　このとき、for文を使って2つの配列の対応する要素を合計し、右図のように表示するプログラム(ex8-5-4.c)を作成しなさい。

実行結果 コンソール

```
12+26=38
17+33=50
30+41=71
52+12=64
```

<ヒント>　次のSPDを参考にしなさい

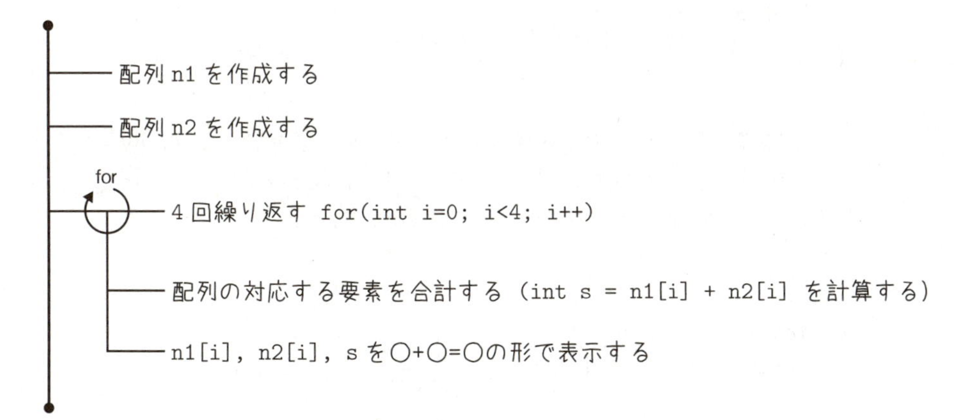

※　合計をsに入れないで、n1[i]+n2[i]を直接printfで表示してもよい

8

この章のまとめ

この章では、配列の作り方と、for文を使って配列の要素を表示する方法を解説しました。また、プログラムを視覚化する図法としてSPDを紹介しました。

配列の作り方

◇配列は変数を集めて1つにまとめたもので、次のように作成します。どんな型の変数でも集めて配列を作ることができます。

```
int dt[5];
```

dt[0]	dt[1]	dt[2]	dt[3]	dt[4]

◇配列は初期化リストで、あらかじめ値を代入しておくことができます。

```
int dt[]={75,80,65,91,70};
```

dt[0]	dt[1]	dt[2]	dt[3]	dt[4]
75	80	65	91	70

◇配列の要素は、要素番号を指定すると、1つの変数として扱えます。

```
printf("%d¥n", dt[0]);
```

for文の書き方・使い方

◇for文は次のような構文で、繰り返しの回数と繰り返し実行する処理を書きます。

```
for(int i=0; i<回数; i++){
    繰り返し実行したい処理
}
```

◇for文で変数 i をループカウンタといいます。ループカウンタは、for文の繰り返しと共に、0、1、2、・・・と増えて行きます。そこで、ループカウンタを配列の要素番号として使うと、for文で配列のすべての要素を出力できます。

```
for(int i=0; i<5; i++){
    printf("%d¥n", dt[i]);
}
```

for
5回繰り返す
配列の要素 dt[i] を表示する

通過テスト

1. 次の(1)、(2)、(3)に、あてはまる記述を答えなさい。

・{'A','B','C'}を要素に持つ配列aを作成するには、(1)と書く
・次のプログラムで、aの値は(2)になる

```
double x[]  = {2.1, 3.3, 1.5, 4.0, 2.5};
double a    = x[2] + x[4]*2;
```

・次のプログラムで、aの値は(3)になる

```
int a=0;
for(int i=0; i<3; i++) a++; a++;
```

【解答】

(1) ________________________________

(2) ________________

(3) ________________

2. 次のSPDと実行結果を見て、プログラム(pass8-2.c)を作成しなさい。

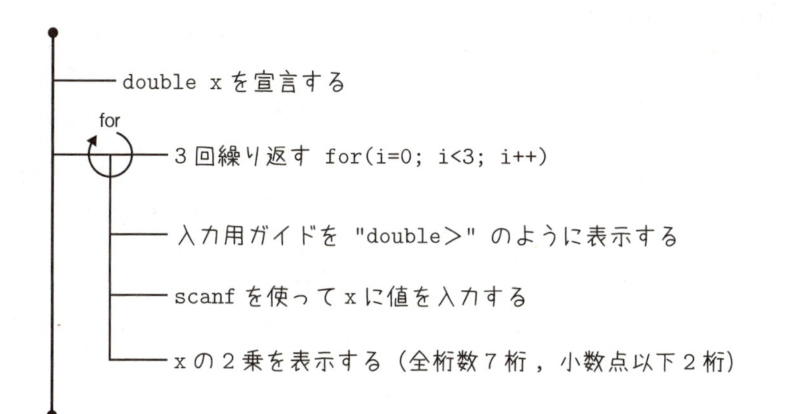

```
double>2.5
   6.25
double>11.1
 123.21
double>3.8
  14.44
```

▲実行結果

3. 次のようなint型の配列を作成し、for文を使ってすべての配列要素を、例示のように3桁の表示幅で表示するプログラム(pass8-3.c)を作成しなさい。

num[0]	num[1]	num[2]	num[3]	num[4]
121	52	3	215	116

実行結果

```
コンソール
num[0]=121
num[1]= 52
num[2]=  3
num[3]=215
num[4]=116
```

4. 次のプログラム(pass8-4.c)を作成しなさい。

問1　次の応募数と採用数を表す2つのdouble型の配列を作成しなさい。

回数	応募数	採用
1	150	25
2	220	30
3	185	24
4	210	36
5	190	33

問2　問1で作成した配列を使って、各回の採用率(採用÷応募数×100)を計算して実行結果のように表示するプログラムを作成しなさい。ただし、採用率は全体を6桁、小数点以下2桁で表示しなさい。

＜ヒント＞　%を表示するには、printfでは%%と書きます

実行結果

```
コンソール
 16.67%
 13.64%
 12.97%
 17.14%
 17.37%
```

第9章

for文の使い方

for文を使って配列を集計するプログラムパターンについて解説します。また、for文の仕組みについても詳しく解説します。この章を学習すると、for文の働きを理解し活用できるようになります。また、配列を使ったデータの集計を行うプログラムを、作成できるようになります。

9.1 配列の合計を取る

前章では、配列要素にアクセスするため、for文のループカウンタを配列の要素番号として使う方法を学びました。この方法を利用すると、配列要素の合計なども、簡単に計算することができます。

次は、for文を使って配列の合計を求める典型的なプログラミングパターンです。要素を3つ持つint型の配列nを例にして、集計のプログラミングパターンを解説します。

for文による配列の集計

```
int n[]    = {10,20,30};
int total  = 0;           // totalをゼロにしておく
for(int i=0; i<3; i++){
    total += n[i];        // i番目の配列要素をtotalに加える
}
```

(注)total += n[i];は、total = total + n[i];の短縮形です(P.91 複合代入演算子)

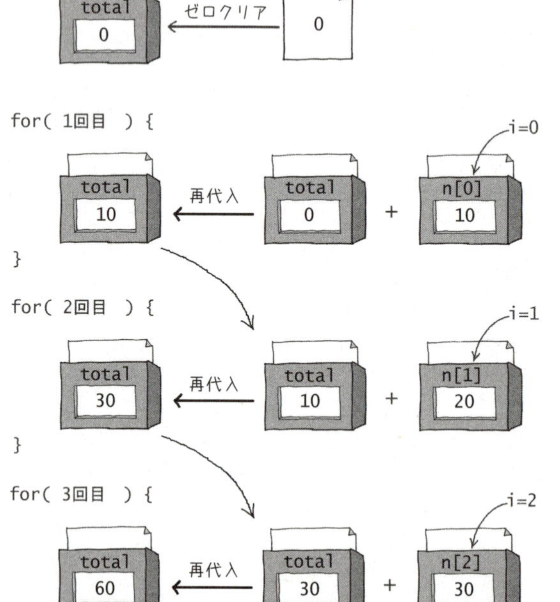

最初にtotalをゼロクリアしておく

for文の1回目。
total+n[0]を計算し
totalに再代入するので
totalは10になる

for文の2回目。
total+n[1]を計算し
totalに再代入するので
totalは30になる

for文の3回目。
total+n[2]を計算し
totalに再代入するので
totalは60になる

このプログラミングパターンは、ゼロにしておいた変数totalに、次の式で配列要素を次々に足しこんでいくものです。totalの初期値は、必ずゼロにしておく必要があります。

```
total += n[i];     // total = total + n[i]と同じ
```

for文の1回目ではiが0なので、totalにn[0]を加え、2回目ではn[1]を加え、さらに3回目ではn[2]を加えます。最終的に配列要素のすべてがtotalに加算され、合計が求まります。

次の例題は、このプログラミングパターンを使って配列要素の合計を求めて表示します。

例題9-1 for文による配列の集計

sample9-1

```
1  #include  <stdio.h>
2  int  main(void)
3  {
4      int  n[]  =  {10, 20, 30, 40, 50};
5      int  total  =  0;      // totalをゼロクリアしておく
6      for(int i=0; i<5; i++){
7          total += n[i];     // i番目の配列要素をtotalに加える
8      }
9      printf("合計=%d¥n", total);
10     return  0;
11 }
```

実行結果

```
コンソール
合計=150
```

プログラミングパターンはすでに解説したとおりです。配列要素の数は3個ではなく5個に増えていますが、どんなに要素がたくさんある配列でも同じパターンで集計できます。例題のSPDは次のようになります。

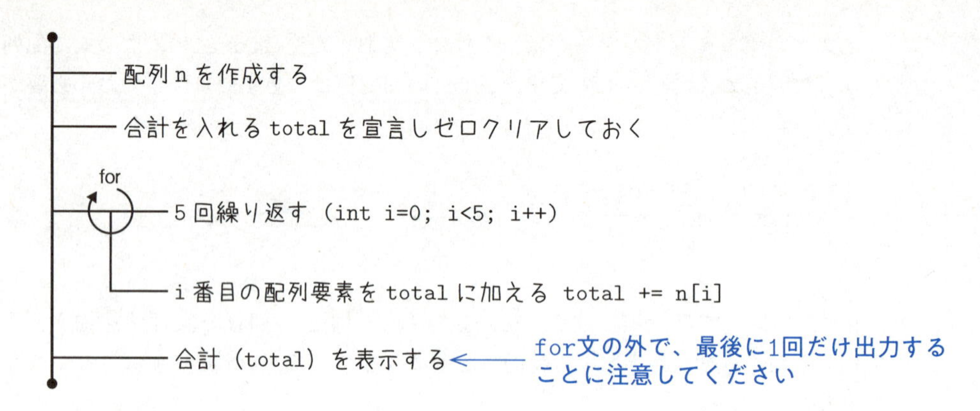

配列に値をセットする方法が、4行目のような初期値設定だけでは、応用の範囲は限られますが、もっと自由に値をセットする別の方法を、14章「配列の作成と操作」で解説します。キーボードやデータファイルから、値を入力して配列要素にセットできるので、実際には、もっとたくさんの要素を簡単に集計できるのです。

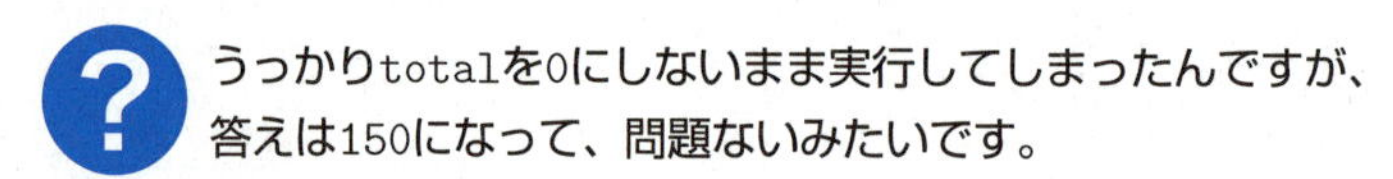

うっかりtotalを0にしないまま実行してしまったんですが、答えは150になって、問題ないみたいです。

変数の置かれているメモリー領域が、たまたま0で埋まっていたのでうまく動作しただけです。いつもそうなるとは限らないので、やはり、プログラマが自分で初期化すべきですね。

練習 9-1

1. 次のような配列dataの合計を求めるプログラム(ex9-1-1.c)を作成しなさい。
`int data[]={223, 240, 331, 127, 651, 188, 200, 143};`
結果表示は、右の実行結果と同じにします。

実行結果
```
合計=2103
```

2. 次のような配列valの合計を求めるプログラム(ex9-1-2.c)を作成しなさい。
`double val[]={1.512,1.781,2.401,-1.331,2.127,0.333};`
結果表示は、右の実行結果と同じにしなさい。

実行結果
```
合計=  6.823
```

＜ヒント＞　printfの変換指定では、%7.3fを使いなさい

3. 次のプログラムの不合理な点は、どこか説明しなさい。
(Eclipseに入力せず、考えて答えてください)

```
 1  #include  <stdio.h>
 2  int  main(void)
 3  {
 4      int  num[]  = {-110, 241, -303, 553, 541, 128};
 5      int  sum    =  0;
 6      for(int i=0; i<6; i++){
 7          sum += num[i];
 8          printf("合計=%d¥n", sum);
 9      }
10      return  0;
11  }
```

【解答】

9.2 配列の要素数を数える

配列要素の数ですが、みんなどうやって数えているのですか？
個数が増えてくると、間違ってしまいそうです。

配列要素の数は、数えるのではなく、計算して求めることができます。C言語の機能にはないので、プログラマが計算する関数を作る必要がありますが、多くは、countofという名前の関数を作ります。本書でも用意してあるので、それを使ってみましょう。

例題9-2 配列のサイズを計算する

sample9-2.c

```
 1  #include <stdio.h>
 2  #include  "util.h"                          // 関数形式マクロを読み込む
 3  int main(void)
 4  {
 5      int n[] = {10, 20, 30, 40, 50};
 6      int total = 0;
 7      int size = countof(n);                  // 配列の長さを計算しておく
 8      for(int i=0; i<size; i++){
 9          total += n[i];
10      }
11      printf("合計=%d¥n", total);             // 合計
12      printf("平均=%d¥n", total/size);        // 平均
13      return 0;
14  }
```

実行結果

```
コンソール
合計=150
平均=30
```

配列の要素の数を数えて指定すると、間違いやすいだけでなく、プログラムの変更で、配列の要素数が変わった時は、for文も修正しなくてはいけません。

例題の7行目のように、配列の要素数をcountof関数で求めて変数sizeに入れ、for文では繰り返し回数の指定にsizeを使います。これにより、間違いがなくなるだけでなく、要素数が変わっても、for文を変更しなくてよくなります。

これ以降では、必ずcountof関数を使うようにしてください。

countof関数について

C言語では、配列の要素数を知るための関数は用意されていません。そこで、countof関数のような**関数形式マクロ**(⇨P.379)を定義して使うのが普通です。また、countofと言う名前は、C言語の世界では最も一般的な名前です。

countofは、ヘッダファイルutil.hに定義を書いているので、利用する場合は、2行目のように、**util.h**をインクルードしておく必要があります。
include文で、<util.h>ではなく、"util.h" としてあるのは、util.hが同じプロジェクト内にあるからです。

プロジェクトのutil.hファイルをダブルクリックして、エディタに表示して見るとわかりますが、配列の要素数の計算方法は簡単です。countof関数は、次の式で要素数を計算しています。

配列全体のサイズ(バイト数) ÷ 配列要素1つのサイズ(バイト数)

そこで、配列をarray[]とすると、sizeof 演算子を使って、次のように計算します。

```
sizeof(array) / sizeof(array[0])
```

練習 9-2

1. 次の3つの配列の要素数を、countof 関数で取得して表示するプログラム(ex9-2-1.c)を作成しなさい。

```
int numbers[] = {36,12,2,8,12,88,23,55,62,90};
double data[] = {0.112, 0.3, 22.123, 4.16, 0.0001};
char ch[] = {'H', 'E', 'L', 'L', 'O', '!'};
```

```
コンソール
numbers=10
data=5
ch=6
```

▲実行結果

9

9.3 複数のfor文を使う

プログラムでは、for文をいくつも使うことができます。次のプログラムは、最初のfor文ですべての配列要素を表示し、2つ目のfor文で、配列要素の2倍の値を計算して表示します。

例題9-3 複数のfor文を使う

sample9-3.c

```
 1  #include <stdio.h>
 2  #include "util.h"
 3  int main(void)
 4  {
 5      int  n[] = {10, 20, 30, 40, 50};
 6      int size = countof(n);
 7      for(int i=0; i<size; i++){
 8          printf("%d¥t", n[i]);          // 配列要素を表示する
 9      }
10      puts("");                          // 改行する
11      for(int i=0; i<size; i++){
12          printf("%d¥t", n[i]*2);        // 2倍した配列要素を表示する
13      }
14      return 0;
15  }
```

実行結果

```
コンソール
10   20   30   40   50
20   40   60   80   100
```

**2つのfor文(7行目と11行目)で、同じ変数 i を宣言してます！
これだと、コンパイルエラーになるのでは？**

大丈夫です。
for文の()の中で宣言した変数は、そのfor文の中でだけ有効です。for文の外では消えてしまうので、他のfor文と重複する心配はありません。

他のfor文に全く影響しないので、for文の繰り返しを制御する変数は、いつも i を使うようにします。for文がたくさんある時でも、for文ごとに繰り返し制御の変数名を変える必要はありません。

ただし、for文の中で宣言した変数 i を、for文の外で利用することはできません。

次の図は、forの外側で i を出力し、本当にiが利用できないのか試したものです(10行目)。コンパイルすると「変数iが宣言されていない」というエラーが表示されました。

これから、iはfor文の中でだけ存在し、外側では存在していないことがわかります。

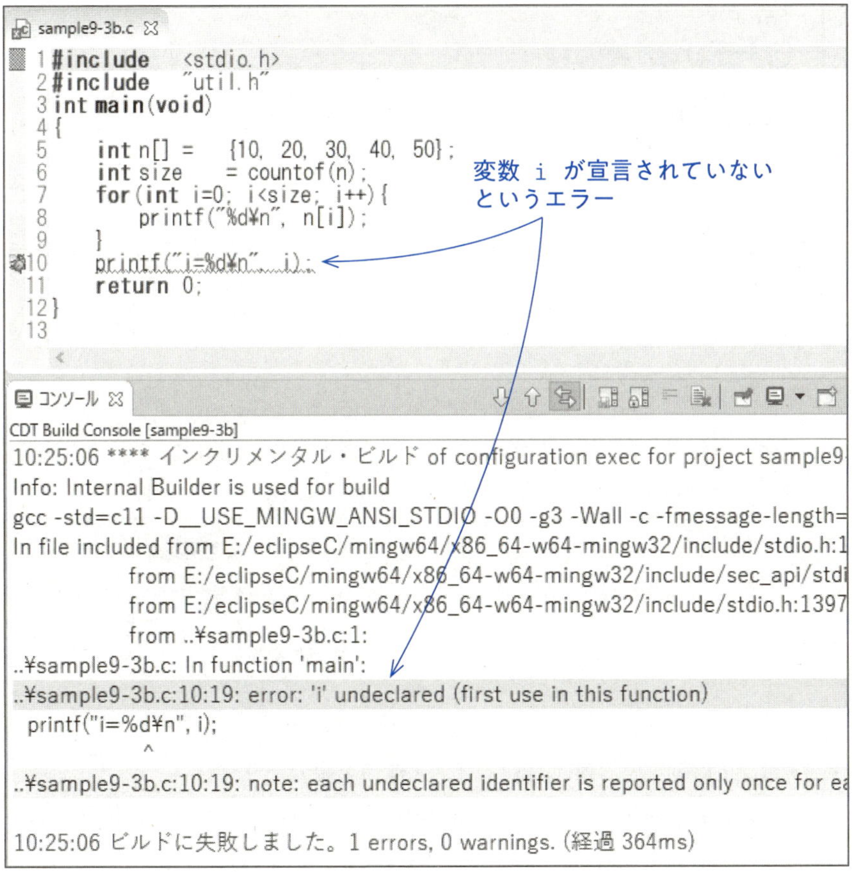

sample9-3b.c

```
 1 #include  <stdio.h>
 2 #include  "util.h"
 3 int main(void)
 4 {
 5     int n[] =   {10, 20, 30, 40, 50};
 6     int size    = countof(n);
 7     for(int i=0; i<size; i++){
 8         printf("%d¥n", n[i]);
 9     }
10     printf("i=%d¥n", i);
11     return 0;
12 }
13
```

変数 i が宣言されていない
というエラー

コンソール

CDT Build Console [sample9-3b]

```
10:25:06 **** インクリメンタル・ビルド of configuration exec for project sample9-
Info: Internal Builder is used for build
gcc -std=c11 -D__USE_MINGW_ANSI_STDIO -O0 -g3 -Wall -c -fmessage-length=
In file included from E:/eclipseC/mingw64/x86_64-w64-mingw32/include/stdio.h:1
                 from E:/eclipseC/mingw64/x86_64-w64-mingw32/include/sec_api/stdi
                 from E:/eclipseC/mingw64/x86_64-w64-mingw32/include/stdio.h:1397
                 from ..¥sample9-3b.c:1:
..¥sample9-3b.c: In function 'main':
..¥sample9-3b.c:10:19: error: 'i' undeclared (first use in this function)
  printf("i=%d¥n", i);
                   ^
..¥sample9-3b.c:10:19: note: each undeclared identifier is reported only once for ea

10:25:06 ビルドに失敗しました。1 errors, 0 warnings. (経過 364ms)
```

最後に、例題のSPDを示します。

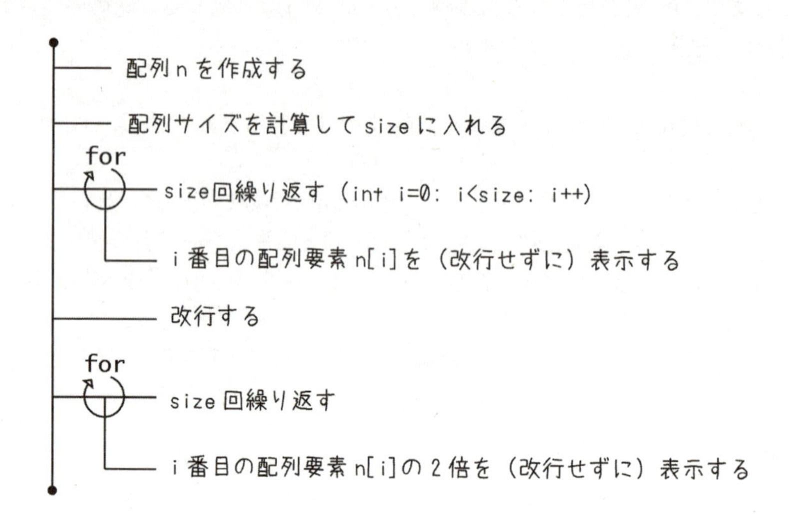

練習 9-3

1. 次のように、定義した配列dを処理するプログラム(ex9-3-1.c)を作成しなさい。

```
int  d[] = {1,3,5,7,9};
```

　まず、1行目に配列dの要素を改行せずに表示します。次に、2行目には各要素を2乗した値を表示し、3行目には3乗した値を表示します。

実行結果

コンソール

```
    1    3    5    7    9
    1    9   25   49   81
    1   27  125  343  729
```

＜ヒント＞

- 2乗はd[i]*d[i]、3乗はd[i]*d[i]*d[i]と計算します
- printfの変換指定は%5dを使う(表示幅が5桁で右寄せとなり、桁位置を揃える効果がある)
- 改行には、puts("");を使用する

9.4 for文の構成と機能

次の図は、for文の仕組みを説明しています。

for文は、最初に1回だけ、① int i=0 を実行します。
その後は、②⇨③⇨④⇨②⇨③⇨④⇨･･･　のように、②、③、④を繰り返します。

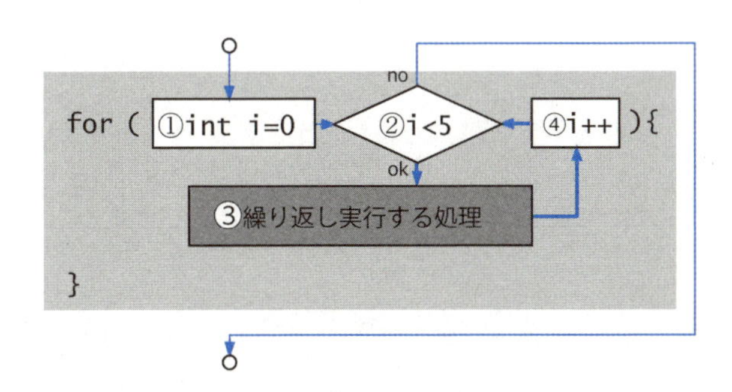

②、③、④を繰り返す中で、④で毎回 i の値が1ずつ増えて行くので、それを②でチェックします。もしも、i<5という条件が成り立たなくなったら（i が 6 になったら）、繰り返しを止めて、ループから脱出します。

それぞれの部分の役割は、①が**初期化**、②が**条件のチェック**、④が**ループカウンタ（i）の更新**ということになります。

また、for文の仕組みを言葉に置き換えて読んでみると、次の図のようです。
つまり、［**i は最初は0**］で、［**i が5より小さい間**］、［**i を毎回 1 ずつ増**］やしながら繰り返す、のがfor文の働きです。

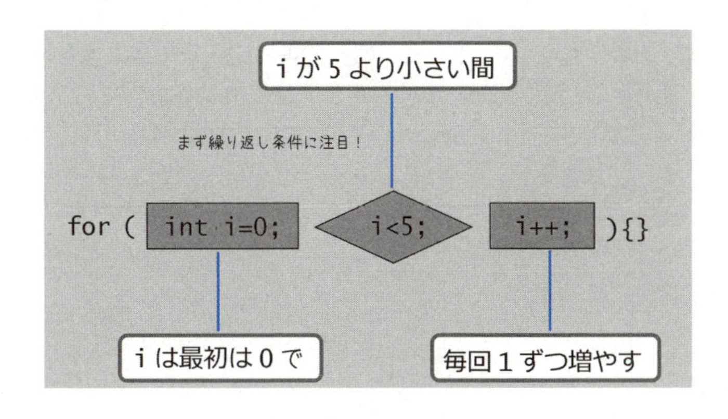

機能を省略したfor文

初期化、条件のチェック、ループカウンタの更新、のどれか、あるいは全部を省略したfor文を書くことができます。省略形のfor文は、アルゴリズムの変更や、別の構文で置き換えることができるので、推奨される書き方ではありません。

次は、いろいろな省略や変形の書き方の例です。どれもエラーにはなりません。

```
#include <stdio.h>
int     main(void)
{
        int n=0;
        for(int i=0; ;){                // A.初期化だけ
        }
        for(int i=0, j=0;   ; ){        // B.初期化だけ。変数を2つ宣言
        }
        for( ; n<10; ){                 // C.条件だけ
        }
        for( ; ; n++){                  // D.ループカウンタの更新だけ
        }
        for(int i=0; ; i++, n++){       // E.条件判定なし。iとnの両方を更新
        }
        for(; ;){                       // F.何も書かない。無限ループになる
        }
        return 0;
}
```

A～Fのどれも、2つのセミコロンを省略していないことに注意してください。①初期化、②条件の判定、③ループカウンタの更新のどれか、あるいは全部を省略できますが、セミコロンだけは省略できないのです。

このようなfor文は、10章で解説するwhile文を使って書くことができます。while文が「好きでない」という理由からfor文で無理やり書くと、このような形になってしまいます。

下線の引いてあるBとEですけど、命令を2つ書いています。
もしかして、同じようにすると、いくつでも書けるのですか？

そういうことです。
命令をコンマで区切って並べていますね。このコンマは、ただの区切り文字ではなく、**コンマ演算子**というものです。複数の命令を一度に書けるようにする働きがあり、いろいろな所で使われます。

練習 9-4

1. 次のfor文の書き方から、文法的に正しいものをすべて、記号で答えなさい。

```
ア for(int i=0; ; i++){
  }
イ for( ){
  }
ウ for(;;){
  }
エ int i=0;
  for( ; i<3; ){
      i++;
  }
オ int i=0;
  for( int i=0 ; i<3; i++){
  }
```

《解答》________________________________

9.5 配列要素を逆順に処理する

ループカウンタを1ずつ減らしていくfor文は、配列要素を最後から先頭へ向かって、逆順に処理する時に使用されます。次は、配列要素を逆順に表示するプログラムです。

例題9-4 配列要素を逆順に処理するfor文

sample9-4.c

```
1  #include <stdio.h>
2  #include "util.h"
3  int main(void)
4  {
5      int numbers[] = {10, 20, 30, 40, 50};
6      int size = countof(numbers);
7      for(int i=size-1; i>=0; i--){
8          printf("%3d", numbers[i]);
9      }
10     return 0;
11 }
```

実行結果

コンソール

```
50 40 30 20 10
```

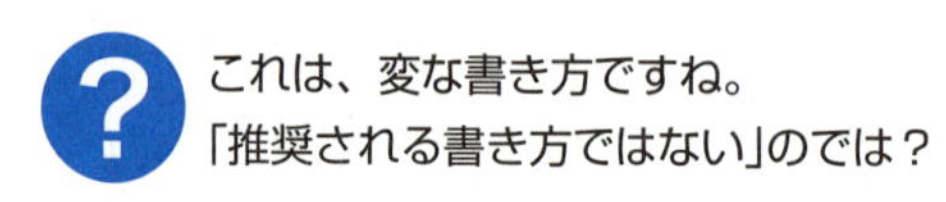
これは、変な書き方ですね。
「推奨される書き方ではない」のでは？

確かに、見やすい書き方ではありません。
しかし、配列の最後から、先頭に向かって処理しなければいけないケースは、時々あります。「逆順に処理する」という典型的なパターンなので、覚えておいてください。

この書き方は、典型的なプログラミングパターンの1つです。

配列の要素番号は0から始まるので、最後の番号は、配列サイズ-1、つまり、**size-1**です。例題は、配列の最後の要素から、先頭方向に向かって、逆順に出力するので、ループカウンタ(i)の初期値を、0ではなく、**size-1**にしています。

iの値を毎回1ずつ減らしていくので、ループカウンタの更新も **i--** としなくてはいけません。その結果、iが先頭の要素番号である0になったら、繰り返しは終了です。つまり、iが0、またはそれ以上である間、繰り返すことになります。

したがって、条件判定は、**i>=0** と書きます。>= は、「～以上」という条件の書き方です。条件の書き方は次の表を見てください。

関係演算子	意　味	使用例
<	小さい	i<5
>	大きい	i>0
<=	等しいか小さい(以下)	i<=5
>=	等しいか大きい(以上)	i>=0

SPDは次のようです。

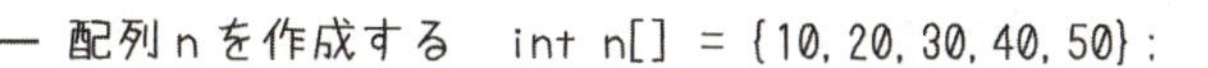

配列サイズを計算して変数sizeに入れる

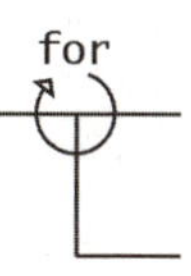

終端からはじめてsize回繰り返す(iは、size-1 ～ 0まで)

配列要素n[i]を表示幅3桁で表示する

練習 9-5

1. doubleの配列 double　x = {12.3, 33.2, 9.6, 28.33, 5.98, 11.3} の要素を、実行結果のように、正順と逆順で表示するプログラム(ex9-5-1.c)を作成しなさい。

```
コンソール
 12.30  33.20   9.60  28.33   5.98  11.30
 11.30   5.98  28.33   9.60  33.20  12.30
```

▲実行結果

＜ヒント＞ printfの出力には、%7.2 f を使います。

この章のまとめ

この章では、for文で配列の合計を取るパターンについて解説しました。配列要素の数を求めるcountof関数や、for文のループカウンタには常に i を使ってよいことなど、配列の使い方の重要なポイントも含まれていました。

配列の合計を取るパターン

◇配列の要素数はcountof関数で求めますが、util.hのインクルードが必要です。
◇配列要素の合計を取るパターンは次のようです。total を0にしておくこと、配列サイズはcountofで求めること、total += array[i]; で合計を取ることが、ポイントです。

```
int array[] = ～;
int total=0;
int size = countof(array);
for(int i=0; i<size; i++){
    total += array[i];
}
printf("%d¥n", total);
```

配列要素を逆順に処理するパターン

◇配列要素を逆順に処理するfor文は、ループカウンタの初期値を最後の要素番号にしておき、ループカウンタ(＝要素番号)が0以上という条件で、毎回、ループカウンタから1を引いていきます。パターンとして覚えておきましょう。

```
int size = countof(array);
for(int i=size-1; i>=0; i--){
    ......
}
```

for文の要素の省略

◇for文の3つの構成要素(①ループカウンタの初期化、②繰り返し条件、③ループカウンタの値の更新)は、すべて省略できますが、for (;;) のように、セミコロン(;)は省略できません。ただし、要素の省略は、推奨される書き方ではありません。

通過テスト

1. 配列nが、次のように定義されている。

```
int  n[]={5,10,15,20,25,30,35,40};
```

　このとき、ア～ウのプログラムの実行結果として、正しいものを選択肢から選んで答えなさい。

ア
```
for(int i=0; i<7; i++ ){
     printf("%3d", n[i]);
}
```

イ
```
for(int i=1; i<8; i++ ){
     printf("%3d", n[i]);
}
```

ウ
```
for(int i=7; i>=0; i-- ){
     printf("%3d", n[i]);
}
```

A. 5 10 15 20 25 30 35 40
B. 5 10 15 20 25 30 35
C. 10 15 20 25 30 35 40
D. 40 35 30 25 20 15 10 5
E. 40 35 30 25 20 15 10
F. 35 30 25 20 15 10 5

【解答】

ア＿＿＿＿　イ＿＿＿＿　ウ＿＿＿＿

2. 100，101，102,･･･999までの整数の合計を求めるプログラム(pass9-2.c)を作成しなさい。

実行結果
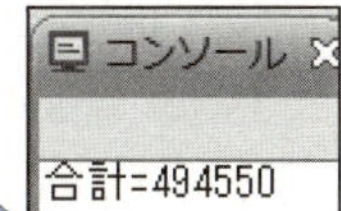

＜ヒント＞
配列要素の合計をとるのと同様にして、for文のループカウンタiを合計します。合計を取る変数をsumとすると、for文の中でsum += iとします

3. 文字の配列char c[]={'d','o','o','G'};を、実行結果のように表示するプログラム(pass9-3.c)を作成しなさい。

実行結果

4. 次は商品A、B、・・・、Eの売上金額の表です。これから全体の税額(売上金額の5%で1円未満の端数は切り捨て)を計算して、実行結果のように表示するプログラム(pass9-4.c)を作成しなさい。

商品	A	B	C	D	E
売上金額	505	633	1254	189	755

実行結果

コンソール

```
税額=166
```

＜ヒント＞

・ 売上金額を配列として作成しなさい

・ 売上金額を合計したものに税率を掛けて、税額を求めます

・ 税額＝売上金額×税率はdoubleの値になるので、intにキャストしなさい(double→intによって1円未満の端数切り捨てになります)

5. 次は商品の単価と売上個数の表です。空欄になっている売上高(＝単価×販売個数)を計算して、実行結果のように表示するプログラム(pass9-5.c)を作成しなさい。

	A	B	C	D	E
単　価	120	110	135	90	100
販売個数	13	25	44	35	18
売 上 高					

実行結果

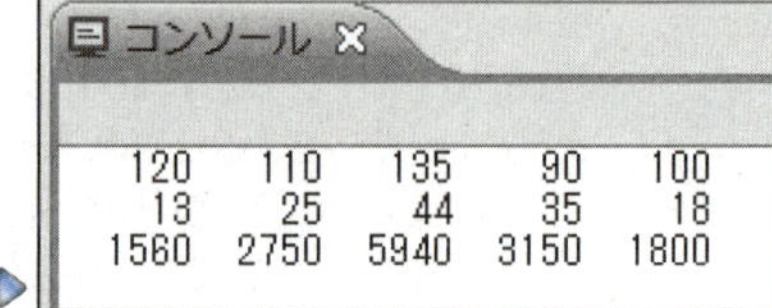

＜ヒント＞

・ 単価、販売個数をそれぞれ配列として作成しなさい

・ 単価を横一行に表示し、次に販売個数を横一行に表示し、最後に売上高を横一行に表示します(つまり3つのfor文を使います)

・ 表示の変換指定には、%6dを使うと桁揃えができます

・ 改行には、puts("")を使いなさい

while とdo-While文

for文は、何回繰り返すか分かっているときに効果的な構文でした。しかし、現実の問題では、回数が決められないことがあります。例えば、電卓プログラムでは、いくつのデータを入力するか数えたりしないので、最初から回数を決めることはできません。このような時、while文を使います。この章では、電卓のような加算プログラムを例にしてwhile文の使い方を解説します。

10.1 while文とは

while文は、反復条件だけを指定できる繰り返し構文です。どのように使うのか説明する前に、まずwhile構文を示します。

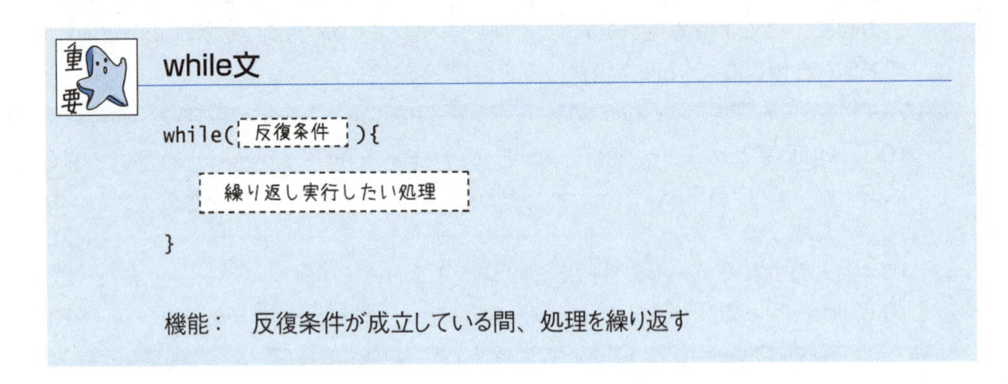

構文の定義を見てわかるように、for文のような、ループカウンタの初期化(int i=0)や更新処理(i++)は書けません。while文は、ループカウンタを使わず、反復条件だけによって繰り返しを行う構文です。

次は、while文の処理の流れを図解したものです。

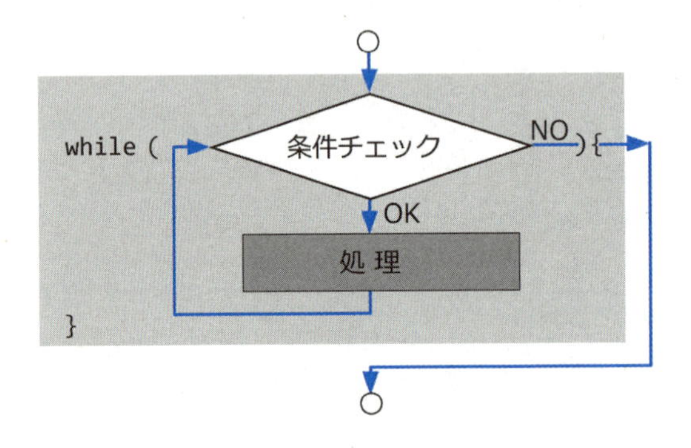

while文の特徴は、毎回の繰り返しの前に、まず反復条件をチェックすることです。条件が満たされていれば、初めて反復処理を実行します。処理を1回実行すると、反復条件のチェックに戻り、条件が満たされてなければ、while文を脱出して次のステップへ移るという流れになります。

for文の「ループカウンタの更新」にあたるものがないですね。
反復条件として、一体、何をチェックすればいいですか？

確かに、上の図はwhile文の働きを図解しただけなので、そこのところがあいまいです。while文には、使い方の典型的なパターンがあるのですが、それはこの後説明します。ここでは、while文の処理の流れだけを理解しておきましょう。

while文は、for文とは違った条件の作り方をします。しかし、それは次節で解説することにして、ここではwhile文の働きを確認するため、for文と同じような処理をする例題を、実行してみましょう。

例題10-1 while文は繰り返し条件のチェックだけを行う

sample10-1.c

```
1  #include  <stdio.h>
2  int  main(void)
3  {
4      int  i=0;
5      while(i<5){
6          puts("ヤッホー！");
7          i++;
8      }
9      return  0;
10 }
```

実行結果 コンソール

```
ヤッホー！
ヤッホー！
ヤッホー！
ヤッホー！
ヤッホー！
```

例題は、whileを使って"ヤッホー！"を5回繰り返して表示する処理です。5行目から8行目までがwhile文です。処理の流れ図を、次に示します。

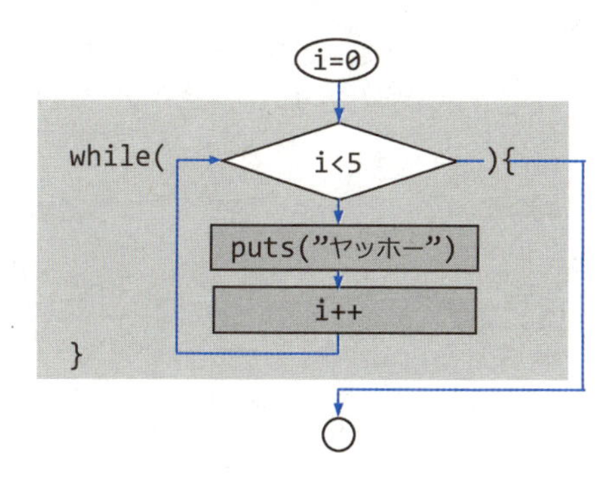

while文を読み下してみると、次のようになります。

```
i が 5 より小さい間繰り返す
```

for文のループカウンタにあたる i は、whileの外の4行目で宣言し、0に初期化しています。while文では、最初にi<5かどうかをチェックし、OKなら "ヤッホー！" を表示して、i を1増やします。

ここで、i の値が変わります。そして、反復条件のチェックに戻るという流れです。条件が成立しなければwhile文を脱出して、次のステップへ移ります。

例題のSPDを示します。
while文のSPDは、for文と同じスタイルですが、条件の書き方に違いがあります。

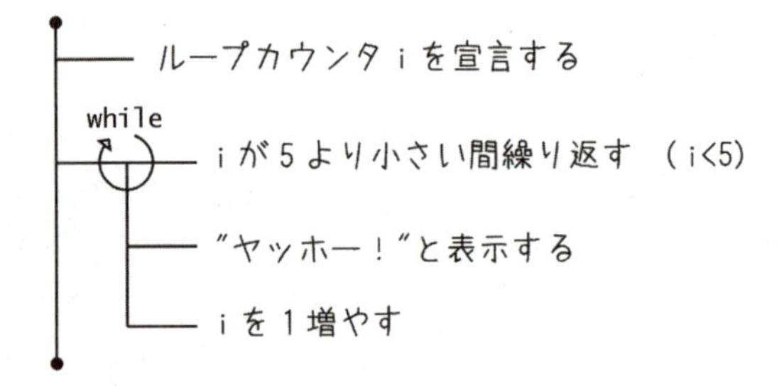

要するにwhile文は、for文の条件判定にあたる部分だけですね。for文と違う使い方って、一体、どう使うのですか？

結局、条件判定にあたる部分で、もう少しいろいろなことをします。
条件判定にあたる部分をどう書くか、そこがポイントです。
次節で説明しましょう。

{ }のないwhile文

for文と同じように、while文も { } の中に書く処理が、1行だけであれば、{ } を省略できます。

```
while( … )
        printf("%dを入力しました¥n", data);
```

しかし、for文と同じ理由で、while文にも常に { } を付けるようにしてください。「他の人が見てもわかりやすいコード」を書くことが大切です。

練習 10-1

1. 例題のようにヤッホー！を表示し、続けてiの値を表示するようにしたプログラム(ex10-1-1.c)を作成しなさい。
   <ヒント>　表示には、putsではなくprintfを使いなさい

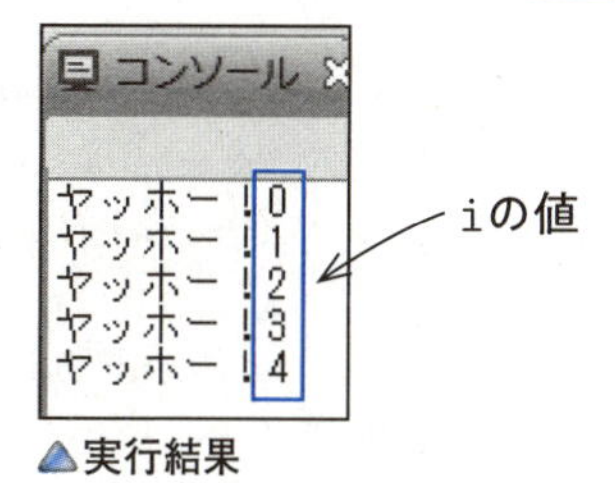

▲実行結果

2. 次のプログラムの実行結果として、正しいものはどれか選択肢の記号で答えなさい。

```
int i=0;
while(i<3) printf("%d¥n", i); i++;
```

【解答】＿＿＿＿＿＿

選択肢

ア 次のように表示する
　0
　1
　2

イ 次のように表示する
　0
　1
　2
　3

ウ 無限に0が表示される

エ 何も表示されない

オ コンパイルエラー

10.2 while文のパターン

入力終了まで繰り返すwhile文

while文でしばしば使われるのは、「**入力終了まで繰り返す**」というパターンです。

入力処理はscanf以外に、ファイルから入力するfscanf、fgets、fgetcなどがあります(⇨21章)。どの関数を使っても、while文は同じような書き方をしますが、次はその典型的なパターンです。

例題10-2 入力終了まで繰り返す

sample10-2.c

```
1  #include <stdio.h>
2  int main(void)
3  {
4      int data;
5      while(scanf("%d", &data)!=EOF){    // 入力終了まで繰り返す
6          printf("%dを入力しました¥n", data);
7      }
8      return 0;
9  }
```

実行結果

```
コンソール
10
10を入力しました
20
20を入力しました
30
30を入力しました
```

while文の中に、scanf を書いてもいいのですか？
それに、EOF は何を意味するのですか？

確かに、はじめて見るとびっくりしますね。
これはscanfを実行して、「その戻り値がEOFという特別な値に等しくない」という条件になります。

わかりにくいと思うので、少し詳しく説明しましょう。
まず、while文の中にある **!=** ですが、「等しくない」という**関係演算子**です。

関係演算子	意味	使用例
==	等しい	n==0　nは0である
!=	等しくない	n!=0　nは0ではない

関係演算子については、次の11章で解説しますが、ここでは、== と != の2つだけ覚えておきましょう。**a==b**とか**a!=b**のように書くと、「a は bと同じ」とか、「a は bと異なる」といった条件式(＝関係式)になります。

例題は、

```
scanf(･･･) != EOF
```

なので、scanf(･･･) が EOFと等しくない、という形になっています。

scanf(･･･) と EOF は、比較できるようなものなのか、疑問に思うかもしれませんが、それぞれが、何かの値なら比較できます。それは次のようです。

scanf(･･･)の値

scanf(･･･) の値は、scanfの戻り値です。

scanfは、何個の値を入力したのか、その個数を戻り値として返します。

EOFとは

EOFはstdio.hの中で定義されている値で、−1 のことです。

したがって、例題のwhile文の中身は、

```
[scanfの戻り値]!= -1
```

ということになります。

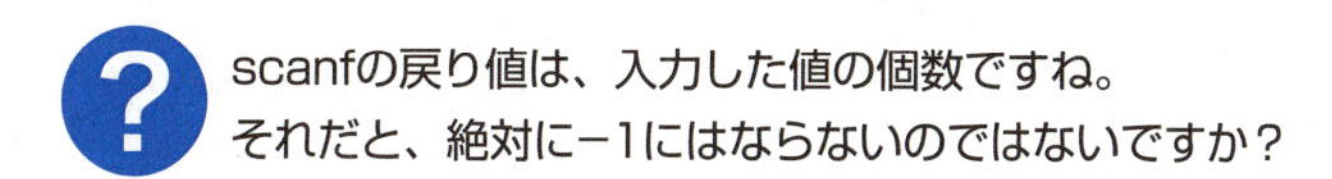

ところが、−1になることがあるのです。

scanfで、windowsは CTRL キーと Z キーを、MacOSでは CTRL キーと D キーを同時にタイプすると、「入力終了」と判断されて、−1、つまりEOFが戻り値として返されます。

ファイルなどから入力する fscanf や fgetc も、ファイルの終端に達した時、EOFが返ります。EOFは End Of File のことで、入力の終了を表す値とされています。

これで、例題のwhile文の意味が分かったと思います。例題は、

Windows：CTRL＋Z を押すまで、繰り返す
MacOS　：CTRL＋D を押すまで、繰り返す

というwhile文です。確かに、実行結果を見ると、最後は何も入力せずに終了していることが分かります。

最後に、例題のSPDは次のようです。

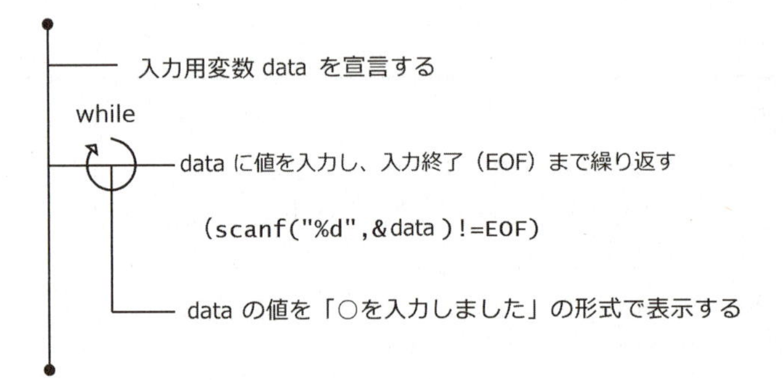

Eclipseコンソールの不具合について

Eclipseのコンソールでプログラムを実行すると、いくつかの不具合があることはよく知られています。不具合のため、CTRL＋Zをタイプした時、EOFが発行されないことが時々あります。その場合、他のウィンドウを一度クリックした後でコンソールに戻ってCTRL＋Zを入力し直すか、実行しているプログラムを一度終了し、再実行してください。

練習 10-2

1. nがint型、cがchar型の変数である時、次の条件を関係演算子を使って書きなさい。

ア nは50である ＿＿＿＿＿＿＿＿＿＿
イ c は 'A' に等しい ＿＿＿＿＿＿＿＿＿＿
ウ n は 1 ではない ＿＿＿＿＿＿＿＿＿＿
エ C は 65 ではない ＿＿＿＿＿＿＿＿＿＿

2. 入力終了まで、繰り返しdoubleの値を入力し、入力した値をそのままコンソールに表示するプログラム(ex10-2-2.c)を作成しなさい。

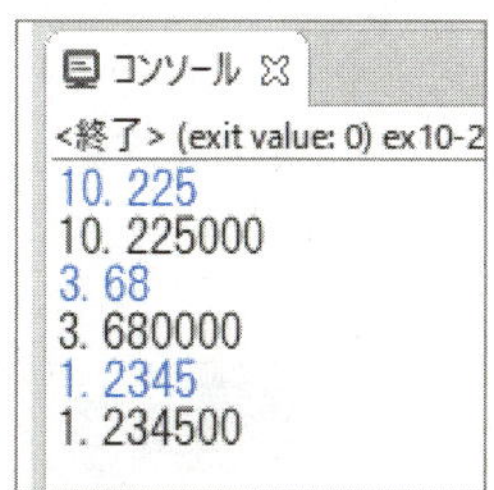

▲実行結果

3. 入力終了まで、繰り返し２つのdoubleの値を、変数a、bに入力し、a-bの値を表示するプログラム(ex10-2-3.c)を作成しなさい。

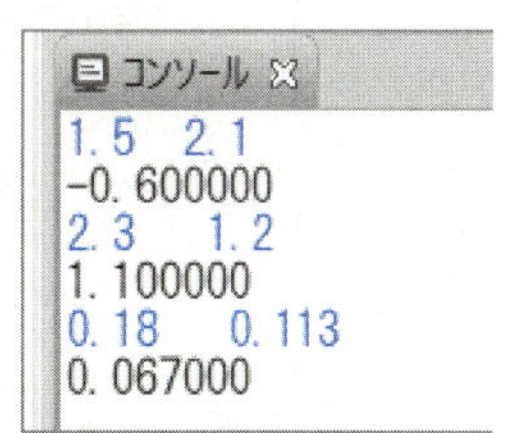

▲実行結果

＜ヒント＞

・scanf("%lf%lf", &a, &b)でa、bを同時に入力します。実行例のように、aとbは空白で区切って入力します

コンマ演算子の利用

scanfだけを実行すると、何を入力するのかわからなくて困ることがあります。そんな時は、入力プロンプトを表示します。入力プロンプトは、入力するデータの前に表示する記号や文字で、入力位置や何を入力するのかを示します。

```
>1200
int>1200
人数>1200
```

プロンプトはprintfで出力しますが、while文の中でscanfと一緒に使うには、次のようにします。

例題10-3

sample10-3.c

```
1  #include <stdio.h>
2  int main(void)
3  {
4      int data;
5      while(printf("int>"),scanf("%d", &data)!=EOF){
6          printf("%dを入力しました¥n", data);
7      }
8      return 0;
9  }
```

実行結果

```
コンソール
int>10
10を入力しました
int>20
20を入力しました
int>30
30を入力しました
int>
```

例題ではprintf("int>")とscanfの間に、コンマ(,)を書いています。これは**コンマ演算子**と言って、命令文を1つに連結する機能があります。

その結果、最初にprintfを実行し、次にscanfを実行し、最後にscanfの戻り値がEOFに等しくないかどうか調べます。プロンプトが必要な時は、この方法で表示してください。

EOF以外での終了判定

コンマ演算子を使って、0が入力されたら終了という書き方もできます。

```
while( scanf("%d", &data), data!=0) {
    printf("%dを入力しました¥n", data);
}
```

この書き方は、入力処理と条件判定をコンマ演算子で連結しています。入力に使った変数で条件式を書けるので、いろいろな条件を作れる利点があります。

練習 10-3

1. 練習10-2のex10-2-2.cに、"double>" というプロンプトを表示するように、処理を追加しなさい。

```
コンソール
double>10.255
10.255000
double>3.68
3.680000
double>1.235
1.235000
double>
```

▲実行結果

2. 練習10-2のex10-2-3.cに、"(a b)>" というプロンプトを表示するように、処理を追加しなさい。

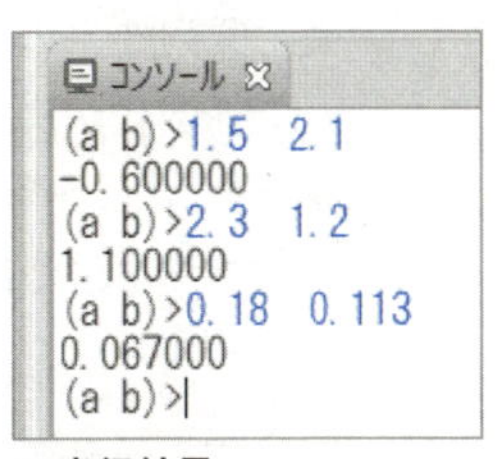

▲実行結果

3. 例題10-3を、「0が入力されたら終了する」プログラム(ex10-3-3.c)に書き替えなさい。

＜ヒント＞

・!=EOFを削除し、コンマ演算子を使って、「入力された値が0でない」という条件部を作ります

10.3 電卓プログラム

for文では、配列の要素を集計する応用を学習しましたが、while文らしい応用として、キーボードをタイプして入力した値を集計する電卓プログラムを作成します。

例題10-4 電卓プログラム

sample10-4.c

```
 1  #include <stdio.h>
 2  int main(void)
 3  {
 4      int n, total=0;
 5      while(scanf("%d", &n)!=EOF){
 6          total += n;
 7      }
 8      printf("合計=%d¥n", total);
 9      return 0;
10  }
```

実行結果

```
コンソール
10
20
30

合計=60
```

配列要素の合計を取る時と同じパターンですが、データをキーボードから入力するので、個数が決まっていません。そこで、while文を使います。

まず、SPDは次のようです。

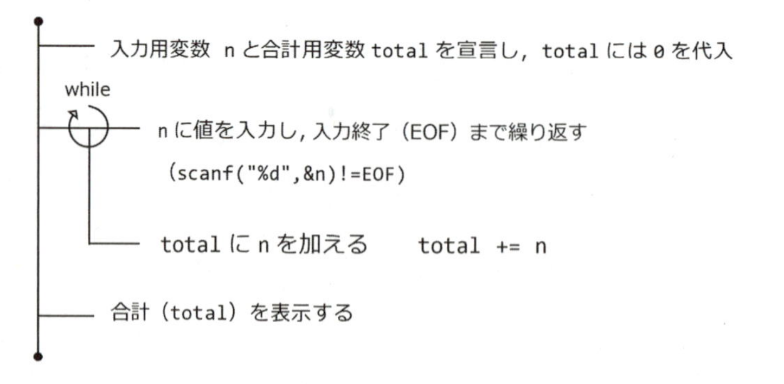

while文は、scanfの戻り値がEOFでない間、つまり入力終了まで繰り返し、毎回、入力した値をtotalに加えます。実行結果を見ると合計は60になっていて、正しく合計されたことがわかります。繰り返し処理が終了した後、最後に、totalを合計として表示しています。

練習 10-4

1. キーボードをタイプして入力した、いくつかのdoubleの値を集計するプログラム(ex10-4-1.c)を作成します。合計は表示幅を7桁、精度(小数点以下桁数)を3桁で表示しなさい。

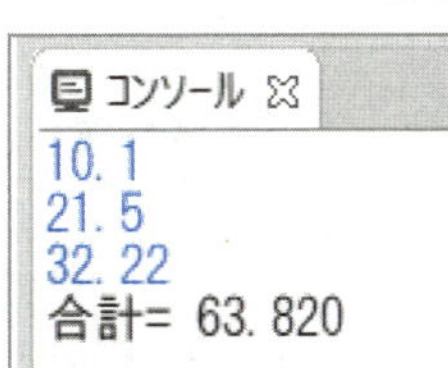

▲実行結果

2. キーボードをタイプして、intの値をいくつか入力します。入力した値は、2乗して合計用変数 total に加えます。プログラムはex10-4-2.cに作成しなさい。最後に、totalの値を表示しなさい。

▲実行結果

10.4 入力されたデータの件数をカウントする

データが何件入力されたかとか、何件のデータを処理したかなど、件数を知ることが必要なケースがあります。ここでは、件数をカウントするプログラミングパターンを解説します。

例題10-5 件数をカウントする

sample10-5.c

```
 1  #include <stdio.h>
 2  int main(void)
 3  {
 4      int n, total=0, ken=0;          // kenは件数用。0を代入しておく
 5      while(scanf("%d", &n)!=EOF){    // 入力終了まで繰り返す
 6          total += n;                 // nをtotalに加算する
 7          ken++;                      // kenを1増やす
 8      }
 9      printf("件数=%d¥n", ken);
10      printf("合計=%d¥n", total);
11      return 0;
12  }
```

実行結果

```
コンソール
10
20
30
件数=3
合計=60
```

青字で示した4行目と7行目が、件数のカウントを行う部分です。4行目では、件数をカウントする変数kenを宣言し、ゼロを代入して初期化しておきます。whileループの中では、7行目でデータを1件処理するたびに、kenの値を1増やします。

例題のSPDは、次のようになります。

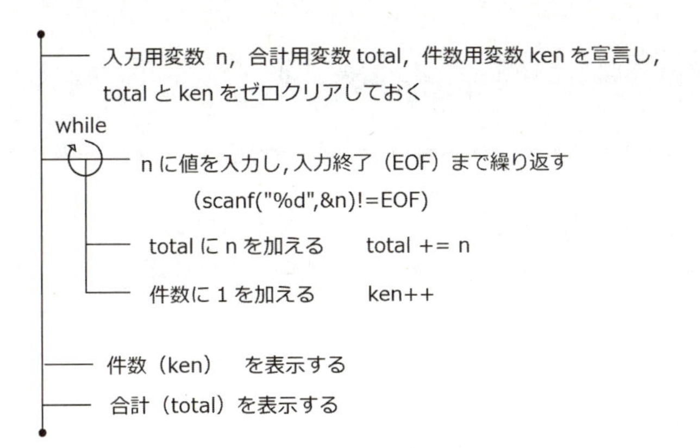

練習 10-5

1. キーボードをタイプして、いくつかのdoubleの値を入力します。入力した値の合計と平均を計算し、実行結果のように表示するプログラム(ex10-5-1.c)を作成します。
   平均を計算するには、入力したデータの件数が必要です。例題にならって件数をカウントし、それで合計を割りなさい。
   なお、合計と平均は表示幅を7桁、小数点以下桁数を3桁で表示しなさい。

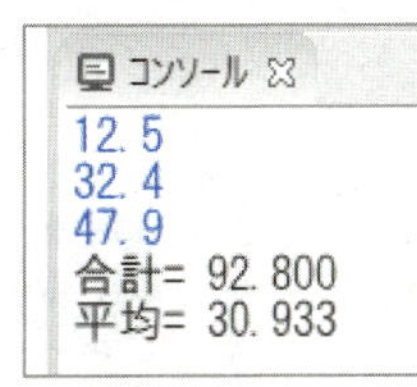

▲実行結果

2. キーボードをタイプして、実行結果のように表示するプログラム(ex10-5-2.c)を作成します。
   - 整数の入力処理を、戻り値がEOFでない間繰り返します
   - 入力するたびに、実行結果のようにそれまでの合計と平均を表示します（実行結果を参照）
   - 合計と平均は、表示幅を7桁で表示しなさい

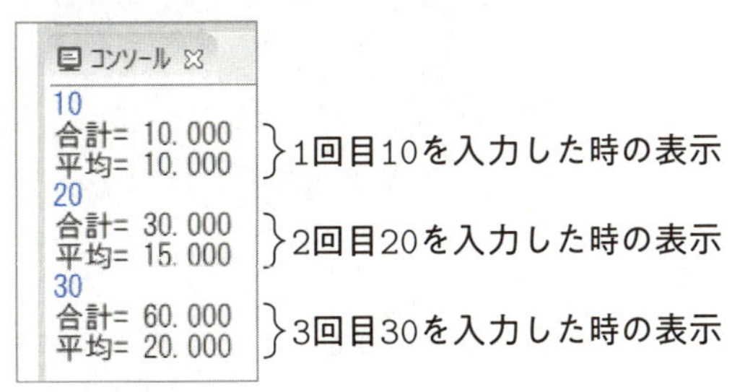

▲実行結果

10.5 do-while文

do-while文は、とりあえず一回は処理を実行しておいてから、反復条件を調べるタイプのwhile文です。次のように書きます。最後にセミコロンを付けることを忘れないでください。

do-while文

```
do{
    繰り返し実行したい処理
}while( 反復条件 );  ← セミコロン
```

while文を逆にしたような形ですね。while文との違いは何ですか？

while文は、最初に条件をチェックするので、最初から条件が満たされていない場合は、一度も処理を実行せずに繰り返しを終了します。
一方、do-while文は、処理を実行した後で条件をチェックするので、最低でも１度は処理を実行します。

次は、do-while文の処理の流れを図解したものです。

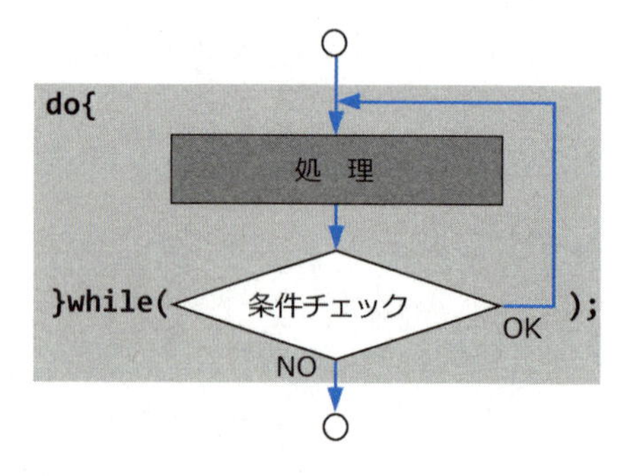

do-while文の特徴は、どんなことがあっても、繰り返し実行したい処理を1回は実行することです。その後、繰り返すかどうか条件を見て決めるという流れになります。

例題10-6 do-while文

sample10-6.c

```
1  #include  <stdio.h>
2  int  main(void)
3  {
4      int  a=0;
5      do{
6          printf("**do-while**¥n");
7      }while(a!=0);
8      return  0;
9  }
```

必ず一度は実行される

実行結果 コンソール

```
**do-while**
```

例題では、反復条件はa!=0です。そこで、最初からこの条件が成立しないように、aには0がセットされています。

do-while文は、aの値をチェックせず反復処理に入ります。そのため、printf が実行されて、"**do-while**" が表示されます。条件がチェックされるのはこの後です。aは0なので、ただちに反復処理は終了します。

同じ処理をwhile文で書いたものが次です。while文では、最初に反復条件をチェックします。しかし、a=0 になっているので、反復処理は一度も実行されることなく終了してしまいます。コンソールには、何も表示されません。

```
int a=0;
while(a!=0){
    printf("**while**");
}
```

一度も実行されない

実行結果 コンソール

do-while文のSPDは、次のように書きます。上端に○印でdoを書き、下端に反復記号(↻)と条件を書いておきます。処理の枝は、その間に横線を引いて書きます。

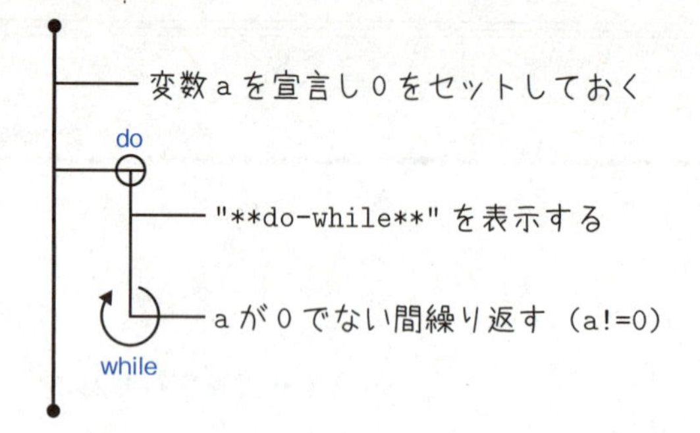

練習 10-6

1. 次のプログラムで、120、300、130、−80、−100と入力していくとき、合計はいくらと表示されるか答えなさい（プログラムを作成せず考えて答えてください）。

```
#include  <stdio.h>
int  main(void)
{
    int  n, total=0;
    do{
        scanf("%d", &n);            // 値を入力する
        total+=n;                   // totalに加える
    }while(n>0);
    printf("合計=%d¥n", total);     // 合計を表示する
    return  0;
}
```

2. 次は、1、2、3、・・・500までの合計を取るプログラムです。アにあてはまる式を答えなさい。

```
#include  <stdio.h>
int  main(void)
{
    int  i=0,total=0;
    do{
        i++;
        total += i;
    }while(   ア   );
    printf("合計=%d¥n", total);
    return  0;
}
```

この章のまとめ

この章では、while文の使い方について、プログラミングパターンを示して解説しました。また、do-while文を紹介し、while文との違いを解説しました。

while文

◇while文は、次のような流れで繰り返す構文です。最初に条件を判定し、処理を実行します。

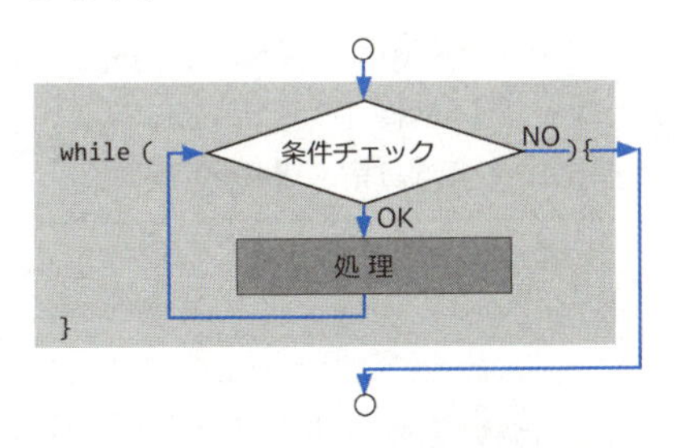

◇キーボードやファイルから連続的に入力するためにに利用されます。戻り値がEOFではない間繰り返すのが典型的なパターンです。

```
while(scanf(･･･)!=EOF){
    ･･･
}
```

EOFの入力方法

Windows：CTRL＋Z
MacOS　：CTRL＋D

◇コンマ演算子を使うと、while文の中に複数の命令文を埋め込むことができます。

```
while(printf("int>"), scanf("%d", &n)!=EOF){
while(printf("int>"), scanf("%d", &n), n!=0){
```

do-while文

◇do-whileは先に処理を実行したあと、終了条件を判定します。while文が、先に終了判定を行ってから、処理を実行するのとは逆の流れです。

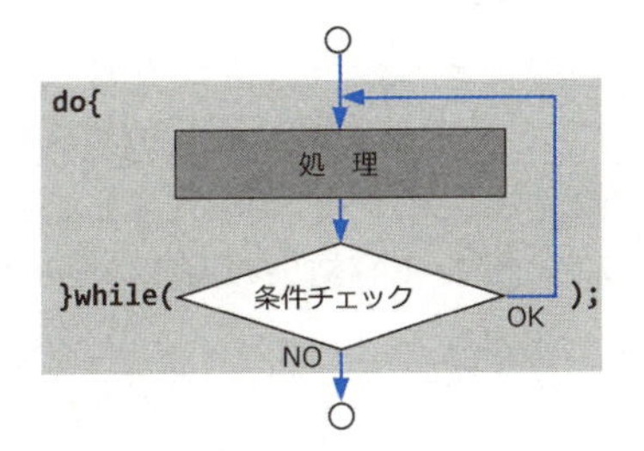

次は0が入力されるまで繰り返すパターンです。

```
int n;
do{
    scanf("%d", &n);
}while(n!=0);
```

通過テスト

1. while文を使って、○回目という文字列を5回表示するプログラム(pass10-1.c)を作成します。実行結果のように、○の部分には回数がはいります。回数は1から始まっている事に注意しなさい。

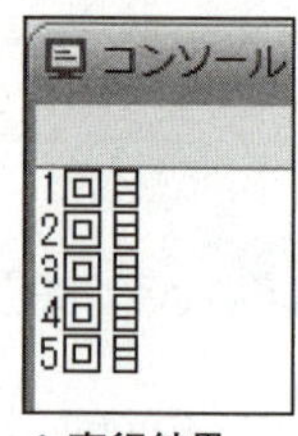

実行結果

2. doubleの値を繰り返し入力し、合計を計算するプログラム(pass10-2.c)を作成します。ただし、EOFを入力すると繰り返しを終了し合計を表示するようにしなさい。実行結果のように、表示幅7桁、小数点以下桁数3桁で出力すること。

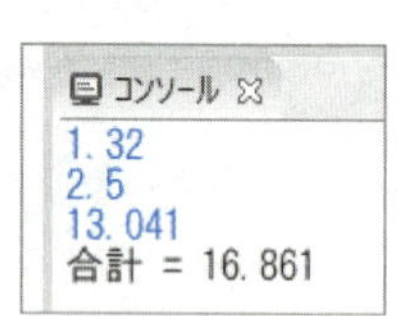

実行結果

3. "整数>"という入力ガイドを表示して、scanfで整数を繰り返し入力します。そして、EOFを入力すると、実行結果のように、入力したデータの件数を表示して、終了するプログラム(pass10-3.c)を作成します。

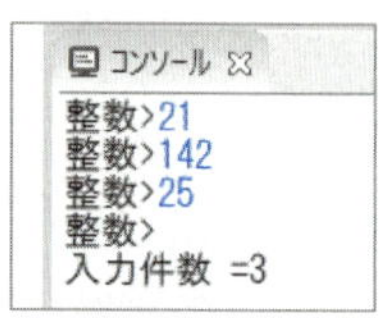

実行結果

4. intの値を繰り返し入力し、EOFを入力すると繰り返しを終了して、入力した値の合計と平均を表示するプログラム(pass10-4.c)を作成します。ただし、平均はdoubleで計算し、桁幅7桁、小数点以下桁数3桁で実行結果のように出力すること。

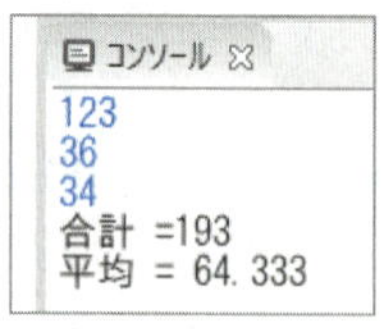

実行結果

＜ヒント＞
合計をtotal、件数をkenとするとき、totalをdoubleにキャストしてから平均を計算しなさい。つまり、(double)total/kenとします

5. 最初に、scanf で整数をひとつ入力します。次に、その値を繰り返し10で割って商と余りを計算し、実行結果のように表示するプログラム(pass10-5.c)を作成します。ただし、商が0になったら繰り返しを終了し、何回計算したかを実行結果のように表示しなさい。

例えば、125が入力された時は次のようにします。

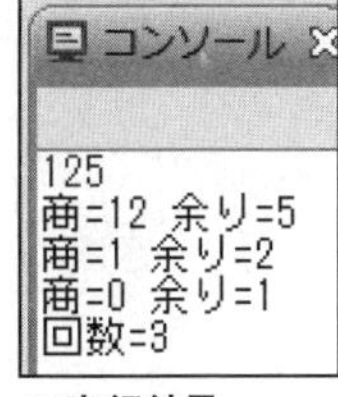

△実行結果

繰り返し	整数(n)	商(a)	余り(b)
1回目	125	12	5
2回目	12	1	2
3回目	1	0	1

＜ヒント＞
do−while文を使いなさい。入力した値をnとすると、毎回、商(=a)と余り(=b)を計算した後で、n=aとしてnの値を更新します

6. 次の(1)～(4)のプログラムを実行した時の表示または説明として、正しいものはどれか、選択肢から選んで番号で答えなさい(プログラムを作成せずに考えて答えてください)。

(1)

```
int  a=5;
while(a>0){
    --a;
    printf("%d",a);
}
```

(2)

```
int  a=10, total=0;
while(total!=0){
    total += a;
}
printf("%d¥n", total);
```

(3)

```
int  a=-2, total=0;
do{
    total += a;
}while(total>0);
printf("%d¥n", total);
```

(4)

```
int  a=0, b=1;
while(b<5)
    a += b;
    b++;
printf("a=%d¥n", a);
```

【解答】

(1) ________ (2) ________ (3) ________ (4) ________

選択肢

ア 54321

イ 543210

ウ 4321

エ 43210

オ 0

カ 10

キ -2

ク 無限ループになる

ケ コンパイルエラーで実行できない

第11章

場合分けをするif文

条件によって処理内容を分けることを、分岐構造といいます。プログラムで判定できる条件は、大小関係と等しいか等しくないかだけですが、それらの条件を組み合わせると複雑な条件を作ることができます。そして、if文はそのような条件を使って、次にやるべき内容を場合分けするための構文です。この章を理解することで、if文を使って条件に応じた処理を実行するプログラムを書けるようになります。

11.1 条件を作る演算子と式の値

プログラムの重要な機能の1つは、条件を調べて、その結果により実行する処理を変えることです。しかし、それには、まず条件の作り方を知る必要があります。条件を作るための演算子としては、次のようなものがあります。

優先順位		関係演算子	意　味	使　用　例	
高 ↑	比較	<	小さい	i<5	iは5より小さい
		>	大きい	i>5	iは5より大きい
		<=	等しいか小さい(以下)	i<=5	iは5以下
		>=	等しいか大きい(以上)	i>=5	iは5以上
	等価	==	等しい	n==0	nは0である
低		!=	等しくない(〜ではない)	n!=0	nは0ではない

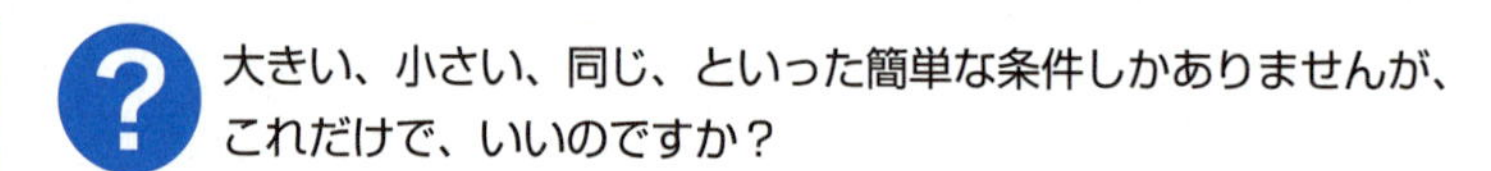

大丈夫です。複雑な条件は、これらを組み合わせて作り出すことができます。
組み合わせる方法は、後の節で解説する予定ですから、ここでは、表に示した演算子の使い方を理解しておきましょう。

関係演算子を使って書いた次のような式を**関係式**といいます。

```
a>1
a!=0
```

式を評価すると、何かの値になることを5章(⇨P.84)で説明しましたが、一般に、関係式の値は、真(true、正しい)か偽(false、間違い)のどちらかになります。C言語では、偽を0とし、それ以外を真とすると決められていますが、関係式については、真の時 1、偽の時は 0 にするようになっています。

確認のため、次の例題では、関係式の値をコンソールに表示してみましょう。

例題11-1 関係式の値は1か0になる

sample11-1.c

```
#include  <stdio.h>
int  main(void)
{
    int  a=10;
    printf("%d¥n", a<20);
    printf("%d¥n", a!=10);
    return  0;
}
```

正しい → 1
間違い → 0

コンソール
1
0

▲実行結果

例題はprintfの中に関係式を書いて、その値を表示しています。
a は10ですから、次のようになりました。

「aは20より小さい」(a<20) ‥‥正しい ‥‥式の値は1 （真）
「aは10ではない」(a!=10) ‥‥‥間違い ‥‥式の値は0 （偽）

真か偽かは、関係式の変数 a に10を代入してみるとわかります。

(**10**)<20 ‥‥‥ 正しい

(**10**)!=10 ‥‥ 間違い

そのため、a<20の値は 1、a!=10 の値は0となっています。

関係式の値

- 関係式の値は条件が成立していれば真、不成立なら偽である
- 真は1、偽は0である

真(成立)	1
偽(不成立)	0

- 真をtrue、偽をfalseと書くことがある

真が0で、偽が1？ いや、真が1で偽が0？
どちらだったか、覚えにくいです・・・

1と0を使うので覚えにくいし、プログラムもわかりにくくなります。
良い方法は、stdbool.hをインクルードすることです。すると、trueやfalseといったキーワードを使えるようになります。

stdbool.hでは、_Boolをbool、1をtrue、そして0をfalseと定義してあるので、プログラムの中で_Bool、1、0と書くところを、それぞれ**bool**、**true**、**false**と書けるようになります。次の例を見てください。

例題11-2 bool型、true、falseを使う

sample11-2.c

```
 1  #include <stdio.h>
 2  #include <stdbool.h>
 3  int main(void)
 4  {
 5      bool  b1, b2;               // _Boolをboolと書いてよい
 6      b1 = true;                  // 1をtrueと書いてよい
 7      b2 = false;                 // 0 をfalseと書いてよい
 8      printf("b1=%d¥n", b1);
 9      printf("b2=%d¥n", b2);
10      return 0;
11  }
```

実行結果

コンソール

```
b1=1
b2=0
```

例題は、stdbool.hをインクルードしています。bool型のb1とb2を定義し、それぞれに、trueとfalseを代入しています。本来ならばこれは次のように書くところです。

```
_Bool b1, b2;
b1 = 1;
b2 = 0;
```

なお、bool(_Bool)型の値はprintfに渡された時にint型の1か0になってしまうので、出力の変換指定子は **%d** を使います。

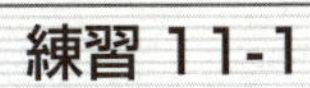

練習 11-1

1. n、mが整数のとき、次の条件に相当する関係式を書きなさい。

	条件	関係式
1	nは10より大きい	
2	nは10より小さい	
3	nは10以上	
4	nは10以下	
5	nは10である	
6	nは10ではない	
7	nはm+1に等しい	
8	nはmの7倍である	
9	n+mは0より大きい	
10	nの3倍は10より小さい	
11	nは偶数である	
12	nは奇数である	
13	nは3の倍数である	
14	nに1を足したものの2倍はmに等しい	

2. int m=5, n=3;と宣言してある時、次の式の値がtrueかfalseか答えなさい。

ア n==m ________

イ n>=m ________

ウ n!=m ________

エ n+2==m ________

オ n<=m-2 ________

11

11.2 論理演算子によって複雑な条件を作る

論理演算子は、関係式を組み合わせてより複雑な関係式を作るためのものです。論理演算子には、次の表に示す3種類があります。

演算子	意　味	用　例	
!	～でない	!(a>=90)	体重が90kg以上ではない
&&	～かつ～	a>=90 && b>=180	体重が90kg以上かつ身長が180cm以上
||	～または～	a>=90 || b>=180	体重が90kg以上または身長が180cm以上

※　aを体重、bを身長とします

例えば、「体重が 90kg 以上」かつ「身長が 180cm 以上」という条件は、体重が90kg以上で、身長も180cm以上ある、という条件です。つまり、両方の条件に合致するという意味で、右図のように２つの条件が重なり合う部分を意味しています。

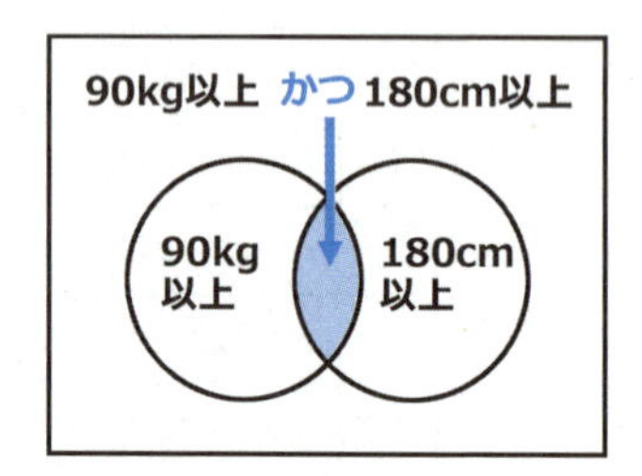

一方、「体重が 90kg 以上」または「身長が 180cm 以上」という条件は、体重が90kg以上という条件か、身長が180cm以上という条件のどちらかに合致すればよい、という条件です。つまり、少なくとも一方の条件に合致する、という意味で、右図のように、２つの条件の片方か、または両方に合致する部分です。

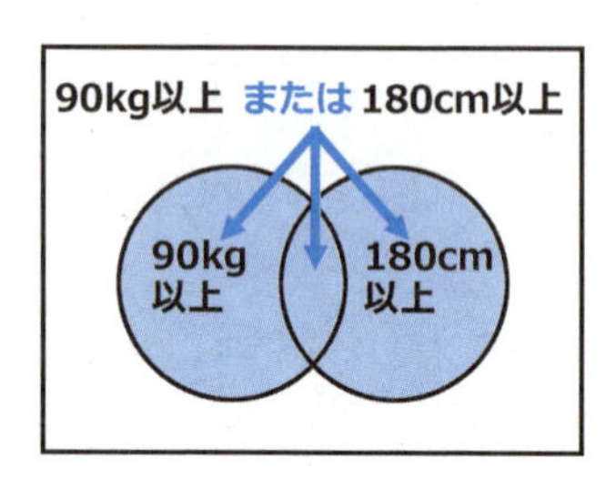

また、「体重が90kg以上」ではないという条件は、「体重が90kg以上」という条件の反対の条件です。右図に示すように、「体重が90kg以上」の外側の範囲になります。

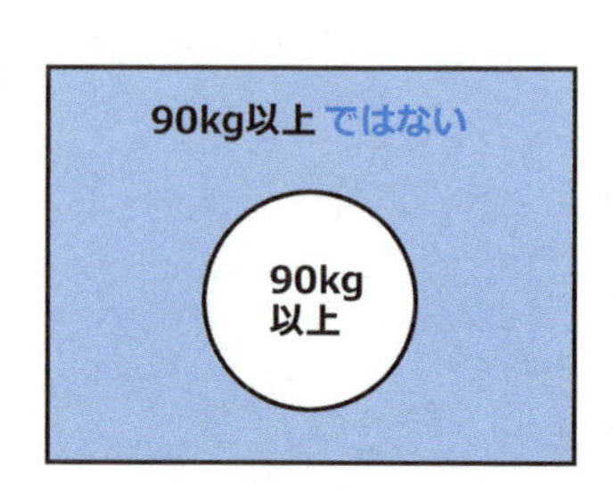

演算子の優先順位

演算子の優先順位を示すために、これまでに解説した演算子と、この章で解説する演算子（青の網掛け部分）をまとめて一覧表にしました。

演算子一覧表

優先順位	演算子	説　明	結合性
1	()	関数呼び出し	左結合
	[]	配列の添字	
	++ --	後置インクリメント、デクリメント	
2	+ -	正と負の符号	右結合
	(type)	型キャスト	
	sizeof	サイズ取得（戻り値はsize_t型）	
	++ --	前置インクリメント、デクリメント	
	! ~	論理否定　ビット単位の論理否定	
3	* / %	乗算、除算、剰余	左結合
4	+ -	加算、減算	
5	<< >>	ビット単位の左シフト、右シフト	
6	< <=	より小さい　以下　（関係演算子）	
	> >=	より大きい　以上　（関係演算子）	
7	== !=	等しい　等しくない（関係演算子）	
8	&	ビット単位の論理積	
9	^	ビット単位の排他的論理和	
10	|	ビット単位の論理和	
11	&&	論理積、かつ　（論理演算子）	
12	||	論理和、または　（論理演算子）	
13	?:	三項条件　（条件演算子）	右結合
14	=	代入	
	+= -=	加算、減算による複合代入	
	*= /= %=	乗算、除算、剰余による複合代入	
	<<= >>=	ビット単位の左シフト、右シフトによる複合代入	
	&= ^= |=	ビット単位の論理積、排他的論理和、論理和による複合代入	
15	,	コンマ演算子（式の連結）	左結合

この表から関係演算子は、計算用の四則演算の演算子より弱い演算子であることがわかります。したがって、**a>(b+c)** を**a>b+c** のように、括弧を使わずに書けます。

ただし、&&の方が||よりも強いため、**a>0||b>0&& c>0** は、**a>0||(b>0&&c>0)** のように働くので注意してください。

11

練習 11-2

1. 次に該当する関係式を書きなさい。

   ア aは0より小さいかまたは10より大きい ＿＿＿＿＿＿＿＿＿＿

   イ aは3と15の間の数である(3と15は含まない) ＿＿＿＿＿＿＿＿＿＿

   ウ aはbの3倍よりも大きく、cの2倍よりも小さい ＿＿＿＿＿＿＿＿＿＿

   エ aは偶数でありかつ7の倍数である ＿＿＿＿＿＿＿＿＿＿

   オ aは10より大きいということはない(！を使うこと) ＿＿＿＿＿＿＿＿＿＿

2. a=5、b=1のとき、次の関係式はtrueかfalseか答えなさい。

   ア !(a!=b) ＿＿＿＿＿

   イ a>0 || a<b ＿＿＿＿＿

   ウ a>=b && a<=b*5 ＿＿＿＿＿

   エ a>b+3 || a-b<0 ＿＿＿＿＿

   オ a>1 || a<b && b>0 ＿＿＿＿＿

3. うるう年は、次のア、イのどちらかの条件にあてはまる年(西暦)です。歴年が変数nに入っている時、うるう年かどうか判定する関係式を書きなさい。

   ア 4で割り切れかつ100では割り切れない

   イ 400で割り切れる

   ＿＿＿＿＿＿＿＿＿＿＿＿＿＿＿＿＿＿＿＿＿＿＿＿＿＿＿＿＿＿

4. aを年齢(歳)、bを性別(1=男、2=女)、cを体重(kg)とする時、次の条件を表す関係式を作成しなさい。

   ア 年齢が20歳以上から40歳未満の女性で体重が50kg未満

   ＿＿＿＿＿＿＿＿＿＿＿＿＿＿＿＿＿＿＿＿＿＿＿＿＿＿＿＿＿＿

   イ 年齢が15歳以下の男子で体重が30kg以上60kg未満

   ＿＿＿＿＿＿＿＿＿＿＿＿＿＿＿＿＿＿＿＿＿＿＿＿＿＿＿＿＿＿

   ウ「年齢が20歳の女性で体重が40kg以下」ではない(!を使う)

   ＿＿＿＿＿＿＿＿＿＿＿＿＿＿＿＿＿＿＿＿＿＿＿＿＿＿＿＿＿＿

11.3 if文による場合分け

if文は、条件を指定して「**もしも～なら○○を実行するが、そうでなければ△△を実行する**」という場合分けの構文です。次のように書きます。

重要

if文の書き方

```
if( 条件 ){
    条件が成立している場合に実行する処理
}else{
    条件が成立していない場合に実行する処理
}
```

処理の流れ図を示します。

if文は、条件が成立している時とそうでない時で処理を2通りに分け、そのどちらかを選択的に実行します。

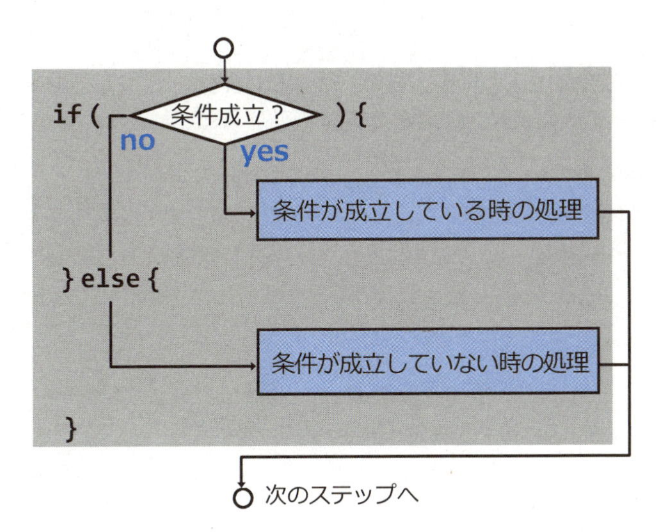

11

例題11-3 条件によって処理を分ける

sample11-3.c

```
1  #include  <stdio.h>
2  int  main(void)
3  {
4      int  n;
5      printf("int>"); scanf("%d", &n);     // 整数をnに入力する
6      if(n==1){
7          puts("賛成");     // nが1であれば賛成と表示する
8      }else{
9          puts("反対");     // それ以外はすべて反対と表示する
10     }
11     return  0;
12 }
```

実行結果

コンソール

```
int>1
賛成
```

6行目から10行目までが、if文です。if文の条件は、n==1で、これが成立していてtrueなら、"賛成"と表示します。つまり、入力したnの値が、本当に1なら"賛成"と表示します。それ以外であれば、常に"反対"と表示します。

例題を入力・実行し、いろいろな値を入力して結果を確認してください。

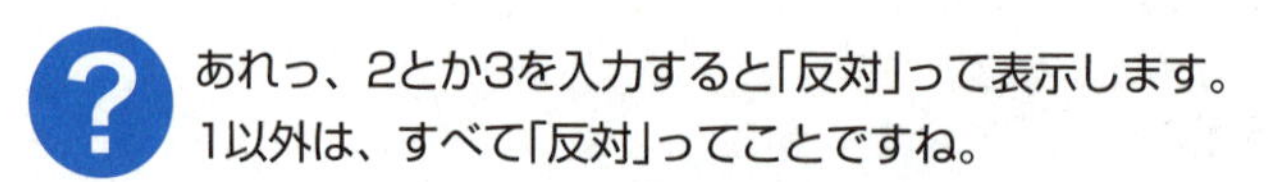

このif文は、「1かそうでないか」だけで場合分けするので、そうなります。
もっと細かく分ける方法もありますが、それは、次の12章で説明します。

if文のSPD

if文のSPDの書き方を解説します。

・if文は、ひし形の記号を使います。ひし形の記号の右側に判定する条件を書きます。例題では、「n==1」と書いています。
・ひし形から下へ垂直に線を伸ばして、2つ目の枝を書きelseと書いておきます。elseの枝には、n==1ではない場合の実行内容を書きます。
・n==1およびelseの各枝には、それぞれ対応する処理内容をわかりやすい日本語で書きます。例題では、「"賛成"と表示する」、「"反対"と表示する」と書いています。

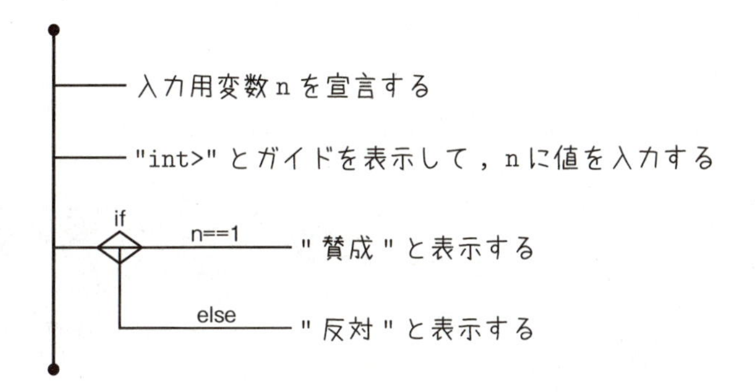

if文の読み方

if文は、「もしも～ならば～し、そうでなければ～する」と読みます。

```
if(n==1){
    puts("賛成");
}else{
    puts("反対");
}
```

もしも
n==1ならば"賛成"と表示し、
そうでなければ"反対"と表示する

練習 11-3

1. " int> "とガイドを表示して、scanfで整数nに値を入力する。もしもnが0よりも大きければ、「正の数です」と表示し、そうでなければ、「正の数ではない」と表示するプログラム(ex11-3-1.c)を作成しなさい。

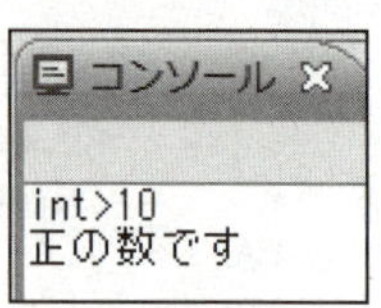

2. " int> "とガイドを表示して、scanfで整数nに値を入力する。もしもnが偶数であれば、「偶数です」と表示し、そうでなければ、「奇数です」と表示するプログラム(ex11-3-2.c)を作成しなさい。

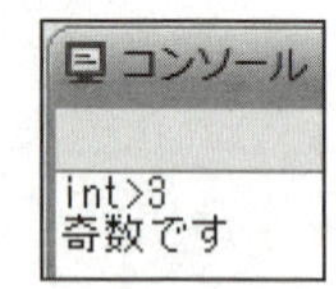

＜ヒント＞　偶数＝2の倍数＝2で割った余りが0

3. " int> "とガイドを表示して、scanfで整数nに値を入力する。もしもnが3～7であれば、「範囲内です」と表示し、そうでなければ、「範囲外です」と表示するプログラム(ex11-3-3.c)を作成しなさい。ただし、3と7は範囲内に含みます。

＜ヒント＞　3以上と7以下を「かつ」で結ぶ

4. " 西暦> "とガイドを表示して、scanfでnに西暦年を入力する。もしもnがうるう年ならば、「うるう年です」と表示し、そうでなければ、「うるう年ではありません」と表示するプログラム(ex11-3-4.c)を作成しなさい。

＜ヒント＞　うるう年かどうかを判定する条件は練習11-2の3を使いなさい

11.4 elseの省略

if文では、必要がなければelse以下を、省略することができます。例えば、例題11-3で賛成だけ調べて表示し、それ以外は無視してよいのであれば、次のようにします。

例題11-4 elseのないif文

sample11-4.c

```
 1  #include  <stdio.h>
 2  int  main(void)
 3  {
 4      int  n;
 5      printf("int>"); scanf("%d", &n);     // 整数をnに入力する
 6      if(n==1){
 7          puts("賛成");     // nが1であれば賛成と表示する
 8      }
 9      return  0;
10  }
```

実行結果

```
コンソール
int>1
賛成
```

```
コンソール
int>3
```

elseを省略すると、nが1であれば"賛成"と表示しますが、1以外の値が入力されると、何も起こりません。1以外の値は無視されます。例題でいろいろな値を入力して、結果を確認してください。

なお、else以下を省略した場合のSPDは、次のようにelseの枝はありません。

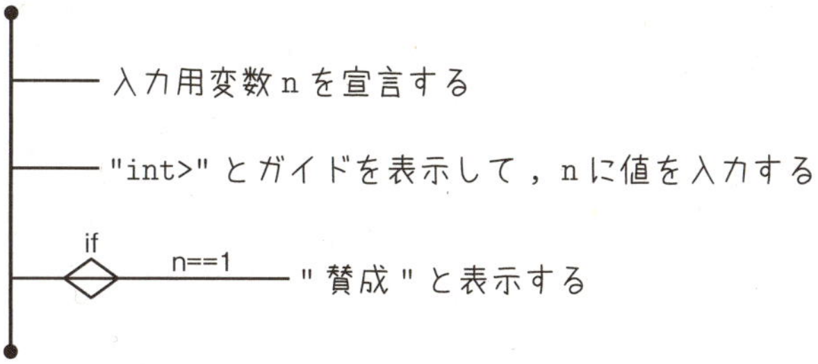

```
●
├── 入力用変数nを宣言する
│
├── "int>"とガイドを表示して，nに値を入力する
│
│  if   n==1
├─◇──────── "賛成"と表示する
│
●
```

練習 11-4

1. " double> "というガイドを表示して実数を変数xに入力し、1よりも小さい値の場合のみコンソールに表示するプログラム(ex11-4-1.c)を作成しなさい。

2. "正の数>"というガイドを表示して整数を変数mに入力し、その値を表示する。ただし、値が負の数の場合は、符号反転し正の数に直してから表示するプログラム(ex11-4-2.c)を作成しなさい。

＜ヒント＞
入力した値を表示する前に値が負でないかチェックし、負の場合は正の数に直す処理が余計に必要になる。符号反転はm = － mでよい

11.5 条件演算子

条件によって2つの値のうちどちらかを返す式を作るのが、**条件演算子**です。何かの処理を実行するのではなく、単にどちらかの値を返す式なので、結果を変数に代入したりできます。

条件演算子は、次のように？と：を使って書きます。

```
条件 ? 値1 : 値2
```

条件が成立しているときは[値1]を返し、そうでなければ[値2]を返します。いくつか例をあげます。

```
n>0 ? 10 : 20          nが正であれば10、それ以外は20
```

そして、次のように演算の結果を変数に受け取ることができます。

```
int val = n>0 ? 10 : 20;
```

代入演算子(=)よりも条件演算子(?:)の方が強い(優先順位が上)ので、上の式の左辺を()で囲む必要はありません(演算子の優先順位はP.223を参照)。ただ、意味が明瞭になるということから、次のように()で囲むのはよい書き方です。

```
int val = (n>0 ? 10 : 20);
```

次に、簡単な使用例を示します。

例題11-5 条件演算子の使い方

sample11-5.c

```
1  #include  <stdio.h>
2  int  main(void)
3  {
4      int  n;
5      printf("整数>"); scanf("%d", &n);
6      int  a  =  (n>0 ? n : -n);     // 正ならそのまま、負なら正の数にする
7      printf("入力された値は%dです¥n", a);
8      return  0;
9  }
```

実行結果

```
コンソール
整数>-3
入力された値は3です
```

6行目は、入力した値が負であれば正の数になるようにしています。-1*nとするのではなく、-nと書くことができます。この場合の-は、符号演算子です。

同じ処理をif文で書けますが、冗長な記述になります。

```
int  a  =  n;
if(n<0){
    a  =  -n;
}
```

うーん、if文を使わずに済ませるのですね。
if文より条件演算子を使う方が、簡単ということですか？

何もかも、条件演算子に置き換えることはできません。
条件に応じて変数に違う値を設定するようなif文なら、条件演算子に置き換えられる、ということですね。

練習 11-5

1. 条件演算子を使って式を作成しなさい。
   (1) aがbよりも大きければa、それ以外はb ____________________
   (2) aが5未満であればa+1、それ以外はa ____________________

2. 1の(1)を利用して、2つの整数をscanfで入力し、「大きいのは～です」と表示するプログラム(ex11-5-2.c)を作成しなさい。

   ＜ヒント＞
   scanfで2つの整数をa、bに入力するにはscanf("%d%d", &a,&b)とします。"%d%d"を"%d,%d"と書かないように注意してください

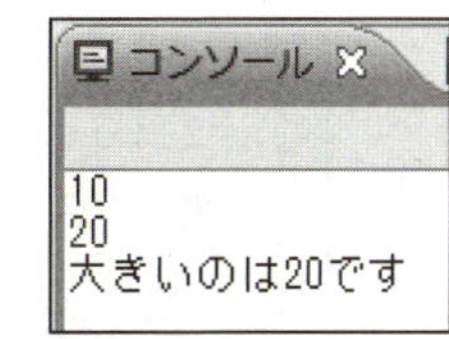

△実行結果

Column scanfの動作

次のプログラムは、文字を2回連続して入力するプログラムです。最初の文字を変数c1に、次の文字を変数c2に入力します。

```
#include  <stdio.h>
int  main(void){
    char  c1,c2;
    scanf("%c", &c1);
    scanf("%c", &c2);
    printf("c1=%c ¥tc2=%c", c1, c2);    // 文字として表示
    printf("c1=%d ¥tc2=%d", c1, c2);    // 文字コードとして表示
    return  0;
}
```

実行結果

```
コンソール
a
c1=a     c2=
c1=97    c2=10
```

ところが、実行してみるとc1に'a'を入力して Enter キーを押すところまでは正常ですが、c2に何か入力しようとしてもその前にプログラムが終了してしまうのです。

実行結果では、c1、c2に何が入力されたか、文字および文字コードで表示しています。そこで、この実行結果をよく見ると、c2にも文字コード10のデータが入力されていることがわかります。

10は'¥n'です(3章56ページの文字コード表を参照してください)。¥nは Enter キーを押すと入力されます。改行コードですから目には見えません。そのため実行結果には文字としては表示されないのです(その代わり改行が働いています)。

c2にも文字が入力されていた、ということです。つまり、scanfを使って'%c'で文字を読み込もうとすると、Enter を押したときの改行コード'¥n'まで拾ってしまうのです。これを回避するには、「改行コードを拾ってもそれはデータとは見なさない」という指示を与えることが必要です。

そのためには、**scanf(" %c", d2);**のように、%cの前に半角の空白を1文字挿入します。これによって、改行コードが入力されてもそれを無視するようにできます。欠点は空白も無視されてしまうことです。

この章のまとめ

この章では、場合分けをするif文と、if文の条件を記述する関係演算子、論理演算子について解説しました。また、条件に応じて、どちらかの値を選ぶことができる条件演算子についても解説しました。

関係演算子と論理演算子

◇関係演算子（<、>、<=、>=、==、!=）は、大小関係や等値関係を記述する演算子で、演算の結果は、1（true）か0（false）になります。

◇stdbool.hをインクルードすると、bool型、**true**、**false**の値を使えます。

◇論理演算子（!、&&、||）は、関係演算子を組み合わせて、複雑な条件を作るために使います。演算子の優先順位は下図のようになっています。

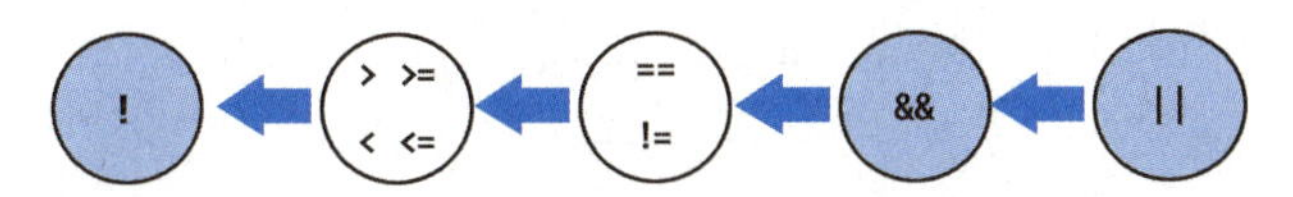

if文とは

◇if文は、条件によって、2つのうちのどちらかの処理を実行します。

```
if( 条件 ){
    条件が成立している場合に実行する処理
}else{
    条件が成立していない場合に実行する処理
}
```

```
if(n==1){
    puts("賛成");
}else{
    puts("反対");
}
```

条件演算子

◇条件演算子は、条件により、［値１］か［値２］のどちらかの値を返します。
次の例では、messageには、numberが１なら「賛成」、それ以外なら「反対」という文字列が代入されます。

```
条件 ? 値1 : 値2
```

```
char[] message = (number==1 ? "賛成" : "反対");
```

通過テスト

1. 次の関係式を書きなさい。
   (1) nは10以上 ＿＿＿＿＿＿＿＿＿＿
   (2) nは10より大きく、50より小さい ＿＿＿＿＿＿＿＿＿＿
   (3) nは3の倍数であり、かつ5の倍数である ＿＿＿＿＿＿＿＿＿＿
   (4) nはaより小さいか、またはbより小さい ＿＿＿＿＿＿＿＿＿＿
   (5) nはaの3倍よりも小さく、かつa+30よりも大きい ＿＿＿＿＿＿＿＿＿＿

2. a=1、b=0のとき次の関係式が真か偽か答えなさい。
   (1) `a==b` ＿＿＿＿＿
   (2) `a==b || a>b` ＿＿＿＿＿
   (3) `a-b>0 && b-a<0` ＿＿＿＿＿
   (4) `a%2 > 1 && a+b>=1 || a-b==1` ＿＿＿＿＿
   (5) `!(a>b)` ＿＿＿＿＿

3. a=2、b=3のとき、次の式の値はいくつか答えなさい。
   (1) `a>b ? 10 : 20` ＿＿＿＿＿
   (2) `a+1==b ? a : b` ＿＿＿＿＿
   (3) `!(a-b>0) ? a : b` ＿＿＿＿＿

4. 三角形の3つの辺の長さa、b、cを、キーボードから入力します。この時、a>b>cとすると、a<b+cで、かつ、c>0でなければ三角形にはなりません。そこで、この条件を判定して、条件が成立する時は、「三角形です」と表示し、そうでなければ「三角形にはなりません」と表示するプログラム(pass11-4.c)を作成しなさい。ただし、プログラムでは、a>b>cとなるように、a、b、cの値を入力するものとします。

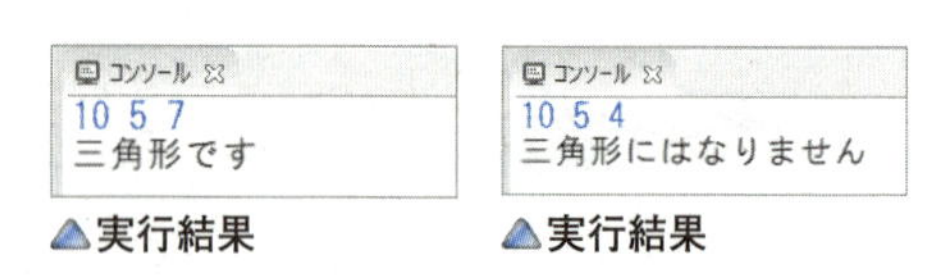

▲実行結果　▲実行結果

＜ヒント＞
・a、b、cの入力は、`scanf("%lf %lf %lf", a, b, c);` を使います
・aが最も長い辺で、cが最も短い辺になるよう入力します
・表示にはputsを使います

5. 4.の問題を、if文ではなく条件演算子を使って作成しなさい。
   ＜ヒント＞
   ・puts文の中に、"三角形です" か "三角形にはなりません" のどちらかを返す式を、条件演算子を使って書きます

第12章 if文の使い方

if文は、単体で使うほかに、繰り返し構文と組み合わせることが多い構文です。また、繰り返し構文からの脱出や反復制御にもif文を使います。さらに、if文自体にも、2つ以上に分岐する方法があります。この章ではそれら応用的なif文の使い方を解説し、複雑な論理構造のプログラムを作成できるようにします。

12.1 繰り返しの中のif文

よく使われるプログラミングパターンの1つに、繰り返しの中で使われるif文があります。例えば、多くの人が賛成か反対かを投票する時、それを集計して賛成と反対の数を求める問題などがよい例です。

投票者がコンピュータの前に並んで、順に投票する場面を想像してください。投票するには賛成なら1を、反対なら1以外を入力します。入力された賛成と反対の件数は、sansei、hantaiという2つの変数に集計されます。

集計処理の核心の部分をSPDで示すと次のようになります。

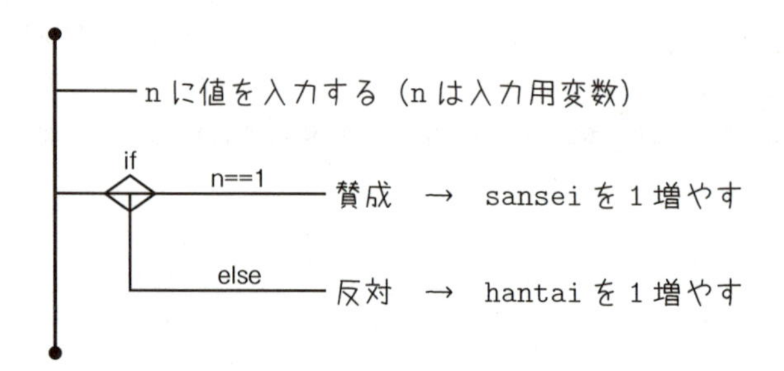

もっともこれは1人分の処理で、何人分も処理するにはこの処理を何回か繰り返す必要があります。何回繰り返すかは投票者数によりますが、それは決まっていないのでEOFを入力したら終了ということにします。

そこでwhile文を使って、「nに値を入力し、入力終了まで繰り返す」という反復処理を作成します。nは、投票のために入力された値を受け取る変数です。この構文はP.200で解説しました。SPDは次のようでした。

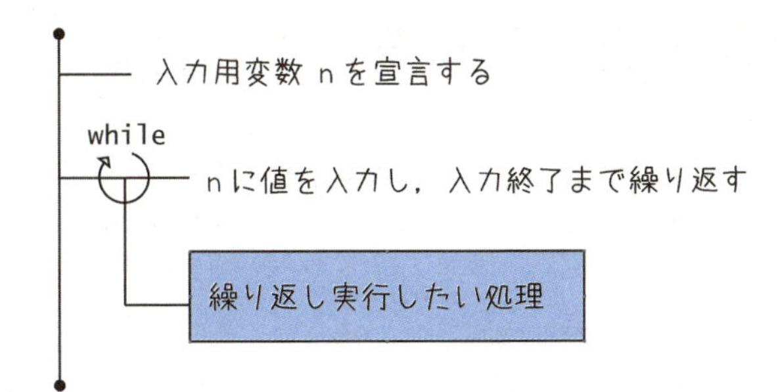

では、2つのSPDを見比べてください。whileのSPDで「繰り返し実行したい処理」の部分には、最初のSPDのどの部分を持ってくればよいでしょうか。

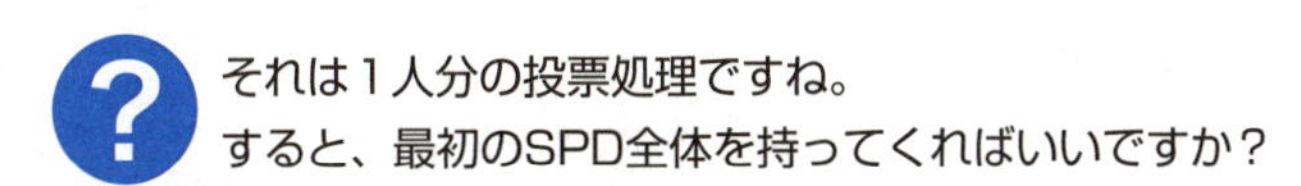
それは1人分の投票処理ですね。
すると、最初のSPD全体を持ってくればいいですか？

考え方はそれでOKですが、nに値を入力するのは、whileの中で行います。したがって、最初のSPDからは、if文の枝だけを持ってくればいいでしょう。

if文の枝をそっくりそのまま「繰り返し実行したい処理」に持ってくればうまくいきそうです。SPDを書いてみると次のようになります。

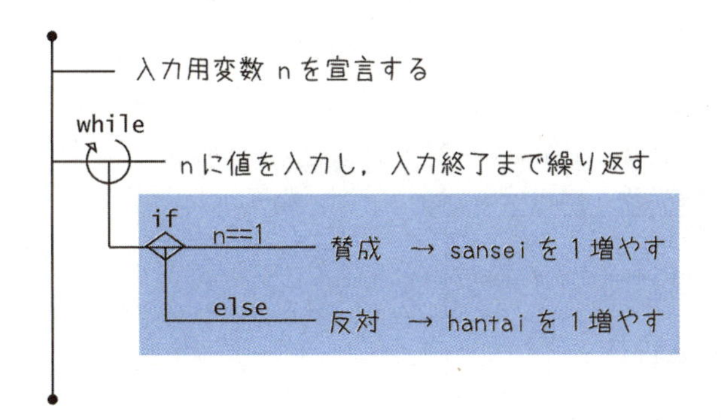

実際には、変数sansei、hantaiの宣言と初期化がさらに必要ですが、それは、入力用変数nを宣言する部分に追加します。また、集計処理が終了したとき、最後に集計結果を表示する処理も必要です。

以上から、完全なSPDは次のようになります。

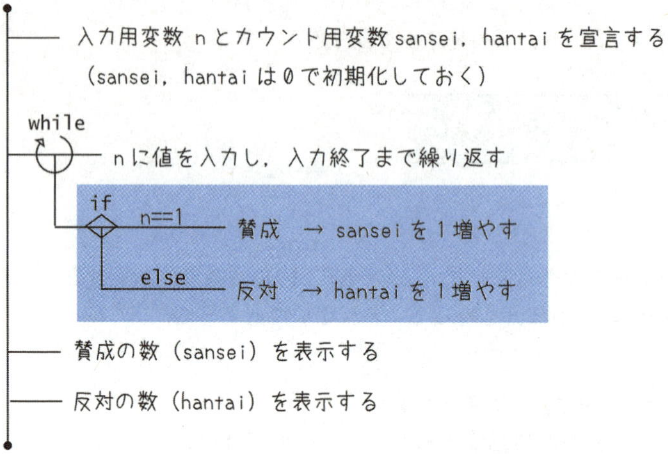

```
●
├── 入力用変数 n とカウント用変数 sansei, hantai を宣言する
│   (sansei, hantai は 0 で初期化しておく)
│ while
├─○── n に値を入力し, 入力終了まで繰り返す
│  │ if
│  └─◇─ n==1 ─── 賛成 → sansei を 1 増やす
│    │
│    └─ else ─── 反対 → hantai を 1 増やす
├── 賛成の数 (sansei) を表示する
├── 反対の数 (hantai) を表示する
●
```

SPDから作成したプログラムを例題として示します・

例題12-1 投票集計プログラム

sample12-1.c

```
 1  #include  <stdio.h>
 2  int  main(void)
 3  {
 4      int  n, sansei=0, hantai=0;     // 変数宣言と初期化
 5      while(scanf("%d", &n)!=EOF){   // nに値を入力し入力終了まで繰り返す
 6          if(n==1){
 7              sansei++;    // 賛成
 8          }else{                      ← if文による集計処理
 9              hantai++;    // 反対
10          }
11      }
12      printf("賛成=%d¥n", sansei);    // 集計結果を表示
13      printf("反対=%d¥n", hantai);
14      return  0;
15  }
```

実行結果

```
コンソール
1
1
2
1    } 入力
2
1
賛成=4
反対=2
```

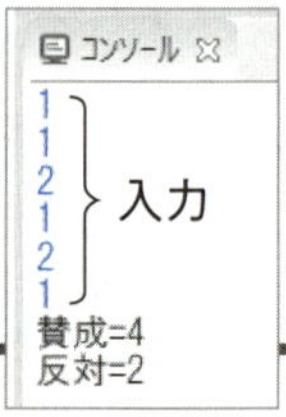

4行目では、nに加えてsanseiとhantaiを宣言し、0を代入しています。カウントアップする変数は、必ず0に初期化しておく必要があります。

```
int  n, sansei=0, hantai=0;     // 変数宣言と初期化
```

5行目のwhile文はscanfを含む書き方です。while文でscanfを使う場合はこのようにwhileの()内に書くことでわかりやすいプログラムになります。

```
while(scanf("%d",&n)!=EOF){     // nに値を入力し入力終了まで繰り返す
```

6～10行目はnの値を見て賛成か反対か判断します。賛成の場合はsanseiを1増やし、そうでなければhantaiを1増やします。

```
if(n==1){
    sansei++;     // 賛成
}else{
    hantai++;     // 反対
}
```

whileループが終了したあと、最後の12、13行目でsanseiとhantaiを表示してプログラムは終了します。

このような繰り返しの中にifがあるプログラミングパターンは、多くのプログラムで使われます。もう一度SPDを見て処理の流れを確認してください。

12

練習 12-1

1. 次は練習11-3でif文の問題として作成したものを、繰り返し実行できるように変更する問題です。例題にならってプログラムを作成しなさい。

(1) 繰り返し整数を入力し、それが偶数であれば「偶数です」と表示し、そうでなければ「奇数です」と表示する。ただし、EOFを入力するとプログラムは終了する(ex12-1-1.c)。

＜ヒント＞
偶数とは2で割り切れる数です

実行結果

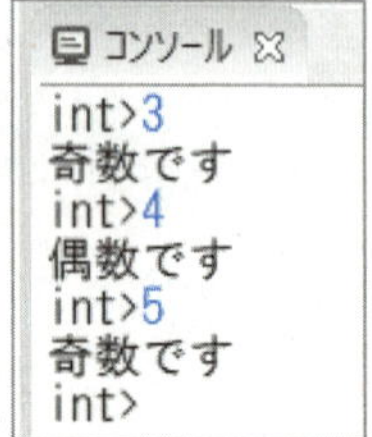

(2) 繰り返し西暦年を入力し、それがうるう年であれば「うるう年です」と表示し、そうでなければ「うるう年ではありません」と表示する。ただし、EOFを入力するとプログラムは終了する(ex12-1-2.c)。

＜ヒント＞
うるう年の判定は練習11-2の3を参照してください。

実行結果

```
コンソール
西暦>2019
うるう年ではありません
西暦>2020
うるう年です
西暦>2021
うるう年ではありません
西暦>
```

12.2 3つ以上に場合分けする

例題12-1で、3や4を入力してみると"反対"にカウントされます。
反対は「2」だけにして、3や4は"無効"にしたいのですが？

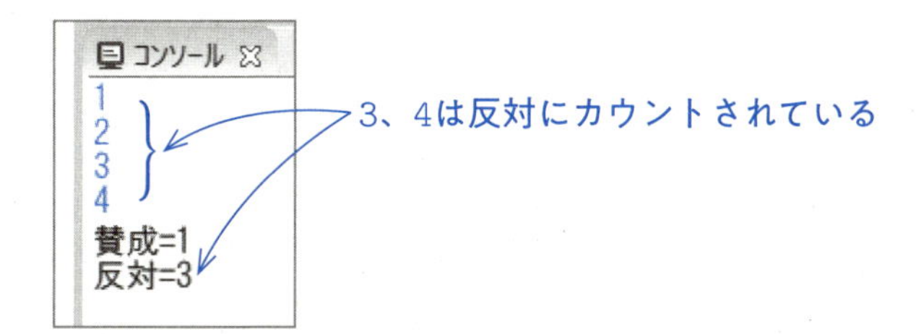

if文は、2つにしか場合分けできないのです。"賛成" と "反対" にしか分けられないのは仕方ないですね。どうしても "賛成"、"反対"、"無効" の3つに分けたいのなら、**else if文**を使えばいいでしょう。

2つ以上に分けたい時は、else と書かずに、else if と書いて、場合分けを追加できます。次のように書きます。

```
if(n==1){              // nが1の場合
        sansei++;
}else if(n==2){        // nが(1ではなく)2の場合
        hantai++;
}else{                 // nが(1でも2でもなく)それ以外の場合
        mukou++;
}
```

最初にif(n==1)が調べられ、それが成立しなければelse if(n==2)を調べます。これも成立しなかった場合は、最後のelseの下に書かれた処理を実行します。

場合分けに必要なら、else ifをいくつでも書き並べることができます。長いif文になりますが、上に書かれた条件から順に調べていき、最初に条件が成立した部分の処理だけを実行してif文の外に出ます。

12

else ifによる3つ以上の場合分けの書き方は、次のようにまとめられます。

else if文

```
if(条件A){
  処理1
}else if(条件B){
  処理2
}else if(条件C){
  処理3
 :
}else{
  処理n
}
```

①条件Aから下に向かって成立するかどうか順に検査する

②最初に条件が成立した部分の処理だけを実行してif文の外に出る

③どの条件にも合致しない時は，elseの部分に書いてある処理を実行する

④ただし，最後のelseは省略可能

else if …「それ以外の場合で、もしも～なら」ってことですね？
これだと、いくつにでも場合分けできそうだ。

そうですが、大事なことは、AでなければB、BでなければC、…のように上から順にチェックしていくことです。いくつにでも場合分けできますが、下の方にいくほど余計に時間がかかることも覚えておいてください。

次は、賛成(=1)、反対(=2)、無効(それ以外)の3つに分けるように変更した例題です。

12

例題12-2 賛成、反対、無効に場合分けする投票集計プログラム

sample12-2.c

```
 1 #include  <stdio.h>
 2 int  main(void)
 3 {
 4     int  n, sansei=0, hantai=0, mukou=0;
 5     while(scanf("%d", &n)!=EOF){
 6         if(n==1){           // nが1の場合
 7             sansei++;
 8         }else if(n==2){     // nが2の場合
 9             hantai++;
10         }else{              // その他の場合
11             mukou++;
12         }
13     }
14     printf("賛成=%d¥n", sansei);
15     printf("反対=%d¥n", hantai);
16     printf("無効=%d¥n", mukou);
17     return  0;
18 }
```

3つに場合分け

実行結果

```
コンソール
1
2
3
4
賛成=1
反対=1
無効=2
```

else if を使って、n==2(反対)かどうか検査する処理を増やしています。それ以外の場合は無効としてカウントするために、変数mukouを追加して数えられるようにしています。

実行結果から、期待通り3や4が無効としてカウントされていることがわかります。

例題のSPDを示します。◇の枝をいくつも使って場合分けする書き方に注意してください。ひし形の記号が付いている枝は、そこで if による判断処理がされることを意味しています。上から順に判断を繰り返していくわけです。最後のelseの枝は、残り全部(判断処理が不要)なので、ひし形の記号はありません。

入力用変数 n とカウント用変数 sansei, hantai, mukou を宣言する（sansei, hantai, mukou は 0 で初期化しておく）

while
n に値を入力し，入力終了まで繰り返す

if
n==1　賛成 → sansei を 1 増やす

n==2　反対 → hantai を 1 増やす

else　無効 → mukou を 1 増やす

賛成，反対，無効の数を表示する

練習 12-2

1. 例題12-2の投票集計プログラムで、3を入力すると「棄権」にカウントされるように機能を追加したプログラム（ex12-2-1.c）を作成しなさい。変数はkikenを使うものとします。

実行結果

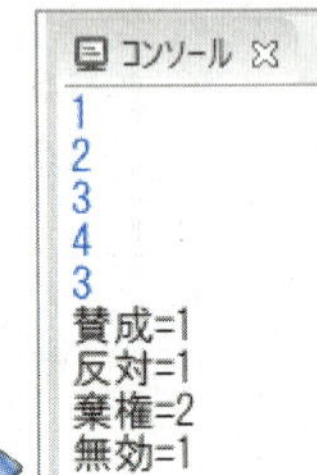

2. キーボードをタイプして変数nに繰り返し整数を入力するとき、入力された値のうち7の倍数、11の倍数、13の倍数、それ以外の数が、それぞれ何個あったかを調べて表示するプログラム（ex12-2-2.c）を作成しなさい。ただし、入力するのは70以下の整数とします。なお、EOFを入力するとプログラムは終了するものとします。

実行結果

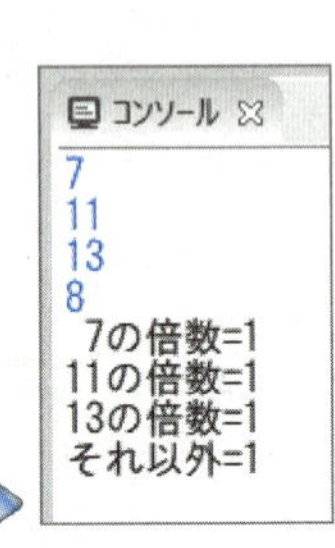

＜ヒント＞
・ある数がnの倍数かどうかは、nで割った余りがゼロかどうかで判定できます

12.3 値の範囲で場合分けする

else ifの特徴をよく理解していれば、値の範囲で場合分けすることが簡単になります。次の例題は、①80点以上、②80点未満かつ70点以上、③70点未満かつ60点以上、④60点未満、に場合分けして、それぞれ「優」「良」「可」「不可」の評価に変換します。

例題12-3 得点を評価に変換する

sample12-3.c

```
1  #include  <stdio.h>
2  int  main(void)
3  {
4      int  n;
5      printf("点数>"); scanf("%d", &n);     // 点数の入力
6      if(n>=80){                            // 80点以上
7          puts("優");
8      }else if(n>=70){                      // 80点未満かつ70点以上
9          puts("良");
10     }else if(n>=60){                      // 70点未満かつ60点以上
11         puts("可");
12     }else{                                // 60点未満
13         puts("不可");
14     }
15     return  0;
16 }
```

実行結果

```
コンソール
点数>75
良
```

else ifの条件の書き方が、間違っていませんか？
例えば8行目だと、n>=70 ではなくて、n>=70&&n<80 ですね。

そうでしょうか？
8行目に降りてくるのは、n<80 の場合だけですよ。
n<80でなければ、8行目には降りてこないはずです。
ですから**n<80は書かなくてもいい**のです。

例題のSPDは次のようです。

青字は下の枝に折りてくる時の n の値の範囲を示しています。例えば、最初の n<80 は、n>=80 にマッチせず、n>=70 の枝に降りてくる時の n の値が n<80 であることを意味します。

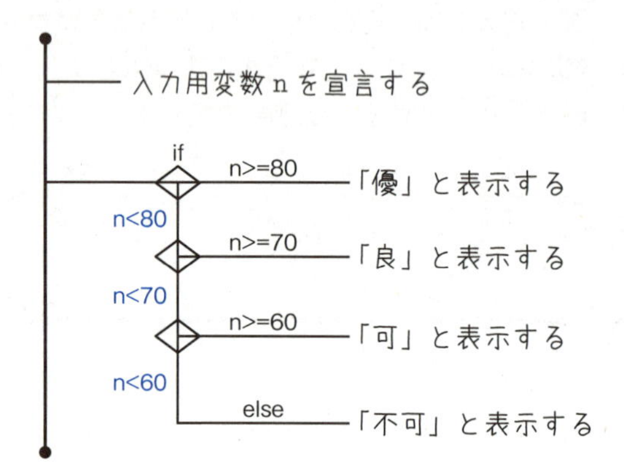

例題のSPDでは、先頭のifはn>=80が成立するかどうか検査します。そして成立しなかった場合(n<80の場合)だけ、下の枝に制御が移ります。つまり、下の枝ではn<80であるという条件下での検査になります。そのため、n>=70だけを検査すればよいのです。

SPDを見るとわかるように、この関係はさらに下の枝にもあてはまります。例えば、n>=60を検査する枝は、n<70という条件下での検査になります。

例題では、大きい方から小さい方へ向かって順に検査していますが、小さい方から大きい方へ向かって検査しても同じです。次のSPDは、小さい方から順に検査する例です。

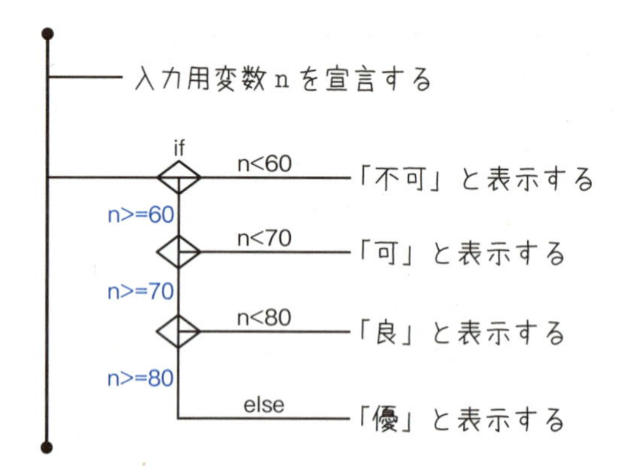

練習 12-3

1. 例題のプログラムで、「優」を80点以上90点未満と変更し、90点以上は「特優」という評価にするプログラム(ex12-3-1.c)を作成しなさい。

2. 運賃が距離に応じて次の表のように決まっています。距離をkm単位で入力すると運賃を算出して表示するプログラム(ex12-3-2.c)を作成しなさい。

距離	運賃
50km未満	300円
50km以上～100km未満	500円
100km以上～500km未満	700円
500km以上	1000円

実行結果

3. 繰り返し整数を入力し、256より大きな数であれば「大きい」と表示し、小さな数であれば「小さい」と表示するプログラム(ex12-3-3.c)を作成しなさい。また、256と同じであれば「大当たり」と表示します。なお、EOFを入力するとプログラムは終了します。

実行結果

```
コンソール
100
小さい
300
大きい
256
大当たり
```

12.4 {}のないif文

forやwhileと同じように、if文でも{}を省略できます。ただし、{}を省略した場合、条件が成立した時に実行する処理文はひとつしか書けません。

例えば、次の場合、printfはif文の範囲外でelseでの処理はa++だけです。

```
if(a<0)
    a=0;
else
    a++;
    printf("%d", a);
```

if文の範囲外

また、次のように書くと、ifとelseの間に2つの命令文があるのでコンパイルエラーになります。

```
if(a<0)
    a=0;
    printf("%d", a);
else
    a++;
```

コンパイルエラー

このような間違いを避けるために、if文でも { } を必ず付けるようにしてください。

練習 12-4

1. 次のプログラムは、scanfで入力した値の合計を計算して表示します。また、入力した数が負ならば符号を反転して合計に加え、かつ件数もカウントします。このプログラムを実行し、10、5、−3、2、−8 と入力した時の出力結果として正しいものはどれか答えなさい。

```
 1 #include  <stdio.h>
 2 int  main(void)
 3 {
 4     int  total=0, minus=0, n;
 5     while(scanf("%d", &n)!=EOF){
 6         if(n>0)
 7             total += n;
 8         else
 9             total -= n;
10             minus++;
11     }
12     printf("%d %d¥n", total, minus);
13     return  0;
14 }
```

ア　28　1
イ　28　2
ウ　28　5
エ　6　2
オ　6　5
カ　コンパイルエラー

【解答】＿＿＿＿＿＿＿＿＿＿

12.5 繰り返しを中止する

? 繰り返しを中止するというと、
繰り返しの途中でヤメてしまうということですか？

そうです。
特異な状況が発生して、これ以上、繰り返し処理を継続できない、という状態に陥ることがあります。その場合は、if文で状況を判定して、繰り返し処理を中止せざるを得ません。

例えば、いくつかのデータを入力している時、明らかに異常なデータが混ざっていたら、処理を中止するのが得策です。中止するには、**break**文を使います。次の図に示すように、break文は**強制的に繰り返しを中止する**命令です。

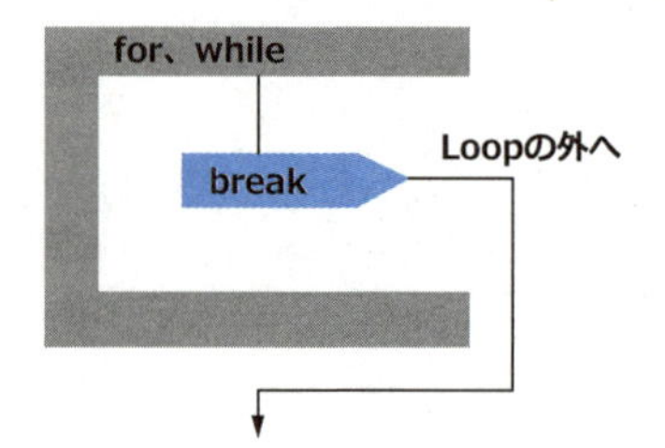

break文を使うには、**if文でbreakすべきかどうか判断する**必要があります。つまり、次のような形で使います。

```
if(～){
    break;
}
```

では例題を見てみましょう。
例題は、繰り返し整数を入力して合計を取るプログラムですが、入力された値が異常な値(n>10000)かどうかif文で検査します。そして、もしも異常な値なら**break**文でwhileの繰り返し処理を中止します。

例題12-4 whileループの繰り返しを中止する

sample12-4.c

```
1  #include <stdio.h>
2  int main(void)
3  {
4      int n, total=0;
5      while(scanf("%d", &n)!=EOF){  // 入力終了まで繰り返す
6          if(n>10000){    // 異常値か？
7              printf("異常値が入力されました %d¥n", n);
8              break;        // 繰り返しを中止する
9          }
0          total += n;
11     }
12     printf("合計=%d¥n", total);
13     return 0;
14 }
```

実行結果

```
コンソール
1000
2500
30000
異常値が入力されました 30000
合計=3500
```

10000を超える異常値

例題は入力した値の合計を取って表示する、というプログラムです。ただ、10000を超えるような値は、異常値とみなして、入力されたらそこで繰り返しを中止して、while文の外へ出るようにしています。

青枠で囲った6～9行目が中止の処理です。
if文でnが10000より大きいか調べ、大きければメッセージを表示した後、**break**文で繰り返しを中止します。

繰り返しが中止されると、12行目に処理が移り、printf文が実行されます。実行結果を見ると、1000、2500、と入力した後、**30000を入力したために繰り返しが中止**され、メッセージを表示した後、それまでの合計3500を表示して終了しています。

最後に、例題のSPDを示します。処理の流れを確認してください。なお、SPDでは、breakは記号⊗を使って表します。

12

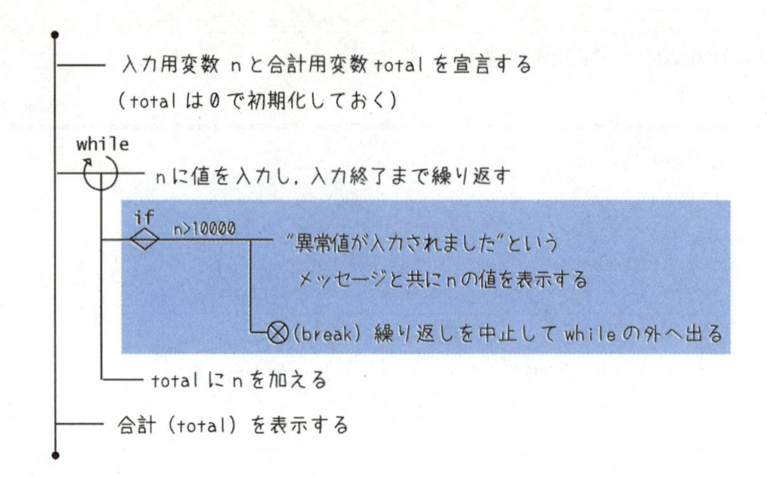

練習 12-5

1. 繰り返しdoubleのデータを入力し合計を取る処理です。EOFを入力すると、反復処理を終了して合計を表示します。ただし、入力データの上限値は100、下限値は−100（ただし100と−100は範囲内とする）です。範囲外のデータを入力すると、「範囲外の値です」というメッセージとその値を表示してbreakにより反復処理を中止するプログラム（ex12-5-1.c）を作成しなさい。

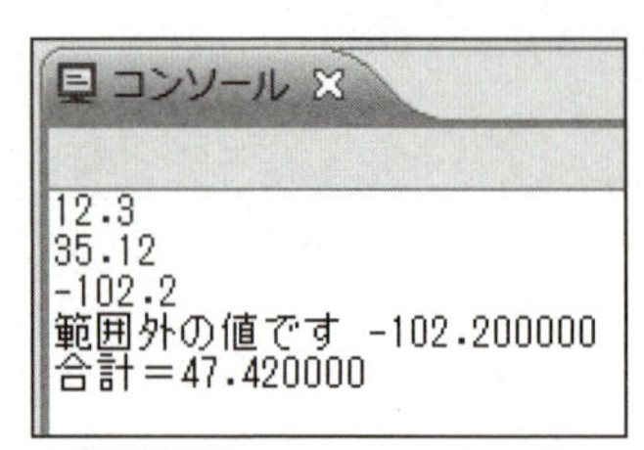

▲実行結果

12.6 繰り返しで後続の処理をスキップする

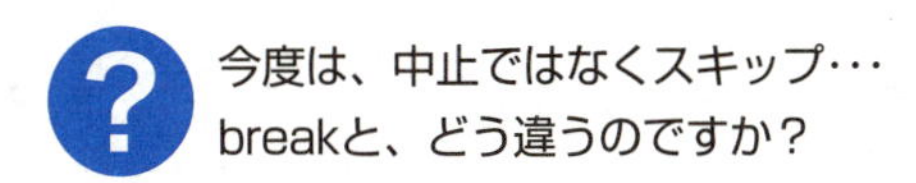

繰り返しを中止するのではなく、強制的に処理の流れを変えて、**繰り返し処理の先頭に戻る**機能です。breakではなく、**continue**と書きます。continueでは、繰り返しは中止されず、後続の処理をスキップして繰り返し処理の先頭に戻ります。

次の図に示すように、forやwhileの中でcontinueを実行すると、後続の処理をやめて繰り返しの先頭に戻ってしまいます。**実行されるはずだった後続の処理がスキップされる**ことに注意してください。

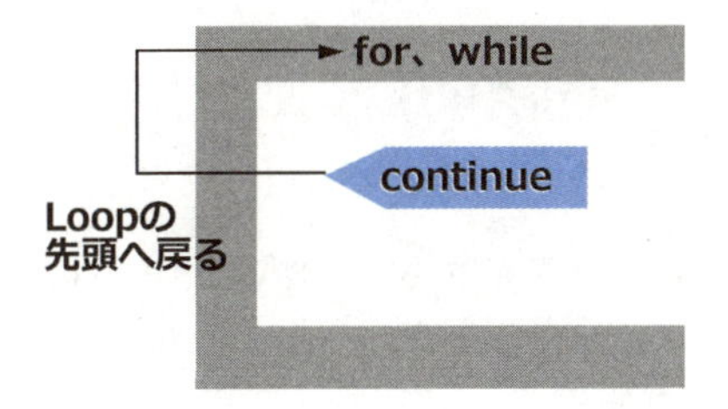

continue文を使うには、**if文でcontinueすべきかどうか判断する**必要があります。つまり、次のような形で使います。

```
if(～){
    continue;
}
```

では例題を見てみましょう。

例題は、異常値が入力されたらcontinueを実行し、異常値だけを無視して、処理を継続するというプログラムです。

12

例題12-5 異常値だけを集計しないようにする

sample12-5.c

```
 1  #include <stdio.h>
 2  int main(void)
 3  {
 4      int n, total=0;
 5      while(scanf("%d", &n)!=EOF){
 6          if(n>10000){                          // 異常値か？
 7              printf("異常値が入力されました %d¥n", n);
 8              continue;                         // 繰り返しの先頭にもどる
 9          }
10          total += n;
11      }
12      printf("合計=%d¥n", total);
13      return 0;
14  }
```

continueを実行した時、total += n; は実行されない

実行結果

```
コンソール
500
10500
異常値が入力されました 10500
300
1200
合計=2000
```

例題は、繰り返し整数を入力して合計を取るプログラムですが、青枠の部分で、入力された値が異常な値(n>10000)かどうかif文で検査します。そして、もしも異常な値ならcontinue文でwhileの繰り返しの先頭に戻ります。

実行結果をみると最初に500を入力した後、続けて10500を入力すると「異常値が入力されました」というメッセージが表示されています。しかし、その後も入力は継続され、300と1200を入力しています。

最後に表示された合計の2000には、10500が含まれていないことに注意してください。10500を入力すると、後続の total += n; は実行されずに、繰り返しの先頭に戻るためです。

最後に例題のSPDを示します。SPDでcontinueの記号は⊕を使います。

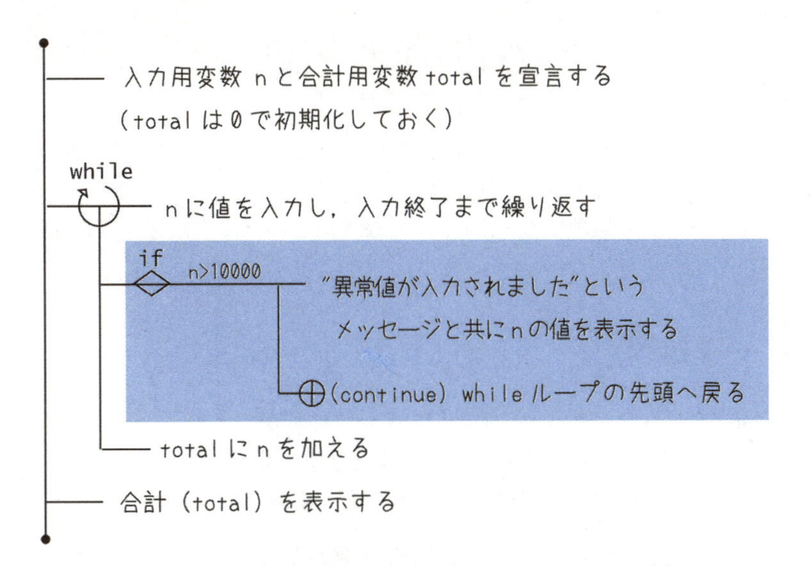

練習 12-6

1. 1以上100未満の7の倍数をすべて合計するプログラム(ex12-6-1.c)を作成しなさい。

実行結果

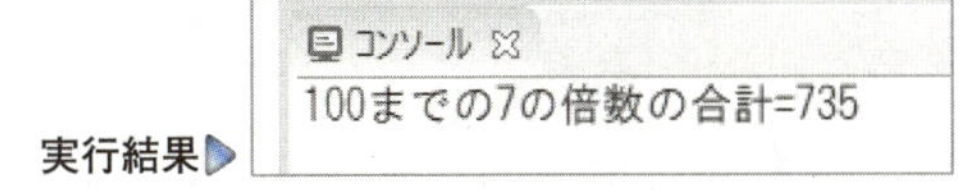

<ヒント>

- 「100回繰り返す」for文を使います。
- forループの中のif文でループカウンタiが7の倍数かどうか調べ、7の倍数でなかった場合はcontinueでループの先頭に戻ります

12

この章のまとめ

この章では、高度なデータ処理が、繰り返し処理とif文の組合わせで可能になることを解説しました。また、else if文を使うと、詳細な分類も可能です。さらに、繰り返し処理の中止やスキップの処理でも、if文が重要な役割を持つことを説明しました。

if文とデータ処理

◇while文とif文を組み合わせると、連続的なデータ処理ができます。
◇3つ以上に分類・場合分けしたい時は、else if文を使います。
◇else if文による数値範囲による分類は、条件の記述が簡単になります。

```
while
if(n==1){
    sansei++;
}else if(n==2){
    hantai++;
}else{
    mukou++;
}
```

```
while
if(n>=90){
    puts("S");
}else if(n>=80){
    puts("A");
}else if(n>=70){
    puts("B");
...
```

繰り返しの中止とスキップ

◇繰り返し処理を中止するには、if文とbreak文を使います。

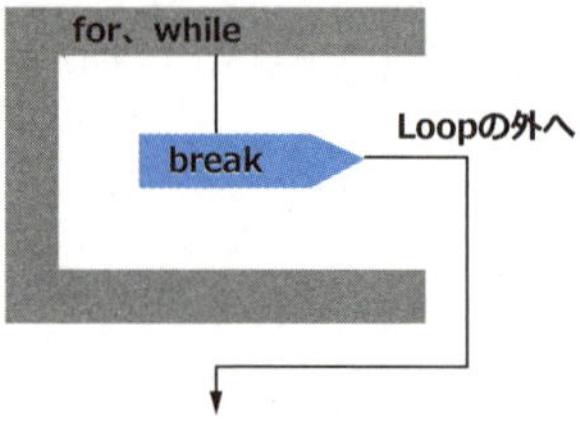

for、while
break
Loopの外へ

```
if(~){
    break;
}
```

◇繰り返しの途中で、後続の処理をスキップして、繰り返しの先頭に戻るには、if文とcontinue文を使います。

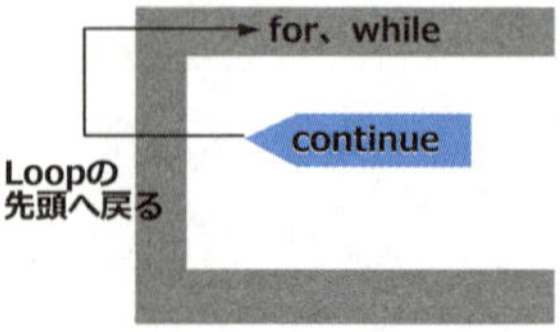

for、while
continue
Loopの先頭へ戻る

```
if(~){
    continue;
}
```

通過テスト

1. 繰り返し処理の中で毎回doubleの値を変数xに入力し、$-x^2+6x-8$の値を計算して変数yに代入します。yは、毎回 total に加えて合計を計算します。EOFが入力されると繰り返しを終了し、totalを表示します。(pass12-1.c)

ただし、yの値が負であれば、「yが負です」と表示して、yを合計には入れずに、繰り返しの先頭に戻って処理を続けるようにしなさい。

＜ヒント＞
- scanfを含むwhile文を使います。「値を入力し、入力終了まで繰り返す」while文です。while文の繰り返し処理の中で式の計算を行い、変数totalへ合計してください
- $-x^2+6x-8$はxが2～4の時、正の値になります。x^2はx*xと計算してください

実行結果
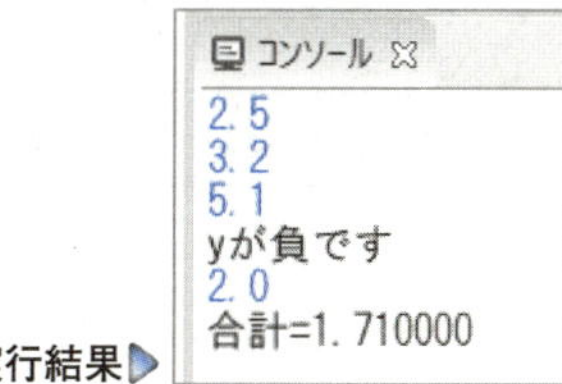

2. 月と季節の関係が次のように決まっています。

12	1	2	3	4	5	6	7	8	9	10	11
冬			春			夏			秋		

このとき、scanfを使って繰り返し月を入力し、それに応じた季節を表示するプログラム(pass12-2.c)を作成します。ただし、プログラムはEOFを入力すると終了するものとします。

＜ヒント＞
- 最初に、12月、1月、2月の場合をチェックしておけば、後の月は数値範囲でのチェックが可能です

実行結果
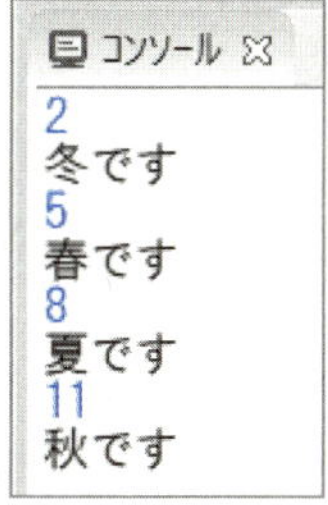

3. 身長と体重を入力し、BMIを計算するプログラム(pass12-3.c)を作成します。BMIとは"Body Mass Index"のことで肥満度を表す指数です。
体重をw(kg)、身長をt(cm)とすると、(w×10000)/t^2 により計算します。プログラムでは身長をcm単位で、体重をkg単位で入力し、BMIを計算したら、次の表により判定結果を表示してください。判定結果は実行結果のようにbmi値と判定を表示します。例えば、BMIが23.5であれば「23.5 適正」と表示し、32.1であれば「32.1 肥満(2度)」と表示します。

判定	BMI
やせ	18.5未満
適正	18.5以上～25未満
肥満(1度)	25以上～30未満
肥満(2度)	30以上～35未満
肥満(3度)	35以上～40未満
肥満(4度)	40以上

実行結果

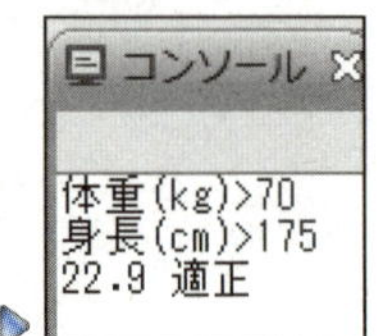

＜ヒント＞
・ wとtの入力にはprintf(･･･);scanf(･･･);を2回実行します
・ else ifを使って、BMIの値の範囲で場合分けします。変数はdouble型です
・ BMI値を出力するための変換指定は"%4.1f"です

4. 飲酒と喫煙に関するデータをもとに、「安全」「注意」「要指導」「要検査」という4段階からなる判定を表示するプログラム(pass12-4.c)を作成します。判定基準は次の表のように決められています。

	1週間あたりの飲酒日数	1日あたりの喫煙本数	意　味
安全	なし	なし	どちらも0なら「安全」
注意	なし	1～20本	飲酒が1～3日かまたは喫煙が1～20本のどちらかであれば「注意」
	1～3日	なし	
要指導	1～3日	1～20本	飲酒が1～3日で、かつ喫煙が1～20本であれば「要指導」
要検査	なし	21本以上	飲酒が4日以上かまたは喫煙が21本以上なら「要検査」
	4日以上	なし	

scanfを使って飲酒日数と喫煙本数を変数a、bに入力したとき、安全、注意、要指導、要検査のどれにあたるか判定して表示するプログラムについて次の問いに答えなさい。

＜ヒント＞

喫煙＼飲酒	0	1～3	4以上
0	安全	注意	要検査
1～20	注意	要指導	要検査
21以上	要検査	要検査	要検査

```
if(要検査){
}else if(要指導){
}else if(注意){
}else{
}
```

このように場合分け

```
コンソール
飲酒日数>3
喫煙本数>0
*注意*
```

▲実行結果

5. 1週間あたりの飲酒日数、1日当たりの喫煙本数について、8人分のデータがあります。

No.	1週間あたりの飲酒日数	1日あたりの喫煙本数
1	7	60
2	0	10
3	2	0
4	4	20
5	3	10
6	0	0
7	0	30
8	6	0

このデータを2つの配列a、bに次のように設定します。

```
int  a[] = { 7,  0,  2,  4,  3,  0,  0, 6};
int  b[] = {60, 10,  0, 20, 10,  0, 30, 0};
```

4.の評価基準を使って、a、bの配列データからNo.1 ～ No.8がそれぞれどのような評価になるか調べて、結果を表示するプログラム(pass12-5.c)を作成しなさい。

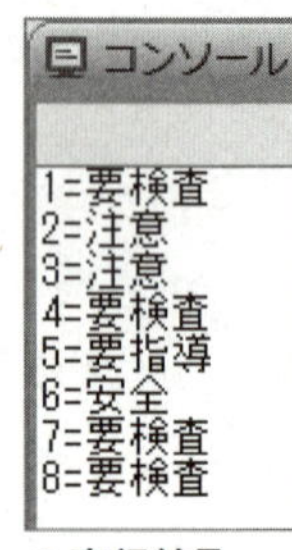

実行結果

＜ヒント＞

・繰り返し回数は、countof関数で計算しなさい。countof関数を使うには、util.hをインクルードする必要があります

・pass12-5プロジェクトには、util.hが入っています。もしも消してしまった場合は、ワークスペースの_templateプロジェクトにも含まれているので、コピーしてください

switch文

if文はあらゆる条件分岐を表現できますが、場合分けの数が多くなると、マッチするまで先頭から順に検査していくので、効率が悪くなります。そこで、場合分けの数が多い場合は、switch文を使います。switch文は単純な条件しか使えませんが、動作は非常に高速です。

13.1 switch文の書き方

switch文は、1だったらA、2だったらB、のように、**整数の値**で条件を指定する構文です。if文のように関係式で条件を指定することはできません。

switch文は、図のような構文です。

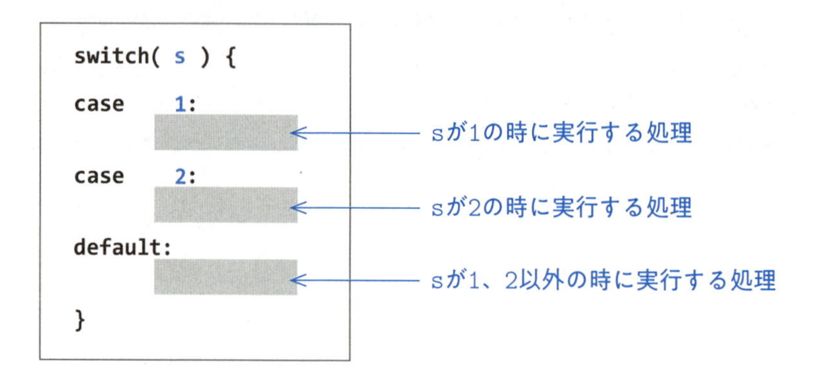

switch文の形をみると、if else 構文に似ていますね。
たくさんの処理に場合分けできるわけだ。

うーん、場合分けとは少し違うと思います。
switch文は、ジャンプ文の一種で、sが1なら1:の場所へ、2なら2:の場所へと**ジャンプ**するのです。

switch(s)のsによって、下に書いたどの**caseラベル**にジャンプするか決まります。switch文はsの値によって、対応する**caseラベルの位置にジャンプする構文**です。

- sが1の時 ⇨ 1: にジャンプする
- sが2の時 ⇨ 2: にジャンプする
- sが1、2以外 ⇨ default: にジャンプするところで、1:、2: のようにコロン(:)を付けたものを**ラベル**といいます。case文のラベルは、**整数のリテラル(定数)でないといけません**。ラベルはジャンプ先を示すために使われています。

では、簡単なswitch文の例を見てみましょう。

例題13-1 整数値による場合分け

sample13-1.c

```
1  #include  <stdio.h>
2  int  main(void)
3  {
4      int  s;
5      scanf("%d", &s);          // sに値を入力する
6      switch(s){                // sの値で処理を分ける
7      case    1:                // sが1だった場合
8          puts("C言語");
9          break;
10     case    2:                // sが2だった場合
11         puts("Java言語");
12         break;
13     default:                  // sが1でも2でもない場合
14         puts("その他の言語");
15     }
16     return  0;
17 }
```

実行結果

コンソール

```
1
C言語
```

例題はswitch文の使い方を示すだけのプログラムです。変数sに値を入力し、sをswitch文に指定しています。sの値が1なら、「C言語」と表示し、2なら「Java言語」と表示し、それ以外なら「その他の言語」と表示します。

あれっ！ break文があります。
繰り返しでもないのに、このbreakはどういう意味ですか？

breakは、処理を止めて、switch文を終了するために書いてあります。
というのも、switch文は、単なるジャンプ構文です。sが1なら、`1:` というラベルのある行へ飛んで行き、そこから処理を開始するだけの構文なのです。
breakがないと、処理を止めることができません。

どういうことか、breakを付けない例を実行してみましょう。

例題13-2 break文の働き

sample13-2.c

```
 1  #include <stdio.h>
 2  int main(void)
 3  {
 4      int  s;
 5      scanf("%d", &s);
 6      switch(s){
 7      case    1:
 8          puts("C言語");
 9      case    2:
10          puts("Java言語");
11      default:
12          puts("その他の言語");
13      }
14      return    0;
15  }
```

```
コンソール
1
C言語
Java言語
その他の言語
```

S=1の時

```
コンソール
2
Java言語
その他の言語
```

S=2の時

```
コンソール
9
その他の言語
```

S=9の時

これは例題13-1と同じですが、break文を一切書かないswitch文です。右側に、1、2、9を入力した時の実行結果が示してあります。

1を入力した時、「C言語」と表示しただけで終わらず、「Java言語」、「その他の言語」も表示しています。`case 1:` に飛んで処理を始めたのですが、止める手段がないので、そこからswitch文の最後まで、すべての命令文を実行してしまいます。

2を入力した時も、`case 2:` に飛んで処理を始めますが、「Java言語」、「その他の言語」

と表示して、やはりジャンプした位置からswitch文の最後まで、すべての命令文を実行しています。

なるほど、だからbreak文がいるのですね！
break文は、switch文の処理を終わらせるために必要なんだ。

その通りです。
switchが、ただのジャンプ構文だと言った意味がわかったでしょうか？
switch文は、指定された値により、特定のcaseラベルにジャンプする機能しかないのです。

ところで、switch文は、ジャンプ構文ですから、実は、caseラベルが1:、2:、default: と順番に並んでいる必要はありません。並び順はどう変えても同じですから、次のように順序を入れ替えても、何の問題もありません。

```
switch(s){
default:
    puts("その他の言語");
    break;
case 2:
    puts("Java言語");
    break;
case 1:
    puts("C言語");
}
```

switch文の規則

switch文には次のような規則があります。

(1) switchに指定できるのは、整数型の変数か式だけ
- 整数型ならint型に限らず何でもよい
- double型の変数xを、switch(x) のように指定することはできない
- s、tが整数型なら、switch(s+t-10) のように整数になる式を指定してもよい
- 文字も整数型として扱えるので指定できる

(2) caseラベルに指定できるのは、整数の定数と文字定数だけ
- case　n: のように、変数は指定できない
- case　2+1: のような定数だけの式は書くことができる
- case 'a': のように文字を指定できる

(3) default: ラベルは必要なければ省略できる

switch文のSPD

switch文のSPDは、流れ図とよく対応します。SPDではswitch文は、◇を先頭にひとつだけ書いてcaseやdefaultに分岐する（ジャンプする）形になります。なお、例示のSPDのようにbreakする箇所では、「～してbreakする」と書いています。

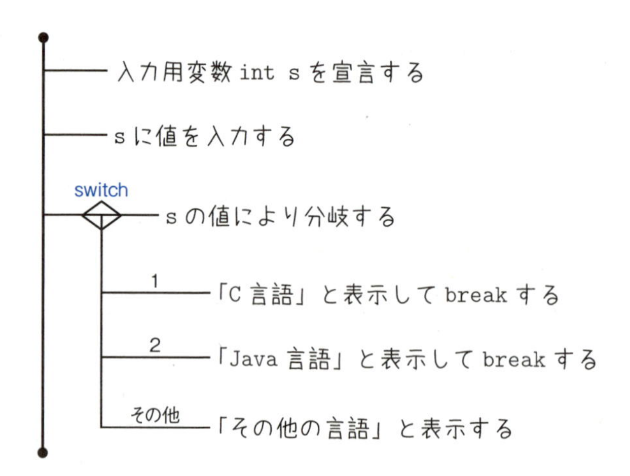

練習 13-1

1. scanfでint型の変数sに値を入力しsの値によって次のように表示します。
   sが1ならば"ハンバーガー"と表示する
   sが2ならば"ポテトフライ"と表示する
   sが3ならば"バニラシェーク"と表示する
   sが4ならば"コーラ"と表示する
   sが9ならば"ハンバーガーセット"と表示する
   sがそれ以外なら"入力エラー"と表示する

実行結果

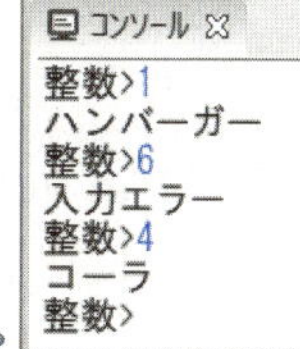

   この処理を入力終了まで繰り返すプログラム(ex13-1-1.c)を作成しなさい。

   ＜ヒント＞
   ・次のwhile文を使います。

```
while(printf("整数>"),scanf("%d", &s)!=EOF){ }
```

2. scanfで文字を変数chに入力し、その内容に応じて次のように表示するプログラム(ex13-1-2.c)を作成しなさい。

'a'	一昨日
'b'	昨日
'c'	今日
'd'	明日
その他	明後日

3. 次のswitch文({}内は省略)で正しいものをすべてあげなさい。
   ただし、次の宣言がしてあるものとします。

```
int  a=10, b=2;
double  x=2.0;

ア switch(3) {}
イ switch(a/3) {}
ウ switch(a%7) {}
エ switch(a/b) {}
オ switch(a+(int)x) {}
```

```
カ switch(sizeof(x)) {}
キ switch(a+0.1) {}
```

【解答】＿＿＿＿＿＿＿＿＿＿＿＿＿＿＿＿＿＿＿＿

4. 次のcaseラベルの書き方で正しいものをすべてあげなさい。
ただし、次の宣言がしてあるものとします。


```
int a=10, b=2;

ア case  10+3:
イ case  a:
ウ case  a>b:
エ case  a+1:
オ case  'a':
カ case  'a'+1:
キ case  (int)3.5:
```

【解答】＿＿＿＿＿＿＿＿＿＿＿＿＿＿＿＿＿＿＿＿

13.2 switch文の流れの制御

caseラベルにジャンプし、break文までの処理を実行するという、switch文の仕組みを利用すると、いくつかのcaseラベルをまとめて同じ処理をさせることができます。

例えば、switchの値が、1か2だったら処理Aを、3か4だったら処理Bをというように構成できます。単純な例で確かめてみましょう。

例題13-3 複数のcaseを１つにまとめる

sample13-3.c

```
1  #include  <stdio.h>
2  int  main(void)
3  {
4      int  n;
5      printf("整数>"); scanf("%d", &n);
6      switch(n){
7      case 1:
8      case 2:
9          puts("YES");
10         break;
11     case 3:
12         puts("NO");
13         break;
14     default:
15         puts("ERROR");
16     }
17     return  0;
18 }
```

```
コンソール
整数>1
YES
```

```
コンソール
整数>2
YES
```

△実行結果

例題は、nの値が１か2なら「YES」と表示します。そうなるのは、`case 1:` に処理もbreak文もないからです。

nの値が１の時、`case 1:` にジャンプし、breakが出現する10行目まで実行します。同じくnが2の時も、`case 2:` にジャンプし、10行目まで実行するので、1でも2でも同じ処理を実行するわけです。

最後に、例題のSPDを示します。SPDでは、このようなswitch文は、分岐の枝に "1または2" のように書いて、同じ処理を行うことを表しています。

例題のSPD

case 1:とcase 2:のラベルは1つにまとめて「1または2」の枝として描きます。

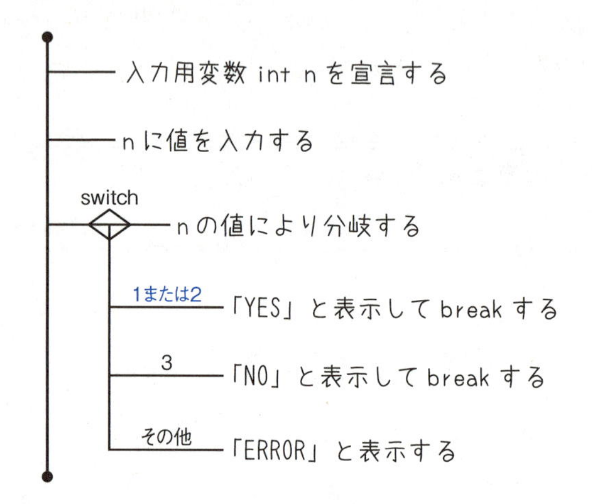

練習 13-2

1. scanfで整数変数nに入力した値により次のような処理を実行するプログラム(ex13-2-1.c)を作成しなさい。

nの値	表示内容
1または3	1000
2	2000
4または5または7	3000
6	4000
それ以外	5000

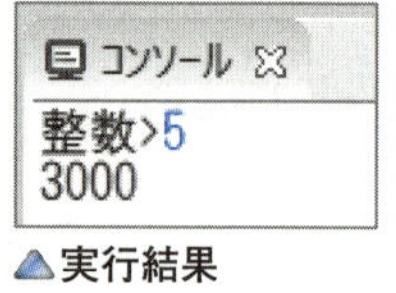

▲実行結果

2. 次のプログラムで、1～6を入力した時、どのように表示されるか答えなさい。

```
#include  <stdio.h>
int  main(void)
{
    int  n;
    printf("整数>"); scanf("%d", &n);
    switch(n){
    default:
        printf("E");
    case  1:
    case  2:
        printf("A");
    case  3:
        printf("B");
        break;
    case  4:
        printf("C");
    case  5:
        printf("D");
        break;
    }
    return  0;
}
```

【解答】

1: ＿＿＿＿＿＿＿＿ 2: ＿＿＿＿＿＿＿＿

3: ＿＿＿＿＿＿＿＿ 4: ＿＿＿＿＿＿＿＿

5: ＿＿＿＿＿＿＿＿ 6: ＿＿＿＿＿＿＿＿

13

Column 乱数の使い方

乱数とは予測不能な数のことで、標準ライブラリのrand()関数を使って次のようにするとrに乱数が得られます。rには0～32767の間のどれかの整数が代入されますが、乱数なので得られる値は毎回違います。

```
int r = rand();     // 0～32767の内のどれか(予測はできない)
```

32767ではなく、例えばサイコロのように1～6のどれかが得られるようにしたければ、rand()を6で割った余りを求めて1を足します。どんな数でも6で割った余りは0、1、2、3、4、5のどれかになるからです。

```
int r = rand()%6 + 1;     // 1～6のうちのどれか(予測はできない)
```

なお、プログラムで乱数を使う時は、次の青字の記述を追加します。

```
#include <stdio.h>
#include <stdlib.h>          // rand()を使う時に必要
#include <time.h>            // srand()を使う時に必要
int main(void)
{
    srand(time(NULL));       // 最初に乱数を初期化しておきます
    ...
    int r=rand()%6 + 1;      // 乱数(1～6のどれか)を得ます
    ...
}
```

rand()はあくまでも擬似乱数なので、発生する値の系列が毎回同じにならないように事前にsrand()を一回だけ実行して、乱数の「種」をセットする必要があります。プログラムを起動するたびに種には異なる値が必要です。

それにはtime関数が返す現在のカレンダー値(1970.1.1 00:00:00から数えた秒数)を使うのが定石です。main関数の始めに、srand(time(NULL));と一度だけ書いておきます。

また、青字の#include文は、rand()やsrand()、time()などの関数プロトタイプ宣言などが書かれたファイルで、#include文により読み込んでおく必要があります。なお、#include文の働きや関数プロトタイプ宣言は19章で解説しています。

この章のまとめ

この章では、たくさんの選択肢の中のどれかひとつにジャンプするswitch文について解説しました。switch文は整数ラベルにしかジャンプできませんが、ラベルがたくさんあっても高速に分岐できます。

switch文の構成

◇switch文は次のようなジャンプ文です。

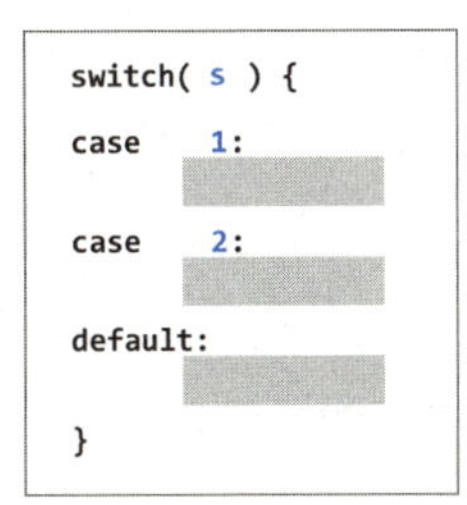

sが1なら 1: へ、2なら 2: へというように、ラベルにジャンプします。ジャンプ先から、switch文の最後までを実行するので、それ以前に処理を終了させたい時は、終了点にbreak文を置く必要があります。

◇sには、整数型のリテラル、変数、式を書けますが、doubleやfloat型は使えません。
◇ラベルに使えるのは、整数リテラルだけで、変数や変数を含む式は書けません。
◇ジャンプ文なので、ラベルの並び順は自由です。

case文をまとめる

◇複数のcaseラベルをまとめて同じ処理をさせることができます。

```
case  1:
case  2:
        printf("One");
        break;
case  3:
case  4:
        printf("Two");
        break;
```

13

通過テスト

1. 次のプログラムで①8、②10、③12を入力した場合、それぞれどのように表示されるか答えなさい。

```
#include  <stdio.h>
int  main(void)
{
    int  n;
    scanf("%d", &n);
    switch(n%6){
    case  4:
        printf("A");
    default:
        printf("B");
        break;
    case  2:
    case  5:
        printf("C");
    case  1:
        printf("D");
        break;
    case  0:
        printf("E");
    }
    return  0;
}
```

【解答】

① ____________ ② ____________ ③ ____________

2. 乱数を使ったクジ引きのプログラム(pass13-2.c)を作成します。
乱数とは予測できない数のことで、例えば、ゲームなどでサイコロを振る代わりに使われます。プログラムでは、次のようにすると1、2、3、4、5、6のうちのどれかが変数rに代入されます。

```
int r = rand()%6 + 1;     // rand()の値を6で割った余りに1を足す
```

＜注意＞
プログラムの先頭部分に灰色に網掛けした記述をこの通りに追加してください。これらは乱数を使用するために必要な記述です。コラム「乱数の使い方」(P.274)に関連の説明があります。

```
#include <stdio.h>
#include <stdlib.h>
#include <time.h>
int main(void)
{
    srand(time(NULL));
    ...
    ...

}
```

次にswitch文でrの値により場合分けし、表のようにメッセージを表示します。

rの値	表示する文字列
1	大吉(大当たり)
2、3	中吉(まあまあ)
4、5	吉(そこそこ)
6	凶(ご用心)

3. 誕生の月と日を入力して星座を表示するプログラム(pass13-3.c)を作成しなさい。

生まれ月	境界日	境界日未満	境界日以降
1月	20	山羊座	水瓶座
2月	19	水瓶座	魚座
3月	21	魚座	牡羊座
4月	20	牡羊座	牡牛座
5月	21	牡牛座	双子座
6月	22	双子座	蟹座
7月	23	蟹座	獅子座
8月	23	獅子座	乙女座
9月	23	乙女座	天秤座
10月	24	天秤座	蠍座
11月	23	蠍座	射手座
12月	22	射手座	山羊座

```
コンソール
月>2
日>11
水瓶座
```

▲実行結果

表は生まれ月と星座の関係を表しています。

例えば、1月生まれは山羊座か水瓶座のどちらかで、誕生日が20日より前なら山羊座、20日以降なら水瓶座です。

また、2月生まれは水瓶座か魚座のどちらかで、誕生日が19日より前なら水瓶座、19日以降なら魚座です。

そこでまず、switch文を使って生まれ月ごとの処理に分けることとします。そしてどの月であっても星座が2通り考えられるので、各月の処理では条件演算子を使って表示する星座を決定します。例えば、1月生まれの場合は誕生日が20日よりも前なら山羊座、そうでなければ水瓶座です。putsを使って次のように表示します(dayを誕生日とします)。

```
puts( day<20 ? "山羊座" : "水瓶座");    // 1月生まれの場合
```

なお、条件演算子はP.231で解説しています。条件演算子を使わずにif文で書くこともできます。

＜ヒント＞

・誕生日と誕生日をscanfで入力するのは例えば次のようにします

```
printf("月>");  scanf("%d",&month);    // 月の入力
printf("日>");  scanf("%d",&day);      // 日の入力
```

・1～12に処理を分けるswitch文を書いてください

・1～12以外の月を入力した場合はdefaultの処理で"月の値が正しくありません"と表示して終了します

第14章

配列の作成と操作

サイズを指定して作成した配列に値を読み込んだり、コピーしたりする方法を解説します。また、文字列を配列に格納し、利用する方法も解説します。この章を学習すると、配列を使ったプログラムを的確に作成できるようになります。

14.1 配列の作成と初期化

8章では、配列の宣言時にあらかじめデータをセットしておく方法を解説しました。これを**宣言時における配列の初期化**といい、{}内を**初期化子**とか**初期化リスト**といいます。

```
int n[] = {0, 10, 20, 30, 40};     // 宣言時における配列の初期化
```

なお、配列の初期化では次のように配列要素の個数を書いておくこともできます。


```
int n[5] = {0, 10, 20, 30, 40};     // 配列の初期化
```

初期化リストのデータ数が、[]内に指定した要素数より少ない場合は、残りは0で埋められます。逆に、多すぎるとコンパイルエラーになります。多次元配列（⇨P.302）を初期化する場合を除いて、無理に要素数を指定する必要はありません。

? たくさんの初期値を並べるのは、大変そうですけど、配列の要素の数が多い時は、どうするのですか？

最初に配列を作っておいて、そこへファイルから読み込んだり、コンソールから入力したりできます。ファイルの操作は21章で解説するので、ここでは、scanfを使って、配列に値を入力する方法を解説します。

一般に、配列を作成するには、次のように配列のサイズ（要素の個数）だけを指定して配列を宣言します。

配列の作成

型　配列名[サイズ]　　　（例）int n[5];

例えば、次のように作成しますが、初期値を指定しない場合は、配列のサイズを必ず指定しなくてはいけません。

```
int     number[50];
char    string[1000];
_Bool   bools[10];
```

ふーん、これは初期値が設定されてない配列ですね。
このまま使っても大丈夫ですか？

それは、使い方によりますね。
ただ、初期化したいのであれば簡単な方法があります。こんな風にします。

```
int number[50]={};
```

空の引数リストを書いておくと、数値・文字タイプならすべて0、_Bool型ならすべてfalse（=0）になります。

14

データをファイルやコンソールから入力した後で処理に使うのなら、初期化は必要ないかもしれません。ただ、初期値として0が入っていることを前提に使う場合には、初期化が必要です。

では、初期化の例を見ておきましょう。

例題14-1 配列を初期化する

sample14-1.c

```
1  #include <stdio.h>
2  #include "util.h"
3  int main(void)
4  {
5      int    number[5] = {};     // 空の初期化リストで0に初期化する
6      char   ch[5] = {};
7      _Bool  bools[5] = {};
8
9      int size = countof(number);
10     for(int i=0; i<size; i++){
11         printf("%d  %d  %d¥n", number[i], ch[i], bools[i]);
12     }
13     return 0;
14 }
```

実行結果

```
0  0  0
0  0  0
0  0  0
0  0  0
0  0  0
```

例題は、int、char、_Bool型について、空の初期化リストで0に初期化しています。後半はfor文を使って、number、ch、boolsの3つを1行にまとめて表示しています。

どれも配列要素が0になっていることがわかります。_Bool型は0か1しかとらない論理型なので、0はfalseの意味です。なお、_Bool型の値はprintfに渡される時に、int型になってしまうので、変換指定には %d を使います。

練習 14-1

1. サイズ6のdoubleの配列xを作成し、すべての要素を0で初期化して、下図のように表示するプログラム(ex14-1-1.c)を作成しなさい。

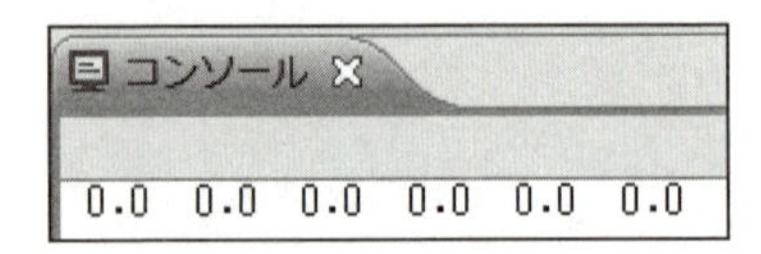

＜ヒント＞

・ printfの変換指定に%4.1fを使うとコンパクトに表示できます

14.2 配列に値を入力する

配列に値をセットするには、キーボードをタイプして入力する方法とファイルなどから読み込む方法があります。ファイルからの読み込みは21章で解説するので、ここではキーボード入力による方法を解説します。

例題14-2 配列に値を入力する

sample14-2.c

```
 1  #include <stdio.h>
 2  #include "util.h"
 3  int main(void)
 4  {
 5      int number[5];                      // 配列を作る
 6      int size = countof(number);
 7
 8      for(int i=0; i<size; i++){          // 配列にデータを入力する
 9          scanf("%d", &number[i]);
10      }
11      for(int i=0; i<size; i++){          // 配列要素を表示する
12          printf("%d¥t",number[i]);
13      }
14      return 0;
15  }
```

実行結果

```
コンソール
10
20
30
40
50
10      20      30      40      50
```

この例題は、サイズが5の整数配列にscanfで入力した値をセットします。5行目で配列を作成し、最初のfor文の中でscanfを実行して配列要素number[i]に値をセットしています。

```
scanf("%d", &number[i]);     // 配列要素に入力する
```

配列要素number[i]に&を付けて&number[i]と指定するところがポイントです。配列要素は、普通の変数と同じように扱うことができます。

2つ目のfor文で配列の内容を表示していますが、実行結果のように、入力した値がそのままセットされていることがわかります。

例題のSPD

処理が複雑になってきたので、全体を準備と処理の２つにまとめ、さらに、処理内容も2つにわけてそれぞれ内容がわかるように、"タイトル" を付けています。

"タイトル" を書いてから、その詳細を書くので、このような書き方を**段階的詳細化**といいます。

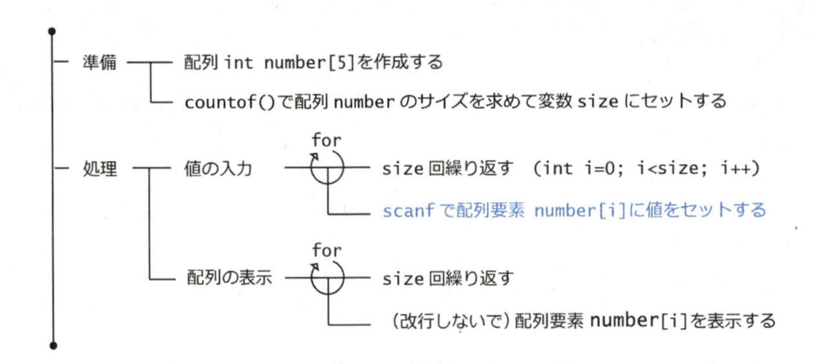

練習 14-2

1. 6個の要素を持つdoubleの配列dataについて、scanfですべての配列要素に値を入力し、配列の全要素を実行結果のように表示するプログラム(ex14-2-1.c)を作成しなさい。
   ＜ヒント＞変換指定は、%7.3fで出力します

実行結果

```
3.3
1.5
2.32
0.187
3.42
5.233
  3.300   1.500   2.320   0.187   3.420   5.233
```

14.3 文字列と配列

文字型の配列の扱い方ですか？
これまで、いろいろ習ったような(覚えていないけど)・・・

そうですね。
キーボードから入力する方法(6章)、文字列で初期化する方法(7章)、マルチバイト文字(8章)などをすでに解説しました。ただ、文字型の配列は、C言語ではポイントになるところですから、ここで知識をまとめておきましょう。

文字の種類

C言語の文字には、**マルチバイト文字**と**ワイド文字**があります。

マルチバイト文字は、文字によって1文字の記録に必要なバイト数が異なる文字で、ASCII文字は1バイトですが、日本語文字は3バイト以上になります。一方、ワイド文字は、どの文字も固定長で、MinGWでは2バイト、GCCでは4バイトです。

マルチバイト文字とワイド文字・・・
うーん、どうして2種類もあるのですか？

マルチバイト文字は**UTF-8**という文字コードを使っています。プログラミングの世界では、コードの記述にUTF-8を使うのが標準になっています。ソースコードがUTF-8なら、システムが違っても互いに交換できます。

ただ、文字数を数えたり、特定の文字や文字列を検索するなどという処理では、**固定長の文字**の方がやりやすいのです。そこで、ワイド文字も使えるようになっています。ワイド文字は、**UTF-16**や**UTF-32**などの文字コードを使って実現しています。

そして、ワイド文字とマルチバイト文字の相互変換ができるので、必要な時に変換して利用します。

マルチバイト文字からワイド文字への変換や、ワイド文字を使ったいろいろな処理はC言語の中でも応用にあたる分野なので本書では扱いません。

char型配列の初期化

char型配列は、初期化リストと文字列による2種類の初期化方法がありました。

```
A.  char str1[] = {'H', 'e', 'l', 'l', 'o'};     // 初期化リスト
B.  char str2[] = "Hello";                       // 文字列
```

えーと、これはやり方が違うだけで、結果は同じですね？

いいえ、同じではありません。
Aは配列要素に１文字ずつセットするので、要素数5の配列になりますが、Bは文字列としてセットするので、末尾に '¥0' が付き要素数6の配列になります。

文字列とは文字の集合体であり、終端に必ず0（文字としては'¥0'と書く）があるデータ構造だったことを思い出してください。ですから、例えば、"Hello"という文字列は次のような構造です。

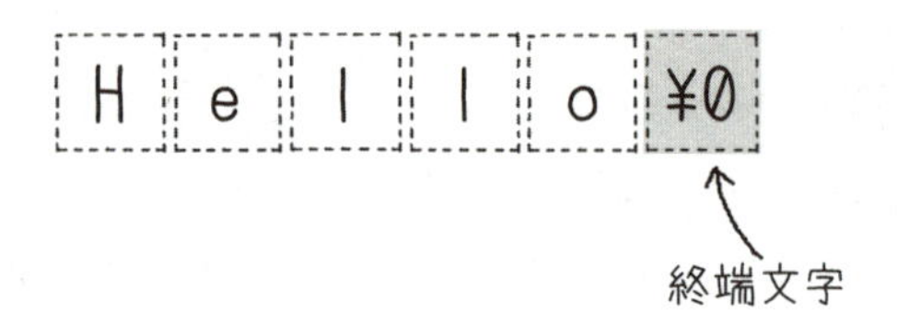

なお、Aの方法では、1個のchar型変数に1文字をセットしようとするので、日本語文字を使った次のような初期化はできません。1文字が3バイト以上あるので、1個のchar型変数に入らないからです。

```
char str3[] = {'こ', 'ん', 'に', 'ち', 'は'};          // コンパイルエラー
```

日本語文字で初期化したい時は、文字列を使って、次のように初期化します。7章でも解説しましたが、これは16バイト(要素数16)の配列になります。

```
char str3[] = "こんにちは";
```

char型配列への文字列の入力

文字列は、scanfに **%s** の変換指定で入力します。注意点は、**&を付けずに配列名を**そのまま指定することでした。これはすでに6章で解説した内容です。

例題14-3 文字列の入力

sample14-3.c

```
1  #include <stdio.h>
2  int main(void)
3 {
4      char string[10];
5      scanf("%9s",string);              // 文字数を制限して入力する
6      printf("%s¥n", string);
7      return 0;
8}
```

実行結果

コンソール
こんにちは
こんに

scanfの変換指定が %s ではなくて、%9s になっていますが、間違いではないですか？ "こんに"だけしか入力されてないようです。

これは、安全のため、入力される文字列のバイト数を制限する書き方です。
char string[10]; は、10バイト分のサイズですから、終端文字 '¥0' の分を除くと9バイトしかありません。%9sと指定しておくと、9バイト以上は入力されなくなり、安全です。

用意した配列のサイズを超えて、文字列を入力することを**バッファオーバーフロー**といいます。C言語ではよくあるバグの1つで、メモリ領域のデータを破壊します。コンピュータの動作がおかしくなるだけでなく、意図的なオーバーフローにより、悪意のあるコードを書き込めることから、セキュリティー上の問題にもなります。

例題の書き方は、入力するバイト数を制限する書き方なので、scanfでのバッファオーバーフローをなくすのに効果的です。入力の最大バイト数は、終端文字の1バイトを引いて、[char配列の要素数]−1の値を指定するようにしてください。

バッファの消去

scanfでは、入力した文字のうち受け取られなかった部分は、バッファに残ってしまいます。残った部分を消去しておかないと、次の入力に支障がでます。

例題のコードを次のように（scanfを2度繰り返す）変更して、実行してみてください。1度目に受け取られずにバッファに残ったデータを、2度目のscanfで受け取ってしまっています。その結果、2度目のscanfは何もしなくても終了します。

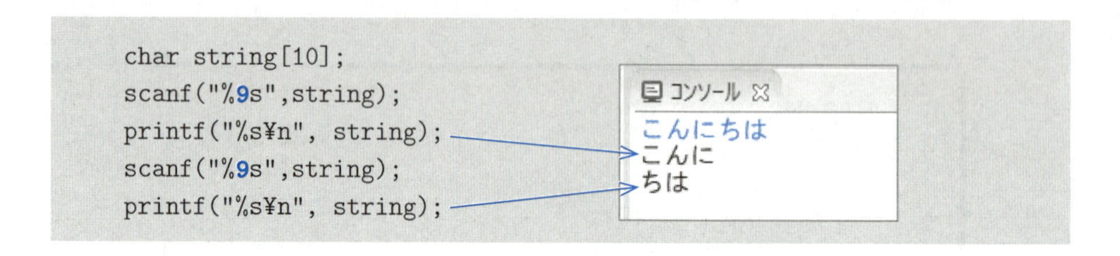

なぜでしょう？ "こんにちは"と、1回入力しただけなのに、プログラムの実行が終わってしまった!

最初のscanfは %9s が機能して、"こんに" までのデータ（9バイト分）を受け取って終了します。
この時、入力バッファには、"ちは¥n" が残っています。¥n は、リターンキーのタイプで入力された「改行」です。2度目のscanfは、"ちは¥n" を読み込むのですが、最後の ¥n を読み込んだ時、入力終了になります。

連続してscanfで入力する場合のこのような不都合を避けるには、入力バッファをクリアしておく必要があります。次の例題を見てください。

例題14-4 入力バッファをクリアする

sample14-4.c

```
1  #include <stdio.h>
2  #include "util.h"
3  int main(void)
4  {
5      char string[10];
6      scanf("%9s",string);              // 1度目の入力
7      printf("%s¥n", string);
8      flush_stdin();                    // 入力バッファをクリアする
9      scanf("%9s",string);              // 2度目の入力
10     printf("%s¥n", string);
11     return 0;
12 }
```

実行結果

```
コンソール
こんにちは
こんに
こんにちは
こんに
```

青字で示したflush_stdin()が、入力バッファに残っているデータをすべて読み込んで空にします。入力バッファがクリアされるので、実行結果のように、正常に2つのscanfが実行されたことがわかります。

8行目をコメントアウトして実行すると、入力バッファをクリアしない場合と比較できるので、試してみてください。

なお、flush_stdin()はC言語の標準関数ではありません。C言語には**標準入力**(キーボード入力)をクリアする関数は定義されていないのです。flush_stdin()は、マクロ(⇨19章)で定義してあります。利用するには、util.hをインクルードしてください。

ところで、stdinとは標準入力のことです。C言語では、キーボード入力を**標準入力**、コンソール出力を**標準出力**といいます。また、エラーメッセージの出力を別に管理していて、それを**標準エラー出力**といいます。しばしば使われる用語なので、ここで覚えておきましょう。

stdin	標準入力
stdout	標準出力
stderr	標準エラー出力

練習 14-3

1. char型配列strに初期化文字列として "こんにちは" をセットし、それをそのままコンソールに出力するプログラム(ex14-3-1.c)を作成しなさい。

実行結果▷

```
コンソール
こんにちは
```

2. 次のプログラムではどのように表示されるか答えなさい。

```
#include  <stdio.h>
int  main(void)
{
    char  str[]  =  "abcdefg";
    str[2]       =  '1';
    str[3]       =  '2';
    printf("%s¥n", str);
    return  0;
}
```

【解答】＿＿＿＿＿＿＿＿＿＿

3. 次は、文字列のバイト数を調べて表示するプログラムです。問に答えなさい。

```
#include  <stdio.h>
int  main(void)
{
    char  str[]  =  "abcdefg";     // 対象の文字列
    int  size  =  0;               // バイト数をカウントする変数をゼロクリア
    while(str[size]!='¥0'){        // 文字列の末尾('¥0')ではない間繰り返す
        size++;                    // バイト数をカウントアップする
    }
    printf("文字列のバイト数=%d¥n", [ ① ] );  // バイト数を表示する(終端文字
    return  0;                                  // を含まない)
}
```

<ヒント>
while文では、str[size]が'g'の時まで、size++を実行します

問1　文字列"abcdefg"を格納するには何バイト必要か答えなさい

【解答】＿＿＿＿＿＿＿＿＿＿

問2　①には何と書けばよいか、選択肢から選んで答えなさい

【解答】＿＿＿＿＿＿＿＿＿＿

ア size　　イ size+1　　ウ size-1

14

4. char str[500]; と宣言したstrに、キーボードをタイプして文字列を入力し、実行結果のように、入力した文字列のバイト数を表示するプログラム(ex14-3-4.c)を作成しなさい。ただし、入力変換指定に %499s を使うこと。

実行結果

```
コンソール
文字列>こんにちは
文字列の長さ=15
```

<ヒント>
・入力プロンプトとして "文字列>" を表示します
・文字列のバイト数を調べる方法は、この練習問題の3.を参考にします
・sizeof(str) は使えません。この方法ではstrのサイズである500になります

14.4 配列のコピー

変数aの値を変数bにコピーする時、次のようにします。

```
b = a; // 値のコピー
```

つまり代入すれば、コピーができるわけですが、配列では、これができません。

```
int  a[] = {1,2,3,4,5};
int  b[10];
b = a;  // コンパイルエラー
```

14

配列変数と普通の変数は同じではない、ということですね。でも、それじゃ、コピーはどうすれば作れるのですか？

それは、配列要素を1つずつコピーするのです。
面倒ですけど、for文を使えばできます。
それから、C言語が得意なメモリーの直接操作でも可能で、専用の標準関数が用意されています。

では、配列要素を1つずつコピーする例からみていきましょう。

例題14-5 シンプルな配列のコピー

sample14-5.c

```
 1  #include <stdio.h>
 2  #include "util.h"
 3  int main(void)
 4  {
 5      int a[] = {10, 20, 30, 40, 50};
 6      int size = countof(a);
 7      int b[size];                      // 動的配列の作成
 8      for(int i=0; i<size; i++){        // 配列要素を1つずつコピーする
 9          b[i] = a[i];
10      }
```

```
11      for(int i=0; i<size; i++){
12          printf("%d ", b[i]);
13      }
14      return 0;
15  }
```

実行結果

```
10 20 30 40 50
```

この例題は、配列aの配列要素を、配列bの配列要素に、1つずつコピーする方法です。青枠で囲ったfor文の中でコピーを実行しています。

簡単なプログラムですが、1つだけ注意があります。それは、7行目の配列 b を作っているところです。

```
int b[size];
```

sizeは、countofで計算した、配列aの要素数で、それを使ってコピー先の配列bを生成しています。要素数が不足すると大変なので、これは安全な方法です。このように、変数を使って生成した配列を**動的配列**といいます。

最後に、例題のSPDを示します。

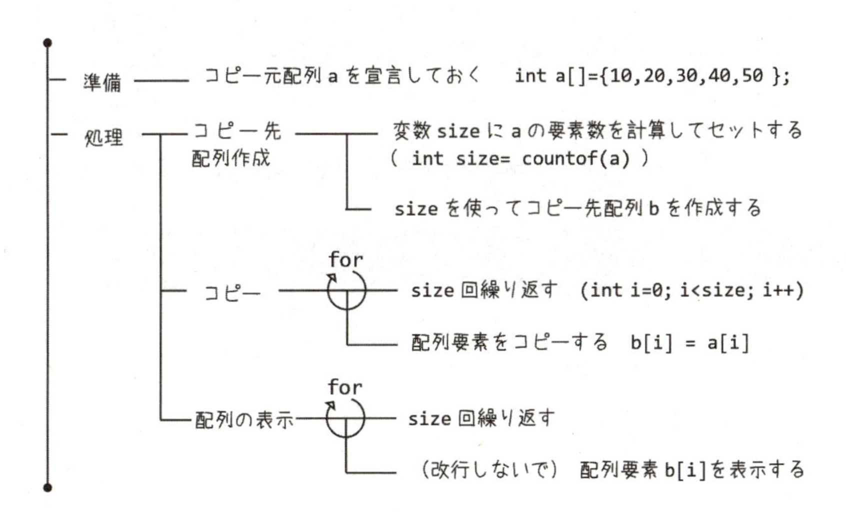

練習 14-4

1. int n[]={1, -2, 3, -4, -5, 6, 7, 8, 9, -10}; をコピーして、符号を反転した要素を持つ配列tを作成するプログラム(ex14-4-1.c)を作りなさい。

実行結果

```
コンソール
-1 2 -3 4 5 -6 -7 -8 -9 10
```

memcpy関数

配列もメモリー上にあるデータに過ぎないので、メモリー上の場所Aから場所Bへコピーすることもできます。

ちょっと待ってください。配列について、メモリー上の場所Aや、場所Bは、どうすればわかりますか？

よい質問ですね。
コンピュータのメモリーは、1区画(8ビット)ごとに、0番から始まる連番が振られています。これを**アドレス**(**番地**)といいます。メモリー上の場所とは、アドレスのことで、機械語では何番地かを数値で指定します。
しかし、C言語では、数値の代わりに**配列名**でアドレスを指定します。配列名は、Cコンパイラによって具体的なアドレスに変換されるからです。

メモリーのコピーを行うのは、**memcpy**関数で、次のように使います。

```
memcpy( コピー先アドレス, コピー元アドレス, コピーするバイト数 )
```

さっそく使ってみましょう。

例題14-6 memcpy関数による配列のコピー

sample14-6.c

```
 1 #include <stdio.h>
 2 #include <string.h>      // memcpy関数を使うために必要
 3 #include "util.h"
 4 int main(void)
 5 {
 6     int a[] = {10, 20, 30, 40, 50};
 7     int size = countof(a);
 8     int b[size];
 9     memcpy(b, a, sizeof(a));            // メモリーのコピー
10     for(int i=0; i<size; i++){
11         printf("%d ", b[i]);
12     }
13     return 0;
14 }
```

実行結果

```
コンソール
10 20 30 40 50
```

コピー先にb、コピー元にaと**配列名**を指定します。これで、アドレス（番地）を指定したことになります。コピーするバイト数は配列aのサイズですから、sizeof演算子で求めます。青枠で囲った1行の記述で済み、動作もfor文を使うより高速です。

なお、memcpy関数を使う時は、**string.h**をインクルードしておく必要があります。

少し危険だという理由は、配列bのサイズが十分でなかった場合、メモリー領域が破壊されてしまうからです。例題では配列aの要素数を求めて、それを使って配列bを作成しているので大丈夫ですが、しっかり確認する必要があります。

strcpy関数

文字列のコピーに限定すると、もう少しシンプルな関数が使えます。それは、**strcpy**関数です。こちらは、コピーするバイト数の指定が不要です。

```
strcpy( コピー先アドレス, コピー元アドレス )
```

簡単なのはうれしいのですが、なぜ、コピーするバイト数の指定がいらないのですか？

文字列は、最後に必ず終端文字 '¥0' があるからです。
「終端文字までコピーする」という単純な理屈でコピーします。
また、strcpyは、目には見えない終端文字まで含めてコピーするので、コピー先も文字列になります。

では、これも例題で確かめておきましょう。

例題14-7 strcpy関数による文字列のコピー

sample14-7.c

```
 1  #include <stdio.h>
 2  #include <string.h>      // strcpy関数を使うために必要
 3  #include "util.h"
 4  int main(void)
 5  {
 6      char a[] = "こんにちは Hello";
 7      int size = countof(a);         // (終端文字を含む)必要な配列要素の数
 8      char b[size];
 9      strcpy(b, a);                 // 文字列のコピー
10      printf("a=%s¥n", a);
11      printf("b=%s¥n", b);
12      return 0;
13  }
```

実行結果

```
a=こんにちは Hello
b=こんにちは Hello
```

大事なのは、コピー先配列の要素数を正しく設定することです。不足するとメモリー領域を破壊します。例題では、countof(a)でコピー元の配列要素数を求め、それを使って、配列 bを作成しています。

コピーは、青枠で示した部分ですが、memcpyより簡単です。memcpyを使うと、memcpy(b, a, sizeof(a));とコピーするバイト数も指定しますが、それが不要になっています。実行結果を見ると、正しくコピーされていることがわかります。なお、strcpy関数も、使うためには**string.h**をインクルードしておくことが必要です。

練習 14-5

1. double x={1.1, 0.5, 2.1, 0.88, 2.3};をmemcpy 関数を使って配列yにコピーし、yを実行結果のように表示するプログラム(ex14-5-1.c)を作成しなさい。

実行結果

```
コンソール
   1.10   0.50   2.10   0.88   2.30
```

<ヒント>出力変換指定に%7.2fを使います

2. char a[] = "わかりやすいC"; をstrcpy 関数を使って配列bにコピーして、bを実行結果のように表示するプログラム(ex14-5-2.c)を作成しなさい。

実行結果

```
コンソール
b=わかりやすいC
```

この章のまとめ

この章では、配列の作成、初期化、値の入力、コピーについて解説しました。

作成と初期化

◇配列は、**int a[100];** のように作成しますが、あらかじめ0に初期化しておきたい場合は **int a[100]={};** のように空の初期化リストを付けておきます。また、配列の要素数に変数を使って、**int a[size];** のように作成するものを**動的配列**といいます。

◇文字型の配列に文字列を代入するには、**文字列リテラル**を使います。

```
char string[1000] = "こんにちは";
```

14

値の入力

◇数値型の配列に値を入力するには、配列要素ごとに、scanfで入力します。
文字型の配列にも、scanfで%sの変換指定子を使って一度に入力できます。ただし、安全な入力のためには、%9s のように、入力できる最大バイト数を指定します。

◇scanfは、入力バッファにデータが残るので、連続して使う場合は、**flush_stdin()** を使って、バッファをクリアします。使用には**util.h**をインクルードする必要があります。

配列のコピー

◇配列aを配列bにコピーするには、b=a; は使えません。for文を使って配列要素ごとにコピーするか、**memcpy**や**strcpy**などの関数を使ってコピーします。

配列一般に使える → memcpy(コピー先アドレス, コピー元アドレス, コピーするバイト数)

文字型配列専用 → strcpy(コピー先アドレス, コピー元アドレス)

◇memcpy、strcpyを使う場合は、**string.h**をインクルードします。

通過テスト

1. 次の配列宣言を書きなさい。
   ア 要素数が5のint型配列n ______________________
   イ 0に初期化済で、要素数が10のdouble型配列x ______________________
   ウ {10,20,30}を要素として持つint型配列a ______________________
   エ {'A','B','C'}を要素として持つchar型配列ch ______________________
   オ "こんにちは"を初期値として持つchar型配列str ______________________

2. 配列に入力したn個のデータの合計と平均を求めるプログラムです。scanfでデータ数nを入力して、要素をn個持つint型の配列dを作成します。そして、dのすべての要素にscanfで任意のデータを入力します。
   入力完了後、実行結果のように配列要素の合計と平均を求めて表示し、その後に全データを表示します。ただし、1行につき4個ずつ表示するようにします。
   ヒントを参考にして、このプログラム(pass14-2.c)を作成しなさい。

コンソール

```
データ数>9
int>1
int>2
int>3
int>4
int>5
int>6
int>7
int>8
int>9

合計=     45
平均=    5.0
      1      2      3      4
      5      6      7      8
      9
```

実行結果

<ヒント>

- データを入力する配列は、nを使って動的配列として作成します
- 全データの表示処理では、4件表示するたびに改行します
- 平均は、(double)total というように、合計をdoubleにキャストして計算します
- 改行するタイミング(4個表示したかどうか)は、d[i] を表示した直後に、i を4で割った余りからわかります。余りが3であれば改行します。理由は<参考>を見て考えてください
- 改行には puts(""); を使うと簡単です
- intは %7d で、doubleは %7.1f で出力します

＜参考＞　i%4==3の時に改行する理由

i%4が3

iの値	0	1	2	3	4	5	6	7	8	…
表示	d[0]	d[1]	d[2]	d[3]	d[4]	d[5]	d[6]	d[7]	d[8]	…
改行	しない	しない	しない	する	しない	しない	しない	する	しない	…

3. 配列a、bが次のように定義されています。

```
int a[] = {72, 37, 50, 12, 98, 35, 49, 50};
int b[] = {98, 76, 49, 56, 78, 12, 30, 46};
```

a[i] と b[i] を比較し、a[i]<b[i] の場合、a[i]の値を0に修正します。修正済の配列aと修正前の配列aを実行結果のように表示するプログラム(pass14-3.c)を作成しなさい。指示に従って作成してください。

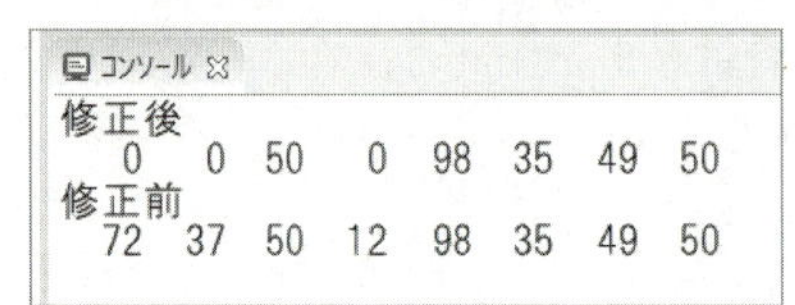

▲実行結果

＜指示＞

・先に修正済みのaを表示し、その後で元のaを表示します
・出力の変換指定は%4dを使います
・配列aをコピーした配列aaを作成し、修正にはaaを使います
・配列のコピーにはmemcpyを使いなさい

多次元の配列

多次元の配列といっても、よく使われるのは2次元配列です。一般的な数表を表現するのに適している他、いくつかの文字列を格納しておくのにも2次元配列が利用されます。2次元配列にアクセスするには、2重のfor文を使う必要があるので、その具体的な方法についても詳しく解説します。この章を理解すれば、複雑な数表処理や、文字列処理を利用するプログラムを書けるようになります。

15.1 2次元配列とは

次の表は、飲料の種類別・月別販売数量の表です。

	6月	7月	8月	9月
コーラ	100	150	280	220
オレンジ	120	200	250	210
グレープ	130	210	300	260

このデータを配列を使って集計などを行うには、種類別に3つの配列が必要です。

```
int  cola[]    = {100, 150, 280, 220};     // コーラの月別販売量
int  orange[]  = {120, 200, 250, 210};     // オレンジの月別販売量
int  grape[]   = {130, 210, 300, 260};     // グレープの月別販売量
```


しかし、これでは月別の合計(縦に並んだ値の合計)を計算するには、3つの配列を足し合わせるしかありません。飲料の種類が増えると、このままでは困ったことになります。そこで、このようなケースでは2次元配列を使います。それは次のように作成します。

```
int drink[3][4] = {
        {100, 150, 280, 220},
        {120, 200, 250, 210},     3つの1次元配列
        {130, 210, 300, 260}
};
```

?
これは、配列を３つ並べただけみたいですね。
drink[3][4]の3が、配列の数ってことですか？

そうですね、そういう見方で大丈夫です。
これは、3つの配列からなる2次元配列で、それぞれの配列の要素数が4つと読んでください。
そういう意味で、drink[3][4] と書きます。

初期化リストがあるので、drink[][4] のように、3を省略できます。初期化リストから含まれる配列の数がわかるからです。

ここで、内部の配列を、A、B、Cと置き換えてみると、

```
drink[][4] = {A, B, C};
```

となり、[配列を要素に持つ]配列というように見ることもできます。

配列要素へのアクセス

配列要素にアクセスするには、要素番号と配列要素の対応関係を頭に入れておく必要がありますが、案外簡単です。

```
{ 100,    150,    280,    220 }
{ 120,    200,    250,    210 }
{ 130,    210,    300,    260 }
```

例えば、青枠で囲った250は、drink[1][2]です。上から2つ目の配列の、3つ目の要素ですから、要素番号を0、1、2･･･と数えることに注意すると、drink[1][2]になります。

配列要素の横方向の並びを行、縦方向の並びを列といいます。drink[1][2] では、[1] が行番号、[2] が列番号です。行と列という考え方で、要素を指定することを覚えておきましょう。

```
              列
{ 100,   150,   280,   220 }
行 { 120,   200,   250,   210 }
{ 130,   210,   300,   260 }
```

では、練習問題に答えて、要素のアクセスの仕方が分かったか、確認してください。

練習 15-1

1. 例示のdrink配列について、問に答えなさい。

問1 次の値は何ですか？

drink[0][0] ＿＿＿＿
drink[0][2] ＿＿＿＿
drink[1][2] ＿＿＿＿
drink[2][2] ＿＿＿＿

問2 次のfor文で求まるtotalは、いくつになるか答えなさい。

A.

```
int total = 0;
for(int i=0; i<3; i++){
    total += drink[i][0];
}
```

total= ＿＿＿＿

B.

```
int total = 0;
for(int j=0; j<4; j++){
    total += drink[0][j];
}
```

total= ＿＿＿＿

問2のBですが、間違ってませんか？
for文のループカウンタに、i ではなく j を使ってます！

これは、2次元の配列を扱う時の約束事です。
配列の要素を drink[i][j] のように書くことになっています。
そのため、for文でも変数 i、j を使ってコードを書きます。
問題Bは、j の方だけを変えるfor文なのでこうなりますね。

15.2 配列要素のアクセス

すべての配列要素を、コンソールに出力してみましょう。2次元配列の中にある3つの配列を、1つずつ出力すればいいので、次の例題のようにすると簡単に出力できます。

例題15-1 2次元配列の要素を出力する

sample15-1.c

```
 1  #include <stdio.h>
 2  int main(void)
 3  {
 4      int drink[][4] = {
 5          {100, 150, 280, 220},
 6          {120, 200, 250, 210},
 7          {130, 210, 300, 260}
 8      };
 9
10      for(int j=0; j<4; j++){            // 第0行の配列要素を表示する
11          printf("%d ", drink[0][j]);    // {100, 150, 280, 220}
12      }
13      puts("");
14
15      for(int j=0; j<4; j++){            // 第1行の配列要素を表示する
16          printf("%d ", drink[1][j]);    // {120, 200, 250, 210}
17      }
18      puts("");
19
20      for(int j=0; j<4; j++){            // 第2行の配列要素を表示する
21          printf("%d ", drink[2][j]);    // {130, 210, 300, 260}
22      }
23
24      return 0;
25  }
```

実行結果

```
コンソール
100 150 280 220
120 200 250 210
130 210 300 260
```

ひとつのfor文で、{ } で囲まれた配列を1つだけ出力しています。出力している配列は、{100, 150, 280, 220} のように、横に並んでいるので、これを

「1行分の要素を出力する」
と言います。for 文で 1 行分の要素を出力するには、列番号だけを 0 ~ 3 まで変化させます。また、列番号なので、ループカウンタは j を使います。

つまり、例題の 3 つの for 文は、上から、0行目の出力、1行目の出力、2行目の出力です。

?
よく見るとこのfor文は、3つとも、ほとんど同じですね。
青字の0、1、2 の部分が違うだけです …

そう、それが大事なところです。
よく似たfor文を3つも書くのは、プログラムとしてはどうでしょうか。
もっと簡単に書けないか、考えてみましょう。

3つのfor文で違うのは、行番号を指定している青字の0、1、2だけです。
そこで、0、1、2をループ変数 i に置き換えると、for文にできそうです。つまり、全体をfor文で囲い、その中に、1つだけfor文を書けばいいのです。次の例題を見てください。

15

例題15-2 2次元配列の表示

sample15-2.c

```
 1  #include <stdio.h>
 2  int main(void)
 3  {
 4      int drink[][4] = {
 5          {100, 150, 280, 220},
 6          {120, 200, 250, 210},
 7          {130, 210, 300, 260}
 8      };
 9      for(int i=0; i<3; i++){             // 0、1、2 と3行分繰り返す
10          for(int j=0; j<4; j++){         // 1行分の配列要素を表示する
11              printf("%d ", drink[i][j]);
12          }
13          puts("");                       // 改行
14      }
15      return 0;
16  }
```

実行結果

コンソール

```
100 150 280 220
120 200 250 210
130 210 300 260
```

for文が2重になっていますが、これは、内側のfor文を3回繰り返すためのfor文です。ループカウンタは **i** です。2重になっていますが、iに注目すると、普通のfor文と変わりません。iを0、1、2と変えながら繰り返すだけです。

iが0の時は、0行目の配列を出力し、1の時は1行目の配列を出力し、2の時は2行目の配列を出力します。

for文の繰り返し回数を3とか4のように書いてますね。
これまでのように**countof**関数は使えないのですか？

いえ、例題はアルゴリズムの説明なので、使っていないだけです。
使い方は、次のようです。

```
countof(drink)       → 3
countof(drink[0])    → 4
```

countofは配列名を指定すると要素の1次元配列の個数を返します。
drink[0]のように、先頭の配列を指定すると1次元配列の要素数を返します。

これは練習問題で使ってみてください。
ちなみに、countof関数の内部では、次のように計算します。

```
countof(drink)    → sizeof(drink)/sizeof(drink[0])
countof(drink[0]) → sizeof(drink[0]/sizeof(drink[0][0])
```

では、ここで、例題のSPDも見ておきましょう。

2重ループのSPD

処理にタイトルを付けてわかりやすく書いています。青字で書いてある「1行分の表示」が内側のfor文での処理、そして、「配列要素を表示」が外側のfor文の処理です。

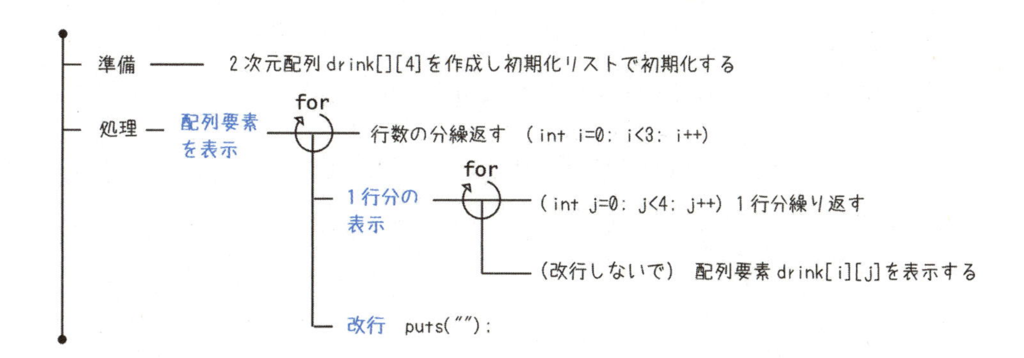

練習 15-2

1. 次は四半期ごとの平均気温の表です。データを2次元の配列tempとして定義し、実行結果のように表示するプログラム(ex15-2-1.c)を作成しなさい。

	札幌	東京	大阪	福岡	那覇
1月	−2.0	7.0	6.1	6.6	16.9
4月	5.5	12.4	13.6	13.8	21.2
7月	22.1	18.9	27.9	27.7	28.7
10月	12.2	28.9	19.9	20.0	25.7

<ヒント>

・配列のサイズ(行数と1行の要素数)はcountof関数で計算します

```
int rn = countof(temp);          // 行数
int cn = countof(temp[0]);       // 1行の要素数
```

・表示は、%7.1f の変換指定を使います

実行結果

```
コンソール
   -2.0    7.0    6.1    6.6   16.9
    5.5   12.4   13.6   13.8   21.2
   22.1   18.9   27.9   27.7   28.7
   12.2   28.9   19.9   20.0   25.7
```

2. 次はじゃんけんの勝敗ルールを表した表です。データを2次元のchar型配列jankenとして定義し、実行結果のように表示するプログラム(ex15-2-2.c)を作成しなさい。

	グー	チョキ	パー
グー	?	−	+
チョキ	+	?	−
パー	−	+	?

※?(引分け)、−(負)、+(勝)を表します

実行結果

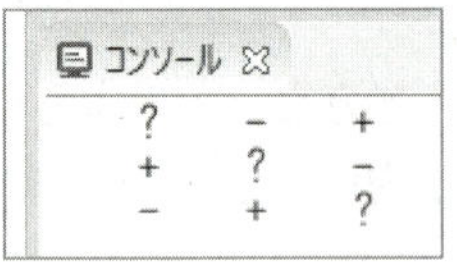

<ヒント>

・配列のサイズ(行数と1行の要素数)はcountof関数で計算します

```
int rn = countof(janken);        // 行数
int cn = countof(janken[0]);     // 1行の要素数
```

・表示は、%5c の変換指定を使います

15.3 2次元配列と文字列

文字列は、次のようにchar型の配列に格納できます。char型の配列では、要素を1つずつ指定する代わりに文字列を代入する形式で書けることに注意してください。

```
char asa[]  = "おはよう"
char hiru[] = "こんにちは"
char yoru[] = "こんばんは"
```

これらもバラバラの配列に入れておくと不便ですから、次のようにまとめて1つの2次元配列に入れることができます。1次元配列のように見えますが、文字列の部分が1次元配列ですから、それらの配列は2次元配列です。

```
char  str[][100]  =  {
      "おはよう"
      "こんにちは"
      "こんばんは"
};
```

なるほど、そのまま文字列をならべていいのですね！
でも、**str[][100]** の100はどういう意味ですか？

1つの文字列を入れるchar型配列の要素数です。
後からの変更に備えて、少し大きめに取っておくのがいいでしょう。
日本語文字は、1文字で3バイトくらいになるので、それを目安に計算します。

それから、本来なら、str[3][100]ですが、初期化文字列があるので3は省略してstr[][100]と書きます。

2次元配列の中の文字列を表示するには次のようにします。

例題15-3 文字列の配列

sample15-3.c

```
 1  #include <stdio.h>
 2  #include "util.h"
 3  int main(void)
 4  {
 5      char str[][100] = {
 6          "おはよう",
 7          "こんにちは",
 8          "こんばんは"
 9      };
10      int size = countof(str);    // size ← 3
11      for(int i=0; i<size; i++){
12          printf("%s¥n", str[i]);
13      }
14      return 0;
15  }
```

実行結果

```
コンソール
おはよう
こんにちは
こんばんは
```


えっ、普通のfor文に、str[i]・・・
この書き方、本当に間違いではないですか？

少しわかりにくかもしれませんが、これでいいのです。
str[i]は、i番目の文字列を入れた配列の**配列名**です。
普通の文字列の出力と同じですよ。

もう少し、詳しく説明しましょう。
これまで、printfでは、文字列の配列名を指定して出力していましたね。

```
char str[100] = "さようなら";
printf("%s", str);                    // msgは配列名
```

2次元配列では、文字列は次のように定義されています。

```
str[0][100] = "おはよう"
str[1][100] = "こんにちは"
str[2][100] = "こんばんは"
```

配列と2次元配列を比較すると、太字の部分、str[0]、str[1]、str[2] が配列名に当たる部分であることがわかります。そこで、次のようにすると出力できるわけです。

```
printf("%s", str[0]);
printf("%s", str[1]);
printf("%s", str[2]);
```

str[0]、str[1]、str[2]は、配列要素である一次元配列の配列名と考えてください。

練習 15-3

1. 日本の球団名(パリーグのみ)のリストを、実行結果のように表示するプログラム(ex15-3-1.c)を作成しなさい。

埼玉西武ライオンズ
福岡ソフトバンクホークス
北海道日本ハムファイターズ
オリックス・バファローズ
千葉ロッテマリーンズ
東北楽天ゴールデンイーグルス

```
コンソール
埼玉西武ライオンズ
福岡ソフトバンクホークス
北海道日本ハムファイターズ
オリックス・バファローズ
千葉ロッテマリーンズ
東北楽天ゴールデンイーグルス
```

▲実行結果

15

15.4 2次元配列への入力

2次元配列にデータを入力する方法を、文字列の場合について解説します。

例題15-4 文字列の配列

sample15-4.c

```
1  #include <stdio.h>
2  #include "util.h"
3  int main(void)
4  {
5      char str[3][21];              // 2次元配列、要素が3つで各々 21バイト以内
6      int size = countof(str);
7      for(int i=0; i<size; i++){
8          scanf("%20[^¥n]", str[i]);  // 20文字以内で¥nの直前まで入力する
9          flush_stdin();              //  入力バッファをクリアする
10     }
11     for(int i=0; i<size; i++){
12         printf("%s¥n", str[i]);
13     }
14     return 0;
15 }
```

実行結果

```
コンソール
01234567890123456789012345
abc  def  gh
おは  よう
01234567890123456789
abc  def  gh
おは  よう
```

2次元配列を初期化リストなしで作成する場合は、5行目のように配列の要素数を必ず指定しなければいけません。

この例題では、入力するデータの大きさを最大20バイトにするので、配列宣言では終端文字の1バイト分を加えて、str[3][**21**]とします。これで、1つの文字配列の大きさが21バイトになります。

次に、入力処理を行う青枠で囲った部分を見てください。

例題では、for文の中で、scanfを使ってすべての配列に文字列を入力します。入力先には配列名を指定するので、出力の場合と同様にstr[i]を指定します。2次元配列では、1つの文字列を入れた配列名が、**str[i]** になるからです。

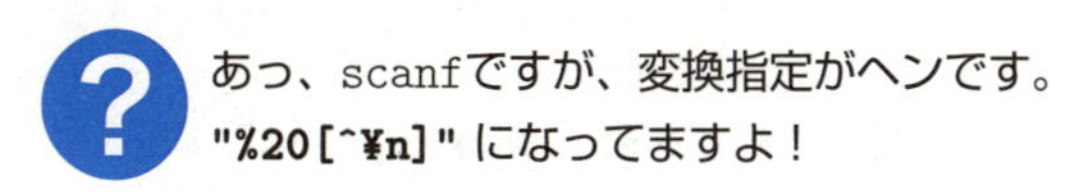

あっ、scanfですが、変換指定がヘンです。
"%20[^¥n]" になってますよ！

それは%20s の s を [^¥n] に変えたものです。
%20sなら、「最大20文字を入力する」ということですが、sを [^¥n] に変えると、「Enter キーが押されるまで最大20文字を入力する」という意味になります。

前章の例題14-3で、安全な入力のために、**%9s** という書き方を説明しました。最大9文字まで入力データとして受け取る、と言う意味でした。この書き方は、それに加えて、s を **[^¥n]** に変えたものです。

[^ ～] は「～の前までを入力データとして受け取る」という意味です。
したがって、[^¥n] は、「¥nの前までを入力データとして受け取る」ということですが、'¥n' は Enter キーをタイプすると入力される改行コードですから、結局、
「 Enter キーをタイプするまで、最大20文字を入力データとして受け取る」
という意味になります。

それだったら、%20sと同じじゃないですか？
何か違うところがあるのでしょうか。

実は、scanfは空白やタブをデータの一部として入力することができません。それらはデータの区切りと認識され、改行コードと同じ働きをします。
しかし、[^¥n]にすることで、空白やタブを入力できるようになります。 Enter キーをタイプするまで、入力したものをすべて受け取ることができるわけです。

例題の実行結果を見て、空白やタブも入力できていることを確認してください。確認したら、例題の [^¥n] を s に書き換えて実行してみてください。

そして、右図のように、半角空白で区切られた姓名を入力してみると、入力段階で「田中 宏」と入力しても、出力を見ると「 宏」が入っていません。
これは途中の半角空白で入力が終了してしまうからです。

なるほど、わかりました。
でも、scanfの後に書かれている**flush_stdin();**は何ですか？

前章でも説明しましたが、これは入力バッファをクリアする命令です。
20[^¥n]としているので、たくさん入力すると、20文字を超えた部分はバッファに残ったままになります。それを消去するのがflush_stdin()です。

練習 15-4

1. char team[6][101]; を宣言し、これにセリーグ6球団の所在地と球団名を入力し、実行結果のように表示するプログラム(ex15-4-1.c)を作成しなさい。

＜指示＞

・scanfの変換指定は、%100[^¥n] を使いなさい

```
コンソール
広島 広島東洋カープ
東京 東京ヤクルトスワローズ
東京 読売ジャイアンツ
神奈川 横浜DeNAベイスターズ
名古屋 中日ドラゴンズ
大阪 阪神タイガース
広島 広島東洋カープ
東京 東京ヤクルトスワローズ
東京 読売ジャイアンツ
神奈川 横浜DeNAベイスターズ
名古屋 中日ドラゴンズ
大阪 阪神タイガース
```

△実行結果

15

この章のまとめ

この章では、2次元配列について、初期化リストでの初期化方法、配列要素のアクセス方法について解説しました。また、複数の文字列を配列にしたものは、文字の2次元配列であることを説明し、文字列要素へのアクセス方法と、文字列の入力方法を説明しました。

2次元配列

◇2次元配列は、配列を要素とする配列で次のように定義します。

```
int drink[][4] = {
    {100, 150, 280, 220},
    {120, 200, 250, 210},
    {130, 210, 300, 260}
};
```

◇配列要素へのアクセスは、2重のfor文を使います。

```
for(int i=0; i<3; i++){                    // 0、1、2 と3行分繰り返す
    for(int j=0; j<4; j++){                // 1行分の配列要素を表示する
        printf("%d ", drink[i][j]);
    }
    puts(""); // 改行
}
```

文字列の2次元配列

◇文字列の2次元配列は次のように使います。

```
char str[][100] = {          // 初期化リストでの宣言方法
    "おはよう",               // 文字列を並べるだけ
    "こんにちは",
    "こんばんは"
};
int size = countof(str);     // 文字列の数はcountofで求める(size ← 3)
for(int i=0; i<size; i++){
    printf("%s¥n", str[i]); // str[i]が1つの文字列の配列名になる
}
```

◇文字列の2次元配列を初期化リストなしで作る時は、要素数を必ず指定します。
入力は、次のようにします。

```
char str[3][21];                    // 2次元配列、要素が3つで各々21バイト以内
int size = countof(str);
for(int i=0; i<size; i++){
    scanf("%20[^¥n]", str[i]);      // Enter キーを押すまで最大20文字を入力する
    flush_stdin();                  //入力バッファをクリアする
}
```

◇scanfでの入力で、変換指定に **%20[^¥n]** と書くと、「Enter キーをタイプするまで、最大20文字を入力データとして受け取る」ことになり、空白やタブも入力できます。

通過テスト

1. 次は運動記録のデータです。

	100m走	砲丸投げ	走幅跳
田中	22.3	7.1	4.8
鈴木	18.5	10.3	5.1
中村	13.2	11.5	6.1
近藤	14.6	9.2	5.9
佐藤	15.1	9.3	6.0

コンソール

```
          100m走    砲丸投げ      走幅跳
田中        22.3         7.1         4.8
鈴木        18.5        10.3         5.1
中村        13.2        11.5         6.1
近藤        14.6         9.2         5.9
佐藤        15.1         9.3         6.0
```

△実行結果

このデータを実行結果のように出力するプログラム(pass15-1.c)を作成しなさい。

＜ヒント＞
- 1行目の項目名は、puts("   100m走   砲丸投げ   走幅跳"); で出力します
- 氏名は文字列の2次元配列nameとして宣言し、それ以外のデータはdouble型の2次元配列dataとして宣言します
- dataの行数、1行の要素数は、次のように計算します

```
int rn = countof(data);       // 行数
int cn = countof(data[0])     // 列数(1 行の要素数)
```

- dataの出力では、変換指定に %10.1f を使いなさい

2. 次は例題15-2で使ったデータです。これから月毎の合計(列計)を計算して実行結果のように表示するプログラム(pass15-2.c)を作成しなさい。

drink[3][4]

	6月	7月	8月	9月
コーラ	100	150	280	220
オレンジ	120	200	250	210
グレープ	130	210	300	260

実行結果▷

次のヒントとSPDによりプログラムを作成しなさい。

＜ヒント＞

・drinkの行数、1行の要素数は、次のように計算します

```
int rn = countof(drink);     // 行数
int cn = countof(drink[0])  // 列数(1 行の要素数)
```

・合計を集計する配列として、`int total[cn]` を作成し、値を0に初期化しておきます

・次のSPDを参考にしなさい

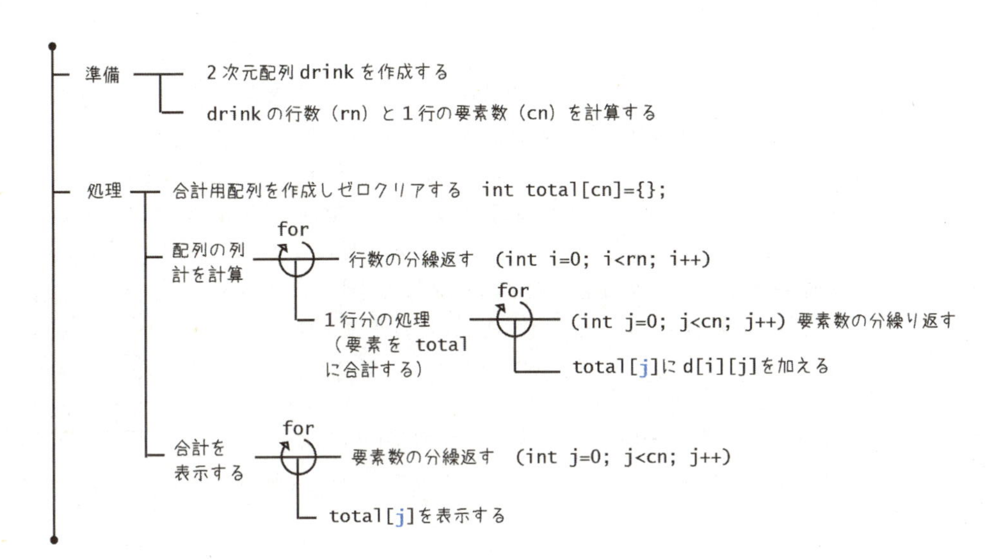

3. 製品番号(1 ～ 5)を入力すると、対応する製品名、在庫数、価格を表示するプログラム(pass15-3.c)を作成しなさい。

・表の太枠部分をstock、nameという2次元配列にします
・2次元配列のデータは表の値を初期化リストで設定します
・製品番号が2次元配列の行番号になります

コンソール
2
デニッシュ　70　120

▲実行結果

stock[][2]

製品番号	在庫数	価格
0	150	180
1	200	250
2	70	120
3	90	180
4	170	80

name[][101]

製品名
肉まん
カレーパン
デニッシュ
クロワッサン
蒸しパン

<ヒント>次のような処理になります

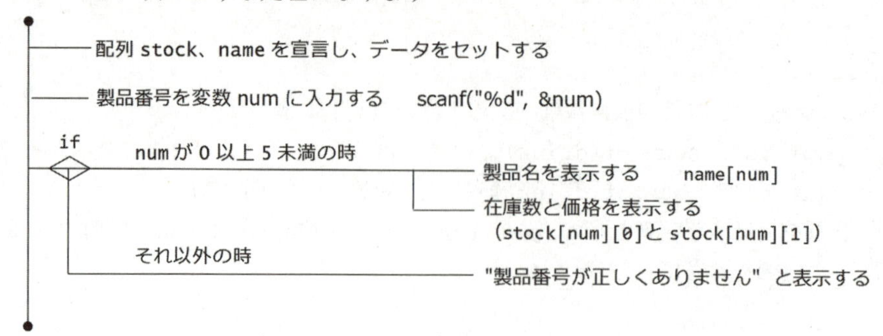

4. 町名の配列を検索して、入力した文字列と同じものがあれば「あり」と表示し、なければ「なし」と表示するプログラム(pass15-4.c)を作成しなさい。

- 町名のデータを右の表からstreet[][51]という配列で作成します
- 文字列aとbが等しいかどうかは、strcmp関数を使います
- strcmp関数は、文字列比較のための標準関数です
  aとbが等しければ、strcmp(a, b) は0を返します
  そこで、次のようなif文で、等しいかどうか判定できます

町名
山川町
真崎町
白岩町
天満町
堂崎町

```
if(strcmp(a, b)==0){  // a と b が等しければ
    ～
}
```

- strcmp関数を利用するには、string.hをインクルードする必要があります

<ヒント>次のような処理になります

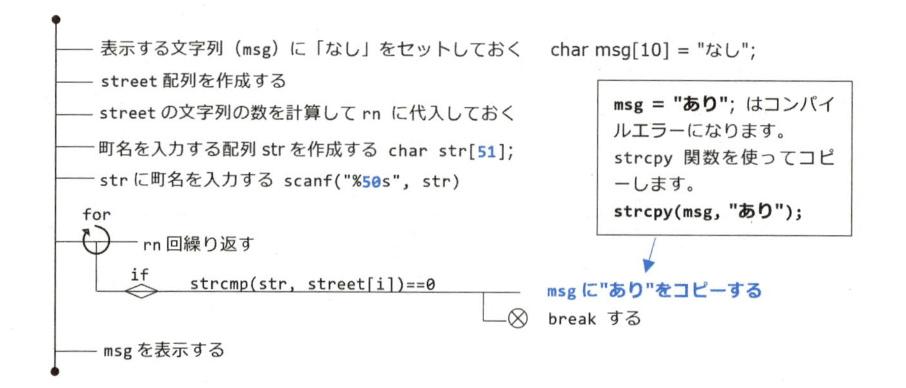

第16章

関数

C言語には、標準関数といって、仕様書で定義されているたくさんの関数がありますが、それらの使い方はAPI（Application Programming Interface）によって知ることができます。そこで、最初にAPIの見方を解説し、標準関数を使ってみます。そして、使い方がわかったら、自分で関数を作る方法を解説します。main関数からそれらの関数を呼び出すようにすると、プログラムの機能を分けて作ることができます。この章を終えれば、関数を組み合わせたわかりやすく効率のよいプログラムを作成できるようになります。

16.1 標準関数とAPI

標準関数とは、C言語の仕様書に書かれている関数で、すでにいくつか使いました。インクルードするヘッダファイルと関数をリストすると、次のようです。

stdio.h
- puts　文字列を出力する
- printf　書式付き出力
- scanf　書式付き入力

string.h
- memcpy　メモリーコピー
- strcpy　文字列のコピー

strcmp　文字列の比較(15章通過テスト P.318)

標準関数はいくつかの種類に分けられていて、利用する時は対応するヘッダファイルをインクルードします。標準関数の一覧表や使用例は、いろいろなウェブサイト(例えば、https://ja.cppreference.com/w/c)に掲載されているので、巻末資料に参考URLを掲載しています。

次はヘッダファイルの一覧です。入門が終わったら、これを参考にして、必要な標準関数やそのほかの定義を検索してください。ただ、今は眺めておく程度で十分です。

ヘッダファイル	定義の内容
ctype.h	文字の種類の判別、テストなどを行う関数
limits.h	いろいろな型の最大値、最小値の定義
locale.h	日付や通貨記号など、ローケル固有の値の定義
math.h	さまざまな数学計算用の関数
stddef.h	size_t、ptrdiff_t、wchar_t、NULLの定義
stdio.h	一般的な多数の入出力用関数
stdlib.h	文字から数値への変換、メモリ操作、検索、ソート、乱数などの関数
string.h	文字列操作のための関数
time.h	日付と時刻を扱う関数
(その他のヘッダファイル)assert.h　errno.h　float.h　setjmp.h　signal.h　stdarg.h	

これらの関数の使い方ですが、入門が終われば、一人で学習できるものでしょうか？

全く問題ありません！
関数の説明は**API**(Application Programming Interface)といって、決まった書式で書かれています。次のポインタの章が終われば、どんなAPIでも理解できるでしょう。ウェブサイトにはサンプルプログラムも掲載されています。

標準関数のAPI

数学では、y = sin x とか b = log a のように書くと、yにはsin xの値が、bにはlog aの値が入りました。C言語の関数もこれと同じです。

```
double y = sin(0.8);        // sin 0.8 の値がyに求まる
double b = log(3);          // log 3.0の値がbに求まる
```

これらはC言語の標準関数です。プログラムなので、左辺の変数の型を指定しなくてはいけませんが、後は同じです。sin(0.8) や log(3) の値が左辺の変数に入ります。このように、「何かの値を受け取って、それを処理した結果を返す」のが関数です。

そこで次に、絶対値を求めるabs関数を使って、APIの見方を説明しましょう。

16

例題16-1 数学関数を使う

sample16-1.c

```
1  #include <stdio.h>
2  #include <stdlib.h>
3  int main(void)
4  {
5      int ans = abs(-10); // -10の絶対値
6      printf("%d¥n", ans);
7      return 0;
8  }
```

実行結果

```
コンソール
10
```

abs関数は、指定された値の絶対値を返す関数です。例題のように、−10を指定すると絶対値の10がansに入ります。

関数の使い方は**API**を見るとわかります。次は、abs関数のAPIの一例です。

関数を定義しているヘッダファイル <stdlib.h>	
定　義	`int abs( int n );`
機　能	整数の絶対値を計算します
引　数	n − 整数
戻り値	nの絶対値(すなわち| n |)

最初の記述から、使うためにはstdlib.hをインクルードする必要があることがわかります。また、次の「定義」を見ると、関数名の他に、関数の**引数**と**戻り値型**がわかります。

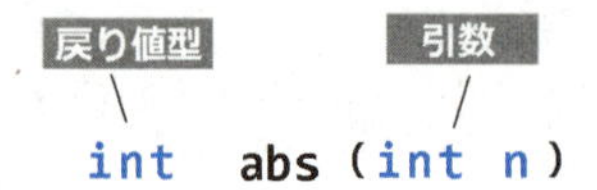

引数(ひきすう)は関数に渡す値です。定義から、abs関数には、int型の引数(値、変数、式)を1つだけ指定することがわかります。

また、戻り値型は、関数が返す値の型のことです。abs関数の戻り値型はintになっているので、次のようにint型の変数を使って戻り値を受け取ります。

```
int ans = abs(-10);
```


この後、APIには、関数の機能の説明や、引数と戻り値の説明が続きます。これらにより、abs関数の機能や意味、使い方がすべてわかるようになっています。

いろいろなウェブに公開されているAPIには、この他に、サンプルプログラムも掲載されています(例えば、https://ja.cppreference.com/w/c/numeric/math/abs)。

他の関数もAPIを見てみましょう。

関数を定義しているヘッダファイル <math.h>	
定　義	`int sin( int x );`
機　能	引数のsinの値を計算します
引　数	x − ラジアン単位の角度を表す浮動小数点数
戻り値	xのsinの値(範囲は[-1, 1])

関数を定義しているヘッダファイル <math.h>	
定　義	`double log( double x );`
機　能	引数の自然対数の値を計算します
引　数	x − 浮動小数点数
戻り値	xの自然対数の値

これならわかりやすいと思いますが、
ウェブなどにも同じように書いてあるのですか？

APIドキュメントは、書き手によって表現の違いはありますが、内容は同じです。例えば、C言語の仕様書では、おおむね次のように書かれています。

abs関数

概要	`#include <stdlib.h>` `int abs(int n);`
説明	abs関数は、nの絶対値を計算します
戻り値	abs関数は、絶対値を返します

引数と型変換

引数には、定数だけでなく、**値の入った変数や式**を指定できます。

```
int y1 = abs(x);
int y2 = abs(x-10);
```

また、double型の引数を持つ関数には、intなど整数型の値も引数に指定できます。double型に**自動型変換**されて、計算に使われるからです。

```
double y3 = log(3);          // 引数の3は3.0に型変換して受け取られる
```

戻り値も同じで、戻り値が整数型なら、double型の変数で受け取ることもできます。

```
double y4 = abs(-3);         // 戻り値の3は3.0に型変換してy4に代入される
```

16

練習 16-1

1. pow関数のAPIが次のように定義されています。
この時、2^{10}の値を計算して表示するプログラム(16-1-1.c)を作成しなさい。

関数を定義しているヘッダファイル <math.h>	
定　義	**double　pow(double a, double b);**
機　能	aのb乗(a^b)の値を計算します
引　数	a－浮動小数点数での基数、b－浮動小数点数での指数
戻り値	a^bの値

```
コンソール
2の10乗=1024.000000
```

△実行結果

2. 本文で説明したlog関数のAPIを参考にして、キーボードをタイプして入力したdoubleの値の対数を、計算して表示するプログラム(ex16-1-2.c)を作成しなさい。

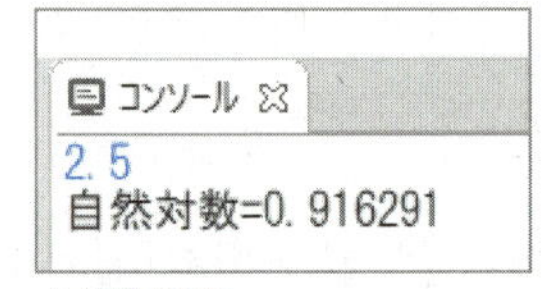

△実行結果

16

3. 次のような関数がある時、安全で正しい使い方はどれですか。
ただし、double p=1.5, q=2.0; と定義してあるものとします。

```
double  function( int a, double b) // 何かの計算をする関数
```

A. double x = function(15.6, 20);
B. double x = function(p+q);
C. int x = function(2, 3.0);
D. double x = function(2, p);
E. double x = function("3", q);
F. double x = function();

【解答】＿＿＿＿＿＿

16.2 関数の作り方と使い方

関数の作り方

関数の使い方が分かったので、次は自分で関数を作ってみましょう。それほど難しいことではありません。

例として、三角形の面積を計算するtriangle関数を作成することにします。最初に、triangle関数の仕様を考えましょう。

> **?** triangle関数の仕様というと、
> 一体、どういうことを考えるのですか？
>
> 簡単なことです。
> 「入力」と「処理」と「出力」の内容を明確にすればいいのです。
> つまり、どういうデータを受け取って、どういう計算をし、何を戻り値として返すかです。
> そして、最後にデータの型を決めておきます。

さて、公式から、底辺の長さ(a)と高さ(h)が分かれば、三角形の面積(s)を次のように計算できます。

```
s = a×h÷2
```

triangle関数では、aとhは外部から入力します。つまり引数です。そして、s=a×h÷2を計算し、結果のsが戻り値になります。データの型ですが、引数a、hの型はdoubleがいいでしょう。すると、戻り値(面積)型もdoubleになります。

以上の仕様から、APIとして、triangle関数の「定義」を次のように決めることができます。

```
double  triangle(double a, double h);
```

定義ができれば、もう関数はできたようなものです。
次の例題は、この定義に従って、処理内容を作成したtriangle関数です。

例題16-2 関数の作り方

sample16-2.c

```
1  double triangle(double a, double h)
2  {
3    double s = a * h / 2;
4    return s;
5  }
```

1行目の関数宣言ですが、ここには関数定義をそのまま書きます。これは、変えることはできません。
ただ、引数の変数名a、hは、x、yのように他の名前に変えても構いません。それ以外は定義と同じでなくてはいけません。

3行目で面積を計算し、結果をsに代入します。このように、引数a、hには何かの値が入っているという前提でコードを書きます。
最後に関数の戻り値をreturn文で指定します。面積の計算結果がsに入っているので、次のようにsを戻り値に指定します。

```
return s;
```

returnに書いた変数の値が、この関数の戻り値になります。
これにより、triangle関数から代入文の形で戻り値を受け取れるようになります。

（例） `double x = triangle(15.2, 3.8);`

作成した関数の使い方

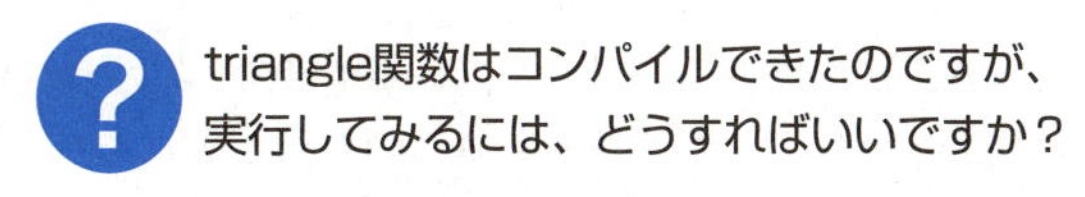

triangle関数だけでは実行はできません。実行するには、main関数が必要です。main関数はプログラムの開始点になる特別な関数ですから、main関数を作成して、その中でtriangle関数を使ってください。

次は、例題16-2にmain関数を書き加えて、triangle関数を使ってみた例です。

例題16-3 triangle関数を使う

sample16-3.c

```
 1  #include <stdio.h>
 2  double triangle(double a, double h);   // 関数プロトタイプ宣言
 3
 4  int main(void)
 5  {
 6      double s = triangle(5.1, 3.4);     // 三角形の面積を計算する
 7      printf("面積=%5.2f¥n", s);
 8      return 0;
 9  }
10  double triangle(double a, double h)    // 三角形の面積を計算する
11  {
12     double s = a * h / 2;
13     return s;
14  }
```

実行結果

```
コンソール
面積= 8.67
```

作成したtriangle関数は青枠で囲った部分です。例題はその上に、従来通りのmain関数を書いています。そして、6行目でtriangle関数を使って三角形の面積を計算しています。これは、abs関数などの標準関数と全く同じ使い方です。

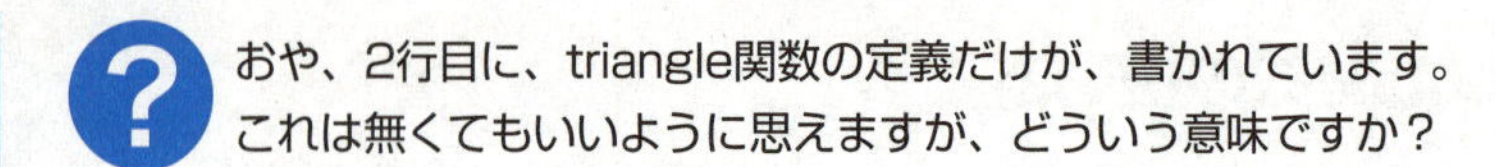

おや、2行目に、triangle関数の定義だけが、書かれています。
これは無くてもいいように思えますが、どういう意味ですか？

これは**関数プロトタイプ宣言**といって、コンパイラにtriangle関数の定義を伝えるものです。6行目で、triangle関数を使っていますが、事前に関数の定義がわかっていないと、コンパイラは6行目の書き方が正しいかどうかチェックできないからです。

変数も宣言してから使いますが、関数も同じです。**関数プロトタイプ宣言**によって、こういう定義の関数を使うと事前に宣言しておかないといけません。

関数の定義が10行目以下にあるので、それを見ればわかりそうなものですが、コンパイラはソースコードを上から順に読んでいきます。6行目まで読んだ時には、まだ、triangle関数の定義を知らないのです。

そこで、プログラムの先頭に関数プロトタイプ宣言を書いておきます。関数プロトタイプ宣言は、インクルード文の直後に書くことになっています。

何だ、そんなことなのですね。
すると、main関数の前に、triangle関数を移動すればどうですか？

確かに、それだとプロトタイプ宣言は不要です。
ただ、main関数の前にtriangle関数があると、人にとっては読みにくいソースコードになります。それに、関数を書く順序に依存したプログラムになるので、将来の変更が難しくなりますね。

関数プロトタイプ宣言を省くことは可能ですが、推奨されません。面倒でも必ず書くようにしましょう。
なお、標準関数では、インクルードするヘッダファイルの中に、関数プロトタイプ宣言が書いてあるので、自分で書く必要はありません。

練習 16-2

1. 次のようなmain関数を持つプログラム(ex16-2-1.c)があります。

```
int main(void){
    double s = circle(2.8);
    printf("円の面積=%f¥n",s);
}
```

circle関数は、円の半径を受け取って面積を返す関数です。定義は次のようです。

double circle(double r)

以上から、circle関数を書いてこのプログラムを完成しなさい。

2. 次のようなmain関数を持つプログラム(ex16-2-2.c)があります。

```
int main(void){
    int n = max(12,8);
    printf("より大きな値=%d¥n",n);
}
```

max関数は、2つの整数を受け取って、大きい方の値を返す関数です。定義は次のようです。

int max(int a, int b)

以上から、max関数を書いてこのプログラムを完成しなさい。

3. 次のようなmain関数を持つプログラム(ex16-2-3.c)があります。

```
int main(void){
    double x;
    scanf("%lf", &x);
    double y = fx(x);
    print("答え=%f¥n", y);
}
```

fx関数は、xの値を受け取って、$\sqrt{3x^2-5x+11}$ を計算して返す関数です。定義は次のようです。

double fx(double x)

以上から、fx関数を書いてこのプログラムを完成しなさい。

＜ヒント＞

・まず、$3x^2-5x+11$を求めておき、その平方根を計算します
・平方根は標準関数のsqrtを使いなさい。sqrt関数のAPIは次のようです

関数を定義しているヘッダファイル <math.h>	
定　義	double　sqrt(double a);
機　能	引数の平方根の値を計算します
引　数	a－浮動小数点数
戻り値	aの平方根の値

16.3 戻り値や引数がない関数

関数には、戻り値を返さない関数や、引数のない関数があります。それらの関数のプロトタイプ宣言は、例えば次のようです。

```
void myprint(int a); ←―― 戻り値がない
int input(void);    ←―― 引数がない
void hello(void);   ←―― 戻り値も引数もない
```

voidは、戻り値が「ない」、引数が「ない」ということを示すために使われるキーワードです。戻り値や引数がない関数では、voidを使って「ない」ことを明示しなくてはいけません。

例題16-4 戻り値、引数がない関数

sample16-4.c

```
1  #include <stdio.h>
2  void hello(void);                   // 関数プロトタイプ宣言
3
4  int main(void){
5      hello();                        // 引数も戻り値もない関数の使い方
6      return 0;
7  }
8  void hello(void)                    // 引数も戻り値もない関数
9  {
10     puts("こんにちは！");
11 }
```

実行結果

```
コンソール
こんにちは！
```

hello関数は、引数も戻り値もないので、4行目のmain関数での呼び出しでは、引数の()には何も書きません。また、hello関数を呼び出すだけで、戻り値を受け取る処理もありません。

一方、hello関数の定義(8行目)では、戻り値と引数にvoidを指定します。内容は、単に「こんにちは！」を表示するだけです。

main関数が、**int main(void)** となっていますね。それで**return 0;**と書いていたのですね。でも、これは誰が(何が)受け取るのですか？

main関数の戻り値は、システムの環境変数という場所に記録されますが、それをどう利用するかは、C言語の規約には書かれていません。それは他のプログラムの問題です。

※ちなみに、main関数では、return 0;を省略してもコンパイルエラーにはなりません。省略した場合、return 0; が書かれているとみなされます。

練習 16-3

1. myprint関数のAPIは次のようです。ex16-3-1.cに、main関数とmyprint関数を作成しなさい。ただし、main関数は、scanfで整数を入力し、それを引数にしてmyprint関数を実行します。

定　義	void myprint(int n)
機　能	引数が偶数なら「偶数です」、奇数なら「奇数です」と表示する
引　数	n - 整数
戻り値	なし

2. input関数のAPIは次のようです。ex16-3-2.cに、main関数とinput関数を作成しなさい。ただし、main関数はinput関数の戻り値をコンソールに表示します。

定　義	int input(void)
機　能	scanfでint型の整数を入力して返す
引　数	なし
戻り値	入力したint型の整数

この章のまとめ

この章では、標準関数を使えるように、関数のAPIの見方について解説しました。また、必要な関数を作成する方法についても解説しました。

標準関数とAPI

◇C言語には、仕様書に定義された**標準関数**があります。標準関数はヘッダファイルに関数プロトタイプ宣言が書いてあるので、ヘッダファイル別に分類できます。

ヘッダファイル	定義の内容
ctype.h	文字の種類の判別、テストなどを行う関数
math.h	さまざまな数学計算用の関数
stdio.h	一般的な多数の入出力用関数
stdlib.h	文字から数値への変換、メモリ操作、検索、ソート、乱数などの関数
string.h	文字列操作のための関数
time.h	日付と時刻を扱う関数

◇標準関数の使い方は、**API**を見るとわかります

```
関数を定義しているヘッダファイル <stdlib.h>
定　義　　　int  abs( int n );
機　能　　　整数の絶対値を計算します
引　数　　　n − 整数
戻り値　　　nの絶対値(すなわち| n |)
```


関数の作り方と使い方

◇関数を作るには、関数が何を受け取って、どういう処理をし、何を戻り値とするか、つまり、入力(**引数**)、処理、出力(**戻り値**)を明確にします。そして、**戻り値型**などデータの型を決めます。これらを明確にすることにより、関数の定義を作成できます。

```
triangle関数の定義：  double triangle(double a, double h);
```

◇関数を実行するには、main関数が必要です。main関数の中で関数を呼び出して利用します。また、インクルード文の次に、**関数プロトタイプ宣言**を書いて、コンパイラに関数定義を知らせるようにしておく必要があります。

◇戻り値(型)や引数がない関数は、戻り値型や引数に**void**と書いて、「ない」ことを明示する必要があります。

```
void hello(void);
```

通過テスト

1. 関数f1、f2、f3がある時、その関数プロトタイプ宣言と関数呼び出しは次のようです。この時、A、Bの下線部分を埋めなさい。

A:関数プロトタイプ宣言

f1の関数プロトタイプ宣言	①____________________
f2の関数プロトタイプ宣言	②____________________
f3の関数プロトタイプ宣言	void f3(void);

B:関数の呼び出し

f1の呼び出し	double x = f1();
f2の呼び出し	double x = f2(10.5, 3.1)
f3の呼び出し	③____________________

2. scanf関数で、2つの値x、yを入力し、さらに、hypot関数により、$\sqrt{x^2+y^2}$を計算して、実行例のように表示するプログラム(pass16-2.c)を作成しなさい。ただし、hypot関数のAPIは次のようです。

関数を定義しているヘッダファイル <math.h>	
定 義	double hypot(double x, double y)
機 能	xの2乗とyの2乗の和の平方根を計算する
引 数	x － 浮動小数点数、y － 浮動小数点数
戻り値	xの2乗とyの2乗の和の平方根の値

```
コンソール
x>5.1
y>3.3
xの2乗とyの2乗の和の平方根=6.074537
```

△実行結果

3. 販売数量に応じて、値引き率が次のように決まっています。

数量	0～99	100～499	500以上
値引き率	0.0	0.05	0.1

販売数量を引数に受け取って、販売数量に応じた値引き率を返すritu関数を作成しなさい。また、main関数では、販売数量をscanfで変数nに入力し、ritu関数を呼び出して適用する値引き率を求めます。

そして、n×単価×(1−値引き率）により、売上金額を計算して表示します。単価は1500円として、実行結果のように表示するプログラム(pass16-3.c)を作成しなさい。

```
コンソール
数量>225
値引き率=0.05
売上金額=337500
```

▲実行結果

第17章

ポインタ

メモリーの場所を指定してデータを読み書きする機能は、C言語の大きな利点です。特に、組み込み機器のプログラミングでは、コンパクトで高速なプログラムを作成できます。この章では、ポインタとアドレスの関係を明らかにした後、ポインタを使って配列を操作する方法を解説します。この章を終えると、関数に配列を受け渡しするプログラムを作成できるようになります。

17.1 ポインタとは

アドレス(番地)

コンピュータのメモリーは、1バイト(8ビット)ずつ区画に分けられていて、各区画には、住所のように**番地**が割り振られています。番地は、0からの連番(整数)です。番地は**アドレス**ともいいます。

機械語でメモリーにあるデータにアクセスするには、アドレスを指定する以外に方法はありません。そのため、「○番地にあるデータを取り出す」とか、「○番地に1000を置く」などという命令があります。

C言語でも、アドレスを扱うことができます。変数dataがある時、&dataは、その変数のアドレス(メモリー上のどこにあるか)の値です。& を**アドレス演算子**といいます。

図のように100番地に変数dataがある時、&dataはdataのアドレスの値100です。

ポインタ

アドレスは変数に入れて利用します。アドレスを入れる変数を**ポインタ変数**、または単に**ポインタ**といいます。また、ポインタ変数の値(=アドレス)も、ポインタということがあります。

ポインタ変数は、**型**と*を使って、次のように宣言します。

```
int     *iptr;    // int型のポインタ
double  *dptr;    // double型のポインタ
float   *fptr;    // float型のポインタ
char    *cptr;    // char型のポインタ
```

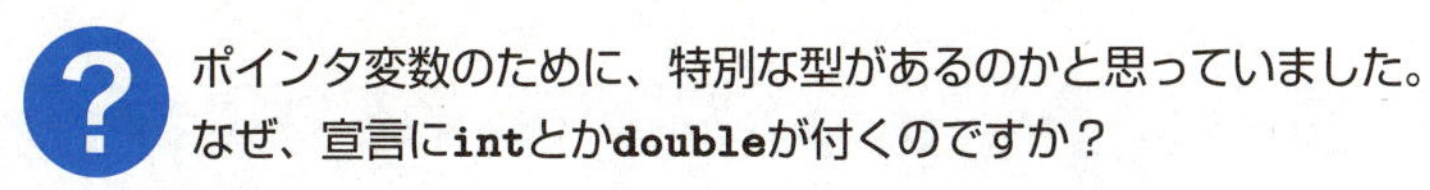

「何型」のアドレスかわかっていないと、アドレスを使ってデータにアクセスできないからです。
というのも、アドレスはデータの開始点を指しているだけです。そこから何バイトがデータなのかは、型によって違うはずですね。

GCCやMinGWでは、intは4バイト、doubleは8バイトありました。アドレスの入っているポインタ変数を使って、データにアクセスするには、そのアドレスから何バイトがデータなのか、分かっている必要があります。

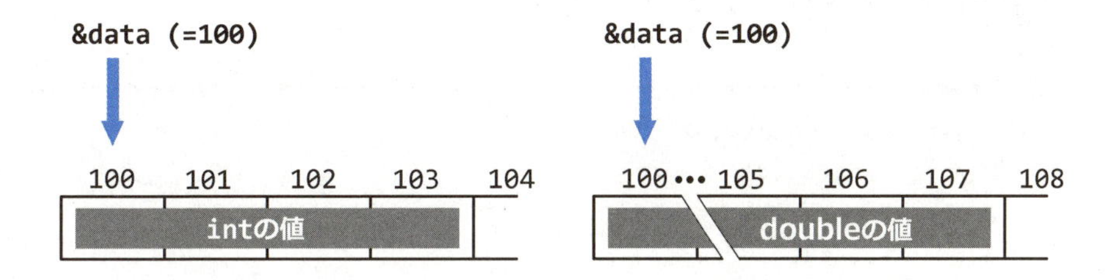

ポインタ宣言にデータ型を使うのはそのためです。ですから、ポインタ変数は単なるアドレス型ではなく、**型付きのアドレス型**であるといえるでしょう。

したがって、ポインタ変数の値も、単なるアドレスではなく、**型付きのアドレス値**です。そのため、値もポインタと呼ぶことがあります。「ポインタ」が変数を指しているのか、値を指しているのかは、使われる文脈で判断してください。

アドレス --- コンピュータのメモリーを1バイトずつに分けて、各々に割り振られた一連番号の値。番地ともいう
ポインタ変数 --- アドレスを入れる変数
ポインタ --- ポインタ変数、または、ポインタ変数の値を指す

17

17.2 アドレスによるデータアクセス

ポインタが理解できたところで、いよいよ機械語と同じように、変数のアドレスを使って、データにアクセスしてみましょう。それには、ポインタ変数と**間接参照演算子(*)**を使います。

指定したアドレスからデータを読む

例題17-1 アドレスによるデータアクセス

sample17-1.c

```
 1  #include <stdio.h>
 2  int main(void)
 3  {
 4      int data = 123;
 5      int *iptr;                          // int型のポインタ
 6
 7      iptr = &data;                       // dataのアドレスをiptrに入れる
 8      printf("アドレス=%p¥n", iptr);      // アドレスを表示(変換指定子はp)
 9      printf("値      =%d¥n", *iptr);     // アドレス位置にある値(整数)を表示
10
11      return 0;
12  }
```

実行結果

```
コンソール
アドレス=000000000061fe44
値      =123
```

青字の部分を見てください。例題は、**int *iptr;** でint型のポインタ変数iptrを作成し、変数dataのアドレス(&data)をiptrに代入しています。

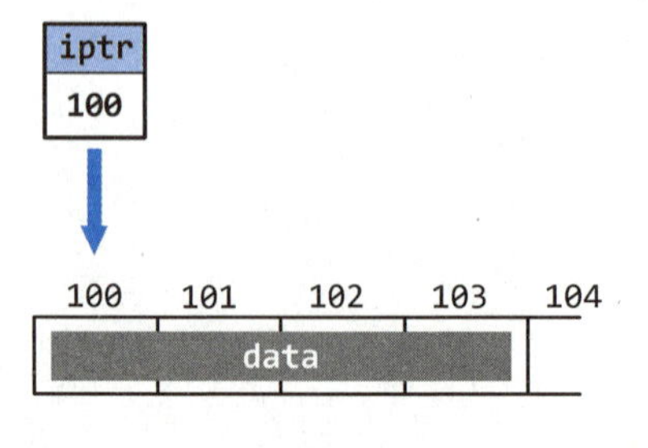

この時、iptrを「**dataを指すポインタ**」と言うことがあります。"指す"というのは、dataは4バイトあるのですが、その先頭のアドレスがiptrに入っていて、「ここにdataがある」と指し示すように見えるからです。

8行目はiptrの値(アドレス)の表示です。ポインタ変数なので出力変換指定は %p です(⇨6章P.110)。これにより、アドレスの値が、16進数で表示されます。実行結果を見てください。

最後に9行目で、ポインタ変数を使って値を表示します。
ここで、間接参照演算子(*)は、ポインタ変数に付けて、「**そのポインタが指すデータを参照する**」演算子です。言い換えると、「**そのポインタが指すデータにアクセスする**」という意味の演算子です。

例題は、*iptrとしているので、iptrが指すデータにアクセスし、int型のデータを取り出しています。つまり、dataの値である123です。これも実行結果で確認してください。
結局、*iptr と書くと、data と書いたのと同じ効果になります。つまり、変数dataと、*iptr は表現は違っても働きは同じです。したがって、**dataの代わりに、*iptrを使うことができます**。これは、とても重要な事実です。

***iptr == data**

指定したアドレスに値を書く

逆にポインタ変数を使って、指定したアドレスに値を書き込むことができます。

例題17-2 指定したアドレスへの書き込み

sample17-2.c

```
 1  #include <stdio.h>
 2  int main(void)
 3  {
 4      int data = 123;
 5      int *iptr;
 6      iptr = &data;         // dataのアドレスをiptrに入れる
 7      *iptr = 999;          // data = 999; と同じ
 8      printf("アドレス=%p¥n", iptr);
 9      printf("値      =%d¥n", data);
10      return 0;
11  }
```

実行結果

```
コンソール
アドレス=000000000061fe44
値      =999
```

青字の7行目に注目してください。ここでも、間接参照演算子(*)が使われています。*iptrは、dataの代わりに使うことができるので、*iptr = 999; とすると、data = 999; と書いたのと同じです。

実行結果を見ると、123だったdataの値が999に変わっていることがわかります。ポインタ変数と間接参照演算子(*)があれば、メモリーにアクセスして自由に読み書きできるので、これは機械語と同じ強力な機能です。

まとめると、次の図に示すように、変数(data)のアドレスをポインタ変数(iptr)に代入すると、data の代わりに *iptr を使って同じことができる、ということです。

int data = 123; int *iptr ; の時	→	iptr = &data; とすると	→	*iptr == data である

でも、扱えるアドレスは変数のアドレスだけですか？
メモリーを自由にアクセスできるわけではないのですね。

いえ、アクセスが許可された領域なら、メモリーのどの場所でもアクセスできます。ポインタ変数に、変数のアドレスではなく、特定のアドレスを直接代入します。例えば次のようにします。

```
int *iptr = (int *)0x000000000061fe44;  //特定のアドレスを代入
*iptr = 999;
```

※このアドレスは、環境によって違います。プログラムを作ってみたい時は、例題17-2を自分のPCで実行し、表示される変数dataのアドレスを使ってください。

組み込み機器などでは、特定のメモリー領域がアクセス可能なメモリーとして公開されているので、C言語の機能でアクセスし、読み書きすることができます。

C言語の強み

C言語の主な用途が機械語の代替であることは間違いありません。限られた環境のためプログラム言語やOSのサービスを利用できない場合は、物理メモリを直接的に操作するプログラムが有効です。

他の言語では、メモリーにアクセスするための仕組みが別に必要ですが、C言語は、メモリーを直接操作できるので、コンパクトで高速なプログラムを開発できます。これがC言語の最大の強みです。

ポインタの初期化

ポインタ変数に何かの値を代入するまでの間、しばしばNULLを代入して初期化しておくことがあります。NULLの値は、アドレスの0番地にあたる0です。
NULLは「有効なアドレスではない」ということを表す値です。stdio.hを始め、ほとんどのヘッダファイルで定義されているので、いつでも使えます。

NULLは、

①どんな型のポインタ変数にでも代入できます

```
int *iptr = NULL;
double *dptr = NULL;
```

②いろいろな関数で、エラーが発生した時の戻り値として使われます。
関数の戻り値がNULLでないか調べるとエラーの有無を判定できます。

```
char *cptr = function();
if(cptr==NULL){
    printf("Error!");
}
```

練習 17-1

1. 次の下線部を埋めなさい。

・double型の変数xのアドレスは、＿＿①＿＿と書く
・double型のポインタdptrの変数宣言は、＿＿②＿＿と書く
・xのアドレスをdptrに代入する式は、＿＿③＿＿である
・dptrを使ってxの値を表示するには、printf("%f¥n", ＿④＿); と書く

2. 次の3つの変数宣言があります。

```
int number = 224;
double val = 12.3;
char ch = 'A';
```

例題にならって、それぞれに応じた3つのポインタ変数を宣言し、ポインタ変数を使って、これらの変数の値をコンソールに表示します。また、表示した後、ポインタ変数を使って、number、val、chの値を実行例のように変更して表示するプログラム(ex17-1-2.c)を作成しなさい

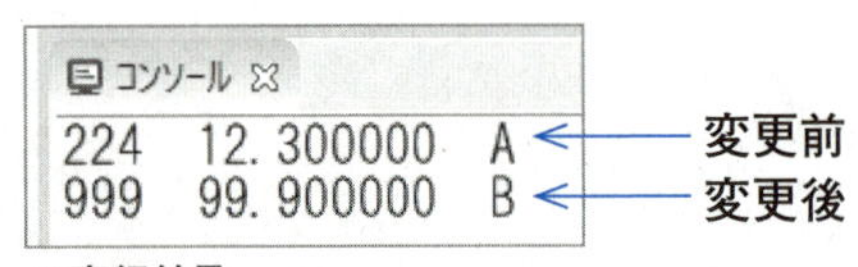

▲実行結果

3. 次のコードには重大な間違いがあります。それは何でしょうか？

```
#include <stdio.h>
int main(void)
{
    int *iptr;
    *iptr = 100;
    return 0;
}
```

17.3 ポインタ演算と配列

ポインタによる配列要素のアクセス

配列array が次のように定義されている時、そのアドレスはどうすれば取得できるか、覚えていますか？

```
int array[] = {10, 20, 30, 40, 50};
```

そうです、**配列名==配列のアドレス**でした（⇨14章P.294）。この場合、arrayが配列のアドレスです。ただし、配列のアドレスとは、配列の最初の要素 array[0] のアドレスであることに注意してください。ここでは、配列のアドレスをポインタ変数に入れて、**ポインタ演算**によって配列要素にアクセスする方法を示します。

ここで、ポインタの演算とは、ポインタに対する加減算をいいます。+、−、++、−−の4種の演算子を使えますが、一般の加減算とは、少し意味が違うことに注意しなくてはいけません。

例題17-3 ポインタによる配列要素のアクセス

sample17-3.c

```
 1 #include <stdio.h>
 2 int main(void)
 3 {
 4     int array[] = {10,20,30,40,50};
 5     int *iptr=array;            // 配列名は配列のアドレス
 6 
 7     printf("%d  ", *(iptr+0));         // 0番目の要素にアクセスする
 8     printf("%d  ", *(iptr+1));         // 1番目の要素にアクセスする
 9     printf("%d  ", *(iptr+2));         // 2番目の要素にアクセスする
10     printf("%d  ", *(iptr+3));         // 3番目の要素にアクセスする
11     printf("%d  ", *(iptr+4));         // 4番目の要素にアクセスする
12     return 0;
13 }
```

実行結果

```
コンソール
10  20  30  40  50
```

***(iptr+0)** は、iptr+0が指す位置から、データを取り出しますね。
それじゃ、***(iptr+1)** は、その1バイト先から取り出すのですか？

そこが、ポインタ演算の肝心なところです。＋１は1バイトではなく、「1つ先の要素」を指すようにアドレスの値を更新する、という意味です。
iptrはint型なので、*(iptr+1) では、4バイト先の位置から取り出します。

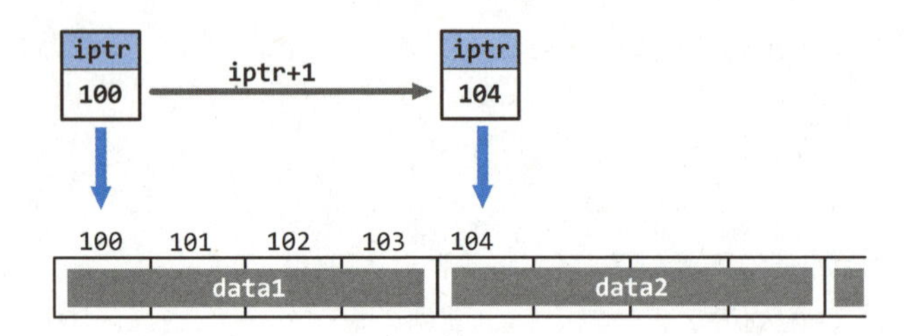

ポインタ演算は、先の要素へポインタを進めたり、前の要素に戻したりする演算です。+1、−1する時、実際には、**型のサイズ分だけアドレスを増減させる**のです。
int型のポインタは、GCCやMinGWでは4バイトなので、+1すると4バイト増え、−1すると4バイト減ります。

for文でアクセスする

明らかに、例題17-3は、for文に書き変えることができます。

例題17-4 for文の中でポインタ演算を利用する

sample17-4.c

```
#include <stdio.h>
int main(void)
{
    int array[] = {10,20,30,40,50};
    int *iptr=array;
    for(int i=0; i<5; i++){            // for文で全要素を出力する
        printf("%d  ", *(iptr+i));
    }
    return 0;
}
```

実行結果

```
コンソール
10  20  30  40  50
```

*(iptr+i) の i は、ループカウンタです。0～4まで変化するので、全ての要素を出力することができます。

練習 17-2

1. 次の空欄を埋めなさい。

 int num[]={25, 42, 33, 20, 18}; がある時、int *iptr=num;とすると、*iptrの値は[①]で、*(iptr+1)は[②]である。ただし、*iptr + 1は[③]である。また、GCC、MinGWでは、iptr+1はiptrに比べて[④]バイト大きい。

【解答】

① ______ ② ______ ③ ______ ④ ______

2. 配列 double x[] = {22.3, 16.8, 11.1, 9.2, 16.3}; がある時、例題17-4にならって、ポインタ変数 dptrを使って配列要素を表示するプログラム(ex17-2-2.c)を作成しなさい。ただし、dptrはdouble型のポインタ変数とします。

▲実行結果

<ヒント>表示の変換指定には %6.1f を使います

17.4 ポインタ表現は配列表現に直せる

これまでの例題ですが、ポインタを使っているのに、何だか、配列に感じが似ています！

確かに、ポインタ演算での+1、+2が、配列の要素番号に似ています。
それどころか、実は、ポインタによる値の参照で、***(iptr+0)**を、配列要素のようにiptr[0]と書いてよいことになっています。

これは、恐らく、誰でもびっくりする事実です。

```
*(iptr + 0)  ==  iptr[0]
```

C言語では、**ポインタ表現をそのまま配列表現にできる**のです。ですから、例題17-3、17-4は次のように書き変えることができます。

例題17-5 ポインタの配列表現

sampel17-5.c

```
 1 #include <stdio.h>
 2 int main(void)
 3 {
 4     int array[] = {10,20,30,40,50};
 5     int *iptr=array;
 6     printf("%d  ", iptr[0]);   // 1つの要素を出力
 7     printf("%d  ", iptr[1]);
 8     printf("%d  ", iptr[2]);
 9     printf("%d  ", iptr[3]);
10     printf("%d  ", iptr[4]);
11     puts(""); // 改行
```

```
12      for(int i=0; i<5; i++){    // for文でまとめて出力
13          printf("%d  ", iptr[i]);
14      }
15      return 0;
16  }
```

```
コンソール
10  20  30  40  50
10  20  30  40  50
```

実行結果▷

実行結果を見ると、配列表現でも正しく表示されることがわかります。これは、ポインタの操作にはとても効果的です。

練習 17-3

1. 練習17-2の２で作成したプログラムを、例題17-5のように配列表現を使うプログラム(ex17-3-1.c)に直しなさい。ただし、for文を使いなさい。

```
コンソール
  22.3  16.8  11.1   9.2  16.3
```

△実行結果

＜ヒント＞表示の変換指定には %6.1f を使います

2. int num[]={25, 42, 33, 20, 18}; がある。この時、int *iptr=num; と代入し、iptrを使って、配列要素の合計を計算して表示するプログラム(ex17-3-2.c)を作成しなさい。

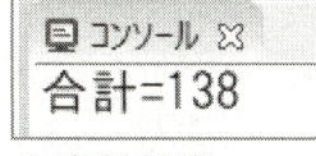

△実行結果

17.5 ポインタと配列

アドレスを使って配列を受け渡す

次は、配列要素の合計を取る例題です。合計の計算を担当するsum関数は、配列を引数として受け取り、配列要素の合計を戻り値として返します。

ただ、C言語では、配列をそのまま受け渡す方法はありません。その代わり、ポインタ変数を使って、配列のアドレスを受け渡します。

前節でポインタ演算について解説しましたので、最初の例は、正直にポインタ変数を使うものを示します。その後、改良版を示します。

例題17-6 ポインタによる配列の受け渡し

sample17-6.c

```
 1  #include <stdio.h>
 2  #include "util.h"
 3  int sum(int *iptr, int size);
 4
 5  int main(void)
 6  {
 7      int array[] = {10,20,30,40,50};
 8      int size = countof(array);          // 配列の要素数をsizeに入れる
 9      int total = sum( array , size);     // 配列のアドレスを渡す
10      printf("合計=%d¥n", total);
11      return 0;
12  }
13  int sum(int *iptr, int size){          // int型のポインタ変数で受け取る
14      int total=0;
15      for(int i=0; i<size; i++){
16          total += *(iptr+i);             // ポインタを1ずつ進める
17      }
18      return total;
19  }
```

実行結果

```
コンソール
合計=150
```

17

まず、main関数の青枠で囲った部分を見てください。配列の合計を計算して返すsum関数を呼び出している所です。引数に配列名、**array**を指定しています。arrayは、コンパイラにより配列の先頭アドレス(0番目の要素のアドレス)に変換されます。なお、sizeは配列の要素数です。

一方、sum関数では、13行目のように、それを配列の先頭要素のアドレスとして、int型のポインタ変数、**int *iptr**で受け取っています。図にすると次のようです。

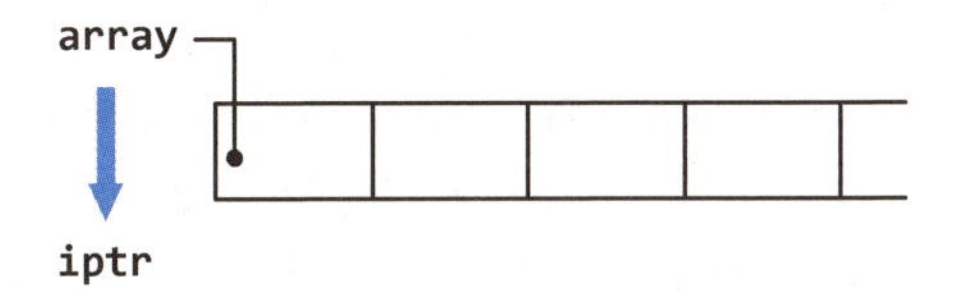

ポインタを使って配列要素にアクセスする方法は前節で解説しました(⇨ 例題17-4)。この例題でも、配列要素の値を合計するために、for文を使っています。

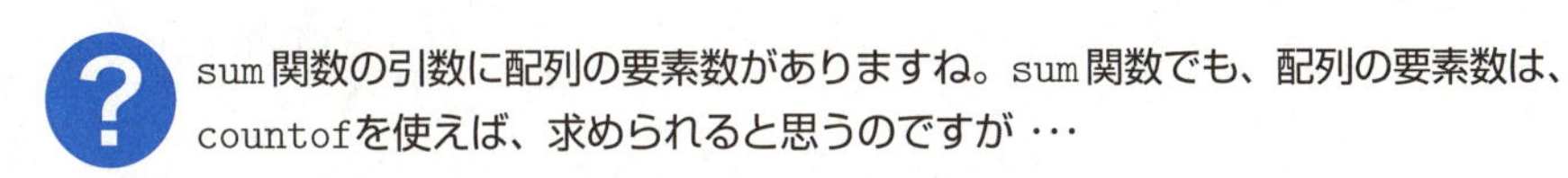

```
for(int i=0; i<size; i++){
    total += *(iptr+i);
}
```

配列の要素数は必要？

? sum関数の引数に配列の要素数がありますね。sum関数でも、配列の要素数は、countofを使えば、求められると思うのですが・・・

sum関数が受け取るのは、配列ではなく配列の開始点を指すint型のポインタ(iptr)ですから、それが1つの変数を指しているのか、配列を指しているのかは知ることができません。つまり、countofは使えないのです。

受け取るのが配列ではなく、配列の先頭位置を示すポインタの場合、これまでのようにcountofで配列の要素数を求めることはできません。

```
int size = countof(iptr);  // 無意味な値になる
```

※countof(iptr)は、sizeof(iptr)/sizeof(iptr[0])と計算されます。iptrはint型のポインタ、iptr[0]はintの値ですから、割り算の答えは8/4で2となり、意味のない値になります

countofが使えるのは、配列を定義した関数の中でだけです。ポインタを使って、配列のアドレスを他の関数に渡す時は、常に、配列の要素数も渡す必要があります。

練習 17-4

1. 次のプログラムの空欄[①]~[③]を埋めなさい。

```
#include <stdio.h>
#include "util.h"
int sum(int *iptr, int size);

int main(void)
{
    int num[]={25, 42, 33, 20, 18};
    int size = [①];
    int total = sum([②], size);   // int型配列の先頭アドレスを渡す
    printf("合計=%d¥n", total);
    return 0;
}
int sum([③], int size){          // int型のポインタ変数で受け取る
    int total=0;
    for(int i=0; i<size; i++){
        total += *(iptr+i);       // ポインタを1ずつ進める
    }
    return total;
}
```

17

2. 次は、main関数で、doubleの配列を宣言し、ave関数を呼び出して配列要素の平均を計算するプログラムの骨格を示しています。空欄[①]～[③]を埋めなさい。

```
int main(void)
{
    double x[] = {22.3, 16.8, 11.1, 9.2, 16.3};
    double average = ave([①], countof(x));
    ...
}
double ave([②] dptr, [③]){
    ....
}
```

17.6 引数を配列表現にする

例題17-6を、配列表現に直したのが次の例題です。配列を受け取っているように見えますが、ポインタを受け取っていることに変わりはありません。見かけ＝表記方法を変えただけであることに注意してください。

例題17-7 配列表記での受け渡し方法

sample17-7.c

```
1  #include <stdio.h>
2  #include "util.h"
3  int sum(int *iptr, int size);  // int sum(int a[], int size);
4                                 // と同じ
5  int main(void)
6  {
7      int array[] = {10,20,30,40,50};
8      int size = countof(array);         // 配列の要素数をsizeに入れる
9      int total = sum( array , size);    // 配列のアドレスを渡す
10     printf("合計=%d¥n", total);
11     return 0;
12 }
13 int sum(int a[], int size){    // ポインタとして受け取るが、配列表記する
14     int total=0;
15     for(int i=0; i<size; i++){
16         total += a[i];         // 配列表記で配列要素を取り出す
17     }
18     return total;
19 }
```

実行結果

```
コンソール
合計=150
```

変わったのは、13行目と16行目の青字の部分だけです。これは、単に表記方法を変えただけです。**ポインタを受け取っていることに違いはありません。**

したがって、３行目のように、関数プロトタイプ宣言は、ポインタ表現でも、配列表現でも構いません。どちらでも同じですが、ポインタ表現の方がよく使われます。

```
int *iptr  ==  int a[]
*(iptr + i) ==  a[i]
```

ここで、**int a[]** は、配列を初期化リストで初期化する時に使う書き方ですが、関数の引数として、int *iptrの代わりに使うことができます。つまり、int *iptrの別の表記法にすぎません。

また、前節で、a[i] は、*(a+i) の配列表現であると説明しました。それを使うと、ポインタ操作も配列表現に直すことができます。

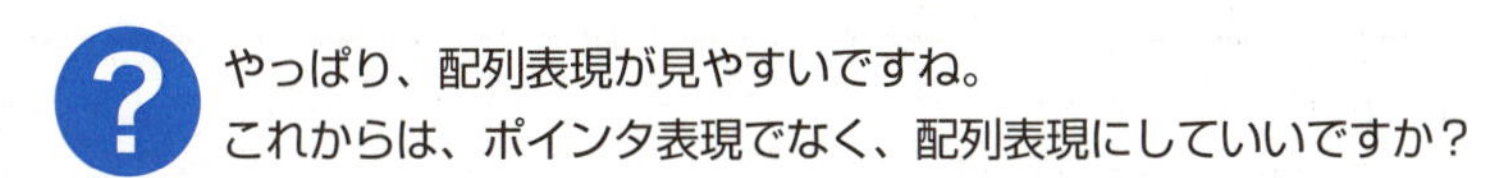

やっぱり、配列表現が見やすいですね。
これからは、ポインタ表現でなく、配列表現にしていいですか？

できるだけ、ポインタ表現は避ける方がいいでしょう。無理にポインタ表現を使う必要はありません。

練習 17-5

1. 次の空欄①、②を埋め、③は選択肢A ～ Cから正しいものを選びなさい。

関数の引数では、int *iptr を[①]と書くことができる。また、関数の処理を作成する時、*(iptr+i) を[②]のように書いてよい。これは[③]ということである。

A. ポインタを配列に変換して受け取っている
B. 表現を変えると、配列を受け取ることができる
C. 表現が変わっただけで、配列を受け取っているわけではない

2. doubleの配列と、その要素数を受け取って、5.0より小さな要素がいくつあるか、個数を計算して返す lessthan5関数があります。
lessthan5関数とmain関数を作成し、double x[]= {8.5, 2.4, 3.1, 9.3, 0.8}; について、lessthan5関数を使って、5.0より小さな要素の個数を求めて、実行結果のように表示するプログラム(ex17-5-2.c)を作成しなさい。

```
コンソール
個数=3
```

▲実行結果

17

17.7 引数のポインタにconst修飾子を付ける

配列を関数に渡すには、配列のアドレスを渡す以外に方法はありません。ただ、アドレスを渡してしまうと、関数側で元の配列要素を書き換えることもできます。

次は書き換えを確認する例題です。

例題17-8 アドレスを渡すとデータを変更できる

sample17-8.c

```
 1  #include <stdio.h>
 2  void change(int a[]);
 3
 4  int main(void)
 5  {
 6      int array[] = {10,20,30,40,50};
 7      change(array);               // 配列のアドレスを渡す
 8      for(int i=0; i<5; i++){
 9          printf("%5d",array[i]);
10      }
11      return 0;
12  }
13  void change(int *a)              // 配列表現では、int a[]
14  {
15      *(a+2) = -999;               // 配列表現では、a[2]=-999;
16  }
```

実行結果

```
コンソール
   10   20 -999   40   50
```


青字の所を見てください。

7行目で、main関数は、change関数に配列のアドレスを渡しています。change関数は、それをint型のポインタ変数aに受け取ります（change関数がアドレスを受け取っていることを強調するために、配列表現ではなく、ポインタ表現を使っています）。

そして、***(a+2)=-999;** によって、配列要素の値を変更します。

main関数は、change関数を呼び出した後、配列要素をコンソールに出力します。すると、元は30だった要素が-999に書き代わっていることが分かります。

アドレスを渡すことにより、関数に値を変更されることは、おおむねリスクと考えられています。そこで、関数は、ポインタを引数に持つ場合、その引数に**const**を付けます。constにより、受け取ったデータを変更しないことを明示するのです。

例題17-9 constを付けた関数

sample17-9.c

```
 1  #include <stdio.h>
 2  #include "util.h"
 3  int sum(const int *iptr, int size);     // int sum(const int a[], int size)
 4                                          // と同じ
 5  int main(void)
 6  {
 7      int array[] = {10,20,30,40,50};
 8      int size = countof(array);
 9      int total = sum( array , size);     // sum関数の呼び出し
10      printf("合計=%d¥n", total);
11      return 0;
12  }
13  int sum(const int a[], int size)        // 引数の配列にconstを付ける
14  {
14      int total=0;
15      for(int i=0; i<size; i++){
16          total += a[i];
17      }
18      return total;
19  }
```

実行結果

```
コンソール
合計=150
```

これは、例題17-7と同じプログラムですが、青字の部分だけが変更箇所です。引数に、ポインタ変数a（見かけは配列形式ですがaはポインタです）があるので、データを変更しないことを明らかにするために、引数にconstを付けます。

```
int sum(const int a[], int size)
```

constは型を修飾する型修飾子で、「**変更できない**」ことを表します。

例題の場合、constを付けたことにより、sum関数の中では、a[] を使って配列array内容を変更できなくなります。例えば、a[0] = 10; のような操作はコンパイルエラーになります。

なお、関数の引数で、int a[] は、int *iptr と同じです。したがって、次の2つの書き方は同じものです。

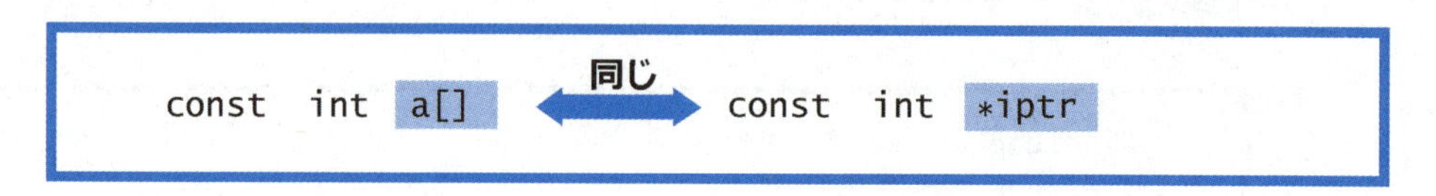

今後、作成した関数にポインタ変数の引数がある場合は、引数にconstを付けなくてもいいかどうか、よく検討してください。

間違って、const int *iptr ではなくて、int const *iptr と書いたのですが、エラーにならないようです！

その書き方は、どちらでも構いません。
他に、int * const iptr と書くこともできます。ただし、これは意味が違うものになるので注意が必要です。

まず、**constはその右側に書いた要素に作用する**ことを覚えておきましょう。

const int *iptr も int const *iptr も、const の右側に *iptr があるので、iptr が指すデータの内容を変更できないという意味です。

一方、int * const iptr と書いた場合は、constはiptrに作用します。そのため、iptrの値を変更できないという意味になります。この場合、ポインタの値を変更できないだけで、ポインタが指すデータの内容は書き替えることができます。

練習 17-6

1. 次のAPIでconstを付けるのはどこでしょうか。正しいものを選択肢から選びなさい。

概要	`char *strcpy( char *dest, char *src );`
機能	srcが指す文字列をdestが指す文字配列に ¥0 を含めてコピーする
戻値	成功するとdestと同じ値、失敗するとNULLを返す

選択肢

A. `char *strcpy( const char *dest, char *src );`
B. `char *strcpy( char * const dest, char *src );`
C. `char *strcpy( char *dest, const char *src );`
D. `char *strcpy( char *dest, char * const src );`

2. 次のコードはコンパイルエラーになりますか？

```
void sub(const double *a)
{
    a[0] += 1;
}
```

3. 次のコードはコンパイルエラーになりますか？

```
void change(int * const a)
{
    a[0] += 1;
}
```

この章のまとめ

この章ではアドレスとポインタ変数について解説しました。そしてポインタ変数を使うと、アドレスで指定したメモリーを読み書きできることがわかりました。また、配列を他の関数の引数として受け渡しする方法についても解説しました。

◇**アドレス**はメモリー領域の特定の場所を示す値で、**ポインタ変数**に代入して利用します。ポインタと間接参照演算子＊を使って、データの読み書きができます。

```
int *iptr = &number;// numberのアドレスをポインタ変数に代入
int n = *iptr;       // iptrの指すデータ(=number)をnに代入する
*iptr = 100;         // iptrの指すデータ(=number)を100に書き替える
```

◇ポインタ変数は、データ型に型付けされたアドレス専用の変数です。そのため、+1すると、1バイトではなく、次のデータの先頭を指すように、アドレス値が増加します。

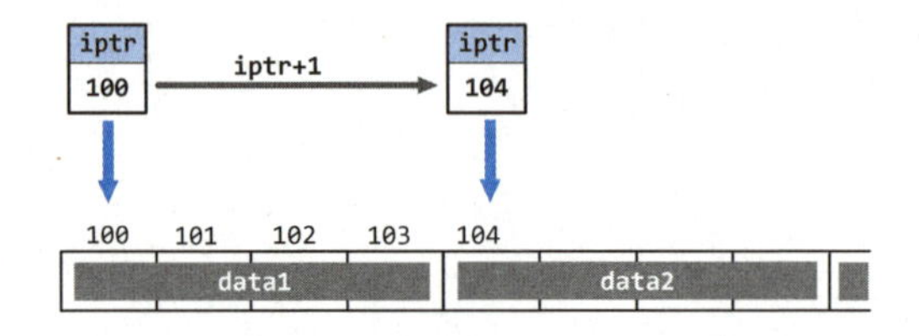

◇ポインタ表現は、配列表現に直すことができます。

```
*(iptr + 0)  ==  iptr[0]
```

◇関数に対して、配列を受け渡す書き方は、配列表現を使うと簡単になります。ただし、配列の要素数も渡す必要があります。また、配列表現でも実体はポインタなので、配列要素の値の変更をコンパイラがチェックできるようにconstを付けます。

```
int data[] = {・・・・};
int total = function(a, countof(a));
            ⬇
int function(const int a[], int size){
    int total = 0;
    for(int i=0; i<size; i++){
       total += a[i];
    }
    return total;
}
```

通過テスト

1. 次のプログラムの実行結果を見てア、イを埋めなさい。

```
#include  <stdio.h>
int  main(void)
{
    int n[] = {1,2,3,4,5};
    (     ア      );                  // ポインタ宣言
    ptr  = (     イ      );           // ポインタ変数にアドレスを代入
    *ptr = 0;
    for(int i=0; i<5; i++){
        printf("%2d", n[i]);
    }
    return   0;
}
```

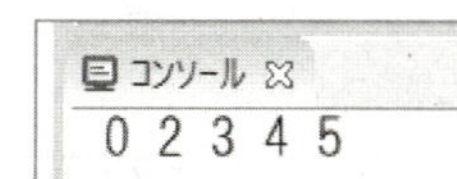

実行結果

【解答】 ア＿＿＿＿＿ イ＿＿＿＿＿

2. 次の文で正しいものに○、誤っているものに×を付けなさい。

ア int a=10, *p; p=&a; のとき、p+0と &p[0] は同じである
イ int n[]={1,2,3}; int *a=n; のとき、*(a+1) は2である
ウ int n[]={1,2,3}; int *a=n; のとき、*(a++) は2である
エ int n[]={1,2,3}; int *a=n; のとき、*(a*2) は &a[1] と同じである
オ int a=10,*p=&a; としてよい
カ ポインタ演算では、+= -= の演算子も使える

【解答】 ア＿＿ イ＿＿ ウ＿＿ エ＿＿ オ＿＿ カ＿＿

3. swap関数は、void swap(int *a, int *b) のように定義される関数で、2つの変数の値を入れ替えて返します。例えば、m=10、n=5 の時、swap(&n, &m); を実行するとnが10、mが5になります。
pass17-3.c を作成し、swap関数とmain関数を作成しなさい。ただし、main関数では、m=10、n=5の時、swap(&n, &m); を実行して、実行結果のように表示しなさい。

```
コンソール
実行前 m=10 n=5
実行後 m=5 n=10
```

実行結果

17

＜ヒント＞

・2つの変数a、bの中身を入れ替えるには作業用の変数tempを作成しておき、次のようにします

　①tempにaを代入

　②aにbを代入

　③bにtempを代入

4. max関数は、doubleの配列xを受け取って、一番大きな要素の値を返す関数です。

概　要	`double max(const double *x)`
説　明	配列xの中で最大の値を求める
戻り値	配列xの中で最大の値を返す

max関数とmain関数を作成し、配列xの最大値を求めて、実行結果のように表示するプログラム(pass17-4.c)を作成しなさい。ただし、配列xは次を使うこと。

```
double x[] = {26.5, 23.7, 28.5, 29.0, 28.8};
```

```
コンソール
最大値= 29.0
```

△実行結果

＜ヒント＞

・配列の要素の最大値を求めるには、次のSPDを参考にしなさい

・max関数のAPIとSPDはポインタ表現で書いてありますが、プログラムは配列表現に直して作成しなさい

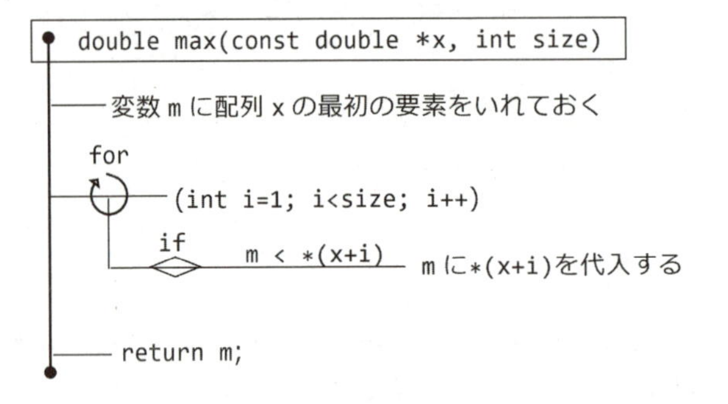

第18章 ポインタと文字列・動的メモリー

ポインタを使って文字列を定義したり利用したりする方法を解説します。また、必要な時に必要なだけ、メモリーを確保して利用する動的メモリーについて、標準関数の使い方を解説します。この章を終えると、文字列を使う処理を簡単に書けるようになります。また、動的メモリーの利用について基本的な理解を得ることができます。

18.1 ポインタと文字列

ポインタ変数を文字列で初期化する

これまで、文字列の作成に配列を使いましたが、別な方法もあります。それはポインタを使う方法です。次の2つの方法を比較してみましょう。

```
A.  char str[] = "Hello";
B.  char *ptr  = "Hello";
```

Aは配列strを作成し、その要素に{'H', 'e', 'l', 'l', 'o', '¥0'}を割り当てます。

一方、Bは、無名の配列{'H', 'e', 'l', 'l', 'o', '¥0'}を、読み出し専用のメモリー領域に作成して、その先頭アドレスを、ポインタ変数ptrに代入します。

"Hello" のような文字列表現を**文字列リテラル**といいます。文字列リテラルだけの特徴として、使われる文脈で働きが違うことがあげられます。

すなわち、Aでは、配列strに文字列リテラル"Hello"がセットされ、Bでは、読み出し専用領域に作成された文字列リテラル"Hello"のアドレスがptrにセットされます。

? AとBの違いはわかりますが、「読み出し専用の」という意味がわかりません。どういう意味ですか？

Bのようにして作成された文字列は、「読み出し」にしか使えず、内容を変更できないということです。もしも、`ptr[0] = 'A';` のように書き変えると、(コンパイルエラーにはなりませんが)実行した時、書き込み違反となって、プログラム全体が正常に動作しなくなります。

C言語は、読み出し専用の領域(initialized read-only area)を持っていて、Bのスタイルで作成した文字列は、そこに置かれます。

したがって、文字列をBのスタイルで作成する時は、内容を変更しないことを明らかにするため、**const**修飾子を付けて、ポインタ変数を宣言します。constを付けて宣言すると、文字列の内容を変更するようなコードは、コンパイルエラーになります。

次の例題で確認しましょう。

例題18-1 配列とポインタ変数の違い

sample18-1.c

```
1  #include <stdio.h>
2  int main(void)
3  {
4      char str[] = "Hello";        // 配列で文字列を作成
5      const char *ptr;
6      ptr = "Hello";               // 文字列を生成してアドレスをptrに入れる
7      //ptr[0] = 'A';              // コンパイルエラー
8      printf("%s¥n", str);
9      printf("%s¥n", ptr);
10     return 0;
11 }
```

実行結果

```
コンソール
Hello
Hello
```

ポインタ変数を文字列で初期化する時は、5行目のように**const**修飾子を付けます。17章で解説したように、constは変更できないことを表す型修飾子です。7行目は、コメントアウトしてありますが、コメントを外してコンパイルすると、コンパイルエラーになります。

constを付けることにより、変更できないことをコンパイラがチェックしてくれるので、安全なコードになります。

練習 18-1

1. const char *str = "こんにちは"; のように宣言する目的はどれですか。

A. 読み出し専用の文字列であると分かるようにすること
B. 文字列を指すポインタ変数の値を変更できなくすること
C. 文字列を変更していないかどうか、コンパイラにチェックさせること

18

18.2 ポインタ変数の利点

? ポインタ変数を使って文字列を作ると、内容を変更できないので不便ですね。配列を使って作る方が、いいような気がします。

それはどうでしょう。
ポインタ変数であれば、文字列の部分的な変更はできませんが、新しい文字列を割り当て直すことができます。

char str[] = "Hello";として、文字列を作ると、後から、str = "good!"; のような代入はできません。for文を使って、変数である配列要素の1つずつを書き換える必要があります(文字数は同じかそれ以下でなくてはいけません)。

しかし、const char *ptr = "Hello";のようにポインタ変数を使って文字列を作ると、後から、ptr = "Goodbye"; とするだけで、新しく文字列 "Goodbye"が作られ、そのアドレスがptrにセットされます。

これは、ptrが指す文字列の内容を変更するのではなく、ptrの値(アドレス)自体が変わるので、constを付けていても大丈夫です。もちろん文字数も関係ありません。
次の例題で確認しましょう。

例題18-2 ポインタ変数の利点

sample18-2.c

```
 1  #include <stdio.h>
 2  int main(void)
 3  {
 4      const char *ptr;      // ポインタ変数を宣言しておく
 5      ptr = "Hello";        // "Hello"を作ってptrにそのアドレスを入れる
 6      printf("%p --- %s¥n", ptr, ptr);
 7      ptr = "Goodbye";      // "Goodbye"を作ってptrにそのアドレスを入れる
 8      printf("%p --- %s¥n", ptr, ptr);
 9      return 0;
10  }
```

実行結果

```
コンソール
0000000000409000 --- Hello
0000000000409011 --- Goodbye
```

青字の部分に注意してください。

char型のポインタ変数ptrは、最初は "Hello" を指しています。しかし、7行目の代入文で、"Goodbye" を指すようにptrの値が書き換わります。

実行結果は、ptrのアドレスとptrが指す文字列を表示していますが、アドレスが増えていることから、"Hello" とは違う場所に "Goodbye" が作られ、そのアドレスがptrにセットされたことが分かります。

練習 18-2

1. 次のAとBについて、正しいものはどれでしょう。ア～カの記号で答えなさい。

A. `const char *str = "こんにちは";`
B. `char str[500] str = "こんにちは";`

ア. Aは文字列の内容を変更できるが、Bはできない
イ. Aはデータ用のサイズに制限があるが、Bは文字列の長さは制限がない
ウ. AとBは同じ文字列なので、実は同じアドレスに配置される
エ. Bは配列だが、Aも配列である
オ. 変数strをA、Bのように作成した後、`str="ABC";` とできるのはAだけである
カ. Aの書き方はコンパイルエラーになる

18.3 文字列ポインタの配列

次に、1つのポインタではなく、3つのポインタを使って、一度に3つの文字列を作ってみましょう。ただし、3つをバラバラに作るのではなく、配列にしておくと便利です。そのような配列は、**文字列ポインタの配列**です。

そこで、「char型のポインタ」の配列 **char *p[3];** を作成しましょう。

? うーん、**char *p[3];** と書くのですか？
これだと、配列なのか、ポインタなのか、よくわかりません…

これは誰もが迷う書き方の1つなので、わかりにくいのは当然です。
理解するためには、演算子の優先順位を見てください。
[ ] の方が、* よりも強い演算子です。
ですから、(char *)(p[]) のようになりますね。
p[] は配列なので、何型の配列かというとchar* 型である、ということです。

この書き方は、char* p[]; のように、charと * をつなげて書くと、char型のポインタという意味がわかりやすくなります。そして、char p[]; や int p[]; と比べると、型がchar* になっているだけですから、char*(char型のポインタ)の配列p ということになります。

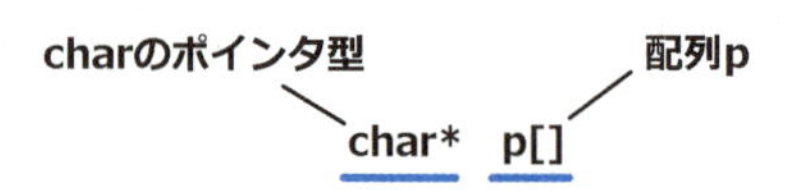

18

では、これを使って配列を作ってみましょう。

これは、「文字列を指すポインタ」の配列、つまり、文字列ポインタの配列です。

例題18-3 文字列を指すポインタの配列

sample18-3.c

```
 1  #include <stdio.h>
 2  #include "util.h"
 3  int main(void)
 4  {
 5      const char* p[] = {           // ポインタの配列を文字列で初期化
 6                "おはよう",
 7                "こんにちは",
 8                "こんばんは"
 9      };
10      // p[0] = "ご機嫌よう";          // おはよう⇨ご機嫌ように置き換わる
11      // p[0][0] = 'A';               // コンパイルエラー
12      int size = countof(p);
13      for(int i=0; i<size; i++){
14          printf("%s¥n", p[i]);
15      }
16      return 0;
17  }
```

実行結果

```
コンソール
おはよう
こんにちは
こんばんは
```

例題は、５行目で、char型のポインタ配列を、文字列で初期化しています。この書き方では、配列要素のそれぞれに、文字列のアドレスが代入されます。つまり、「文字列を指すポインタ」の配列になります。簡単に言うと、**文字列ポインタの配列**です。

どの文字列も、読み出し専用領域に作成されているので、例題のように先頭に**const**を付けて配列を宣言します。これにより、それぞれの文字列の内容を変更しようとした場合、コンパイルエラーになるので安全です。

constが正しく機能するかどうか調べてみましょう。
まず、10行目のコメントを外してみます。すると、"おはよう" は "ご機嫌よう" にかわりますが、これは文字列を指すポインタの値が変わっただけなので、正常に動作します。

一方、11行目のコメントを外すと、こちらはコンパイルエラーになります。これは、文字列 "おはよう" の内容の一部を変更することになるからです（「お」は3バイトあるのですが、その1バイト目が 'A' に変わることになります）。

さて、例題は、countof(p) で配列の要素数を求めて、for文で内容を表示します。実行結果を見ると、3つの文字列が正しく作成されたことがわかります。

練習 18-3

1. 例題18-3にならって、1週間の曜日を表す文字列ポインタの配列を作成し、実行結果のように表示するプログラム(ex18-3-1.c)を作成しなさい。

```
コンソール
月曜日　火曜日　水曜日　木曜日　金曜日　土曜日　日曜日
```

▲実行結果

2. 例題18-3にならって、年号を表す文字列ポインタの配列(年号として明治、大正、昭和、平成、令和の5つを使います)を作成し、実行結果のように表示するプログラム(ex18-3-2.c)を作成しなさい。

```
コンソール
明治　大正　昭和　平成　令和
```

▲実行結果

18.4 動的メモリーの利用

C言語の特徴は、コンピュータのメモリーを自由に利用できることです。malloc関数でヒープ領域のメモリーを、プログラムの実行時に確保し、それを適切なポインタ型にキャストして使います。ただし、不要になったメモリーは必ずfree関数によって解放しなければいけません。

ここでは、プログラム実行時に必要なメモリーを確保して使う動的メモリー確保とその利用方法について解説します。

例題18-4 メモリーを確保してintの配列として使う

sample18-4.c

```
 1  #include <stdio.h>
 2  #include <stdlib.h>
 3  int main(void)
 4  {
 5      int size;
 6      int *nptr;
 7      printf("データ数>"); scanf("%d", &size);   // データ数を入力
 8  
 9      // size × sizeof(int) バイトのメモリーを確保して、そのアドレスをnptrに入れる
10      nptr = (int *)malloc(size * sizeof(int));
11      if(nptr==NULL){                  //  確保できない時、NULLが返る
12          exit(EXIT_FAILURE);          // メモリー不足なら終了する
13      }
14  
15      // int型の配列として使う(処理内容に意味はありません)
16      for(int i=0; i<size; i++){
17          nptr[i] = 0;   // 配列表現を使える
18      }
19  
20      // 不要になったら開放する
21      free(nptr);
22      return 0;
23  }
```

18

malloc関数は、自由に使えるメモリーを、必要量だけ確保して、そのアドレスをvoid型のポインタ値として返します。APIの定義は次のようです。

概要	`#include <stdlib.h>` `void * malloc(size_t size);`
説明	引数で指定したsizeバイトのメモリーを確保する
戻値	確保した領域を指すvoid型のポインタ。確保できない時はNULLを返す

戻り値がvoid型のポインタになっていますが、この場合のvoidは、「**型が決まっていない**」という意味です。どんな型にでもキャストできるので、例題のように使いたい型のポインタにキャストして使います。

```
nptr = (int *)malloc(size * sizeof(int));
```

なお、sizeは例題ではキーボードから入力します。そして、sizeにint型のバイト数である sizeof(int) を掛けて、確保する総バイト数を指定しています。

また、例題のように、確保できたかどうかif文でチェックする必要があります。

```
if(nptr==NULL){
    exit(EXIT_FAILURE);                // メモリー不足なら終了する
}
```

確保できなければ、戻り値がNULLなので、exit関数でプログラムを終了します。exit関数は終了コードをセットしてプログラムを終了させます。EXIT_FAILUREは、stdlib.hで定義されている異常終了を示す値です。

malloc関数で確保したメモリーは、初期化されていません。それまでの状況により、無意味なデータで埋まっている可能性があります。上書きする場合は構いませんが、もしも、0に初期化したメモリーを確保したい時は、mallocではなく、calloc関数を使います。

概要	`#include <stdlib.h>` `void * calloc(size_t n, size_t size);`
説明	sizeバイトのメモリーをn個分確保し、0で初期化する
戻値	確保した領域を指すvoid型のポインタ。確保できない時はNULLを返す

calloc関数は、メモリーブロックを初期化する分だけ、malloc関数よりわずかに処理時間がかかりますが、機能的には同じです。

? 配列を作るだけなら、malloc を使わなくてもいいのでは？
int a[size]; のように宣言できると思うのですが …

そうです、それは**動的配列**といいます。
動的配列とmalloc、callocの違いは、確保できるメモリー量です。malloc、callocは動的配列よりもはるかに大きなサイズを利用できます。

C言語は、メモリー領域をいくつかに分けて管理しています。動的配列は**スタック領域**に、mallocやcallocで確保したメモリーは**ヒープ領域**に置かれます。スタックは、一時的な記憶に利用するので、それほど大きな容量は用意されていません。一方、ヒープは永続的な記憶に利用するので、大きな容量が割り当てられています。

mallocやcallocは、大きなサイズを確保できる以外に、**realloc**関数を使って、確保したメモリーサイズを後から増減できます。最初は少しだけ確保しておいて、不足しそうになったら追加するといった使い方もできます。

概要	**#include <stdlib.h>** **void * realloc(void *ptr, size_t size);**
説明	ptrが指す既存のメモリブロックの大きさを、sizeバイトに変更する 縮小しない限り、既存のデータはそのまま残る
戻値	確保した領域を指すvoid型のポインタ。確保できない時はNULLを返す

動的に確保したメモリーは、ファイル入出力のバッファや、ファイルデータの格納にも使います。ファイルは読み込んだ順番にしかデータ処理できませんが、メモリーに置いておけば、メモリー上で検索や並べ替えを行えます。

さらに、リストやツリーなど、定番のデータ構造を作る場合にも、mallocでメモリーを確保します。 複数のデータをポインタで連結してデータ構造を作成します。

どれもメモリーを確保するだけでなく、利用のためのプログラミングが必要です。高度な内容になるので本書では扱いませんが、このような多彩な利用方法があることを知っておきましょう。

free関数

例題の最後で、free関数を使って、確保したメモリー領域を解放しています。mallocで確保したメモリー領域は、free関数で開放するまで存続し続けます。開放を忘れるとメモリーが不足し、プログラムが異常終了する原因になるので、不要になったら、必ず開放するようにしてください。

概要	**#include <stdlib.h>** **void free(void *ptr);**
説明	ptrが指す既存のメモリブロックを開放する
戻値	戻り値はない

練習 18-4

1. 次のSPDで示す処理を実行するプログラム(ex18-4-1.c)を作成しなさい。

- 配列の要素数を入力する変数 size を宣言し、キーボードから要素数を入力する
- double *dptr に、malloc を使って、size×sizeof(double) バイトのメモリーを割当
- if dptr==NULL "メモリー不足です"と表示した後、exit する
- for size 回繰り返す
  - dptr の各要素に 1~size までの値を入れる　dptr[i]=i+1;
- 配列 dptr の最後の要素の番号を変数 at に保存する　int at = size-1;
- 再割り当てのために、size の値を 2 倍にしておく　size *= 2;
- realloc を使って、dptr に size×sizeof(double)のメモリーを再割り当てする
- if dptr==NULL "メモリー不足です"と表示した後、exit する
- dptr[at]の内容を表示する（値が残っていることを確かめるため）
- free でメモリーを開放する

```
コンソール
要素数>300
dptr[at]=  300
```

実行結果

この章のまとめ

この章では、文字列データの作成と利用方法、動的メモリーの利用方法について解説しました。

ポインタ変数と文字列

◇文字列は配列として作成する他に、ポインタ変数に文字列リテラルを代入する方法でも作成できます。

```
char str[] = "こんにちは";
char *ptr = "こんにちは";
```

◇ポインタ変数に文字列リテラルを代入する方法では、文字列はシステムの読み出し専用領域に作成されるので、内容は変更できません。そこで、コンパイラがチェックできるように、constを付けて宣言します。

```
const char *str;            // constを付けて宣言する
```

◇同じポインタ変数に、いろいろな文字列を再代入できます。

```
str = "こんにちは";          // strには"こんにちは"のアドレスが入る
str = "さようなら";          // strには"さようなら"のアドレスが入る
```

◇複数の文字列は文字列ポインタの配列として定義できます。
この場合も、constを付けて宣言します。

```
const char*  p[] = {"おはよう", "こんにちは", "さようなら"};
```

動的メモリー

◇動的メモリーとは、必要な時に必要なだけのメモリーを確保して利用することです。次の4つの標準関数を利用します。

```
void * malloc(size_t size);                  メモリーの確保
void * calloc(size_t n, size_t size);        メモリーの確保(初期化付き)
void * realloc(void *ptr, size_t size);      メモリーの再割り当て
void free(void *ptr);                        メモリーの開放
```

◇メモリーが不要になったら必ず**free**関数で開放しなくてはいけません。

```
int *iptr = (int *)malloc( size * sizeof(int));
...
free(iptr);
```

通過テスト

1. 1～5の値を入力すると、対応する都市の名前を表示するプログラム(pass18-1.c)を作成しなさい。都市と番号の対応は表に示す通りとする。なお、1～5以外の番号を入力すると「該当なし」と表示するようにしなさい。

1	2	3	4	5	その他
札幌	東京	名古屋	大阪	福岡	該当なし

```
コンソール
番号>5
福岡
```

```
コンソール
番号>7
該当なし
```

▲実行結果

<ヒント>

・"札幌" から "該当なし" まで、表の順番で、文字列の配列を作成します
　ただし、char* の配列を作ること

・配列のうち、(入力した値-1)番目の文字列を表示する

・範囲外の値が入力された時は配列の最後の要素("該当なし")を表示する

2. 次の手順①～④を実行するプログラム(pass18-2.c)を作成しなさい。プログラムには、処理を実行するmain関数とinit関数を作成しなさい。

①doubleの配列1000個分のメモリーを確保する

②init関数を使って、確保した配列の全要素を1.0で初期化する。
　ただし、init関数のAPIは次のようです。

概要	double * init(double *data, int size, double val);
機能	配列dataとその要素数size、初期値valを受け取り、dataの全ての要素にvalを代入する
戻値	valで初期化した配列dataを返す

③配列の先頭から10個を実行結果のように表示する

④メモリーを開放する

```
コンソール
 1.0  1.0  1.0  1.0  1.0  1.0  1.0  1.0  1.0  1.0
```

▲実行結果

いろいろな宣言

プログラム作成時に必要になる実践的な知識として、マクロの書き方、複数のソースファイルでプロジェクトを構成する方法、そしていろいろな変数について解説します。この章を終えると、複数のソースファイルを組み合わせて規模の大きなプログラムを作成できるようになります。

19.1 前処理とマクロ定義

C言語では、ソースプログラムをコンパイル・リンクする時、自動的に前処理(プリプロセス)が起動して、ソースファイルが書き換えられます。コンパイル・リンクに使われるソースファイルは、前処理(書き換え)を実行した後のファイルです。

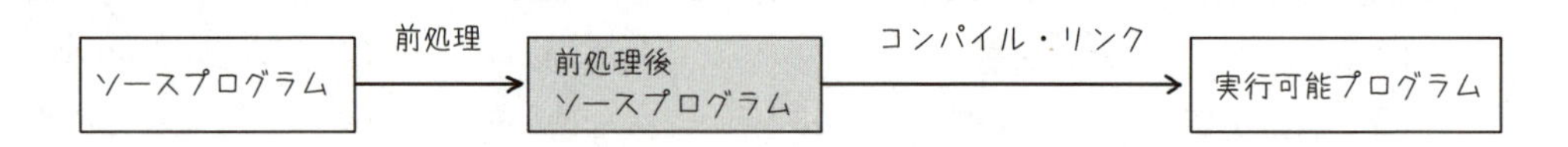

**ソースファイルを書き換えるとは驚きです。
一体、何を書き換えるのですか？**

プログラムの1行目に #include <stdio> などと書いていましたね。
#includeはヘッダファイルの読み込み指令です。ですから、1行目から下に、stdio.hファイルの内容を読み込むのです。
その他、#defineを使った文字列の置き換えなどもします。

プリプロセッサというシステムプログラムが、自動的に起動して、前処理を行います。具体的には、ソースプログラムに書かれている、次のような**前処理指令**を実行します。

#include <ヘッダファイル名>	指定したヘッダファイルを読み込む
#define str1 str2	ソースコードの中のstr1を全てstr2に置き換える

#include

#includeを書いた位置に、指定したヘッダファイルを読み込みます。標準ヘッダファイルは<stdio.h>のように <> で囲って指定しますが、新たに作成したヘッダファイルの場合は、"util.h" のように2重引用符で囲って指定します。

19

2重引用符で囲む場合、ヘッダファイルはソースコードファイルと同じフォルダにおきます。他の場所に置く場合は、コンパイラに対してフォルダを指定する必要があります。Eclipseの場合、メニューからダイアログを開いて指定します。

手順

メニューから、プロジェクト⇨プロパティと選択してダイアログを開き、C/C++ビルド⇨設定⇨ツール設定⇨GCC C Compiler／includes を選択します。ツール設定タブの左欄にある追加アイコンをクリックすると、ディレクトリを指定できます。

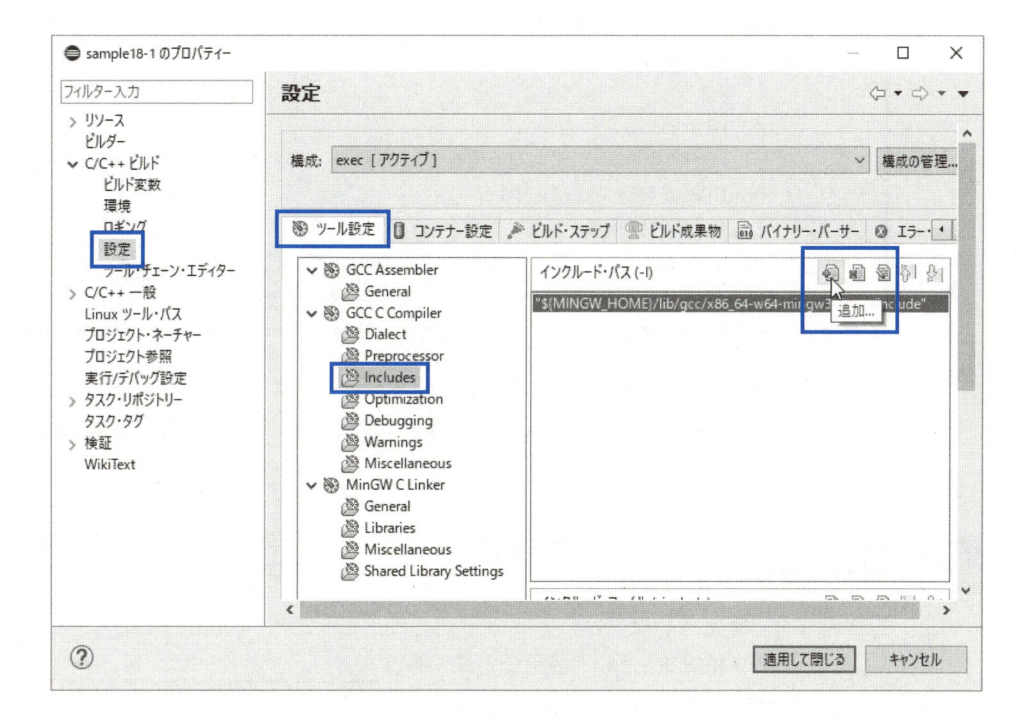

#define --- オブジェクト形式マクロ

#define str1 str2 のように使って、ソースコード中の文字列str1を全てstr2に置き換えます。

例題19-1 #defineによる文字列の置き換え指定

sample19-1.c

```
1  #include <stdio.h>
2  #define PI    3.14;
3  int main(void)
4  {
5      double r;
6      printf("半径>");scanf("%lf", &r);
7      double s = r * r * PI;
8      printf("円の面積 = %7.3f", s);
9      return 0;
10 }
```

実行結果

```
コンソール
半径>10.5
円の面積 = 346.185
```

例題のように、#define PI 3.14 と書いておくと、ソースコードに書いてあるPIを3.14に置き換えてから、コンパイルします。このような文字列の置き換え指定を**オブジェクト形式マクロ**といいます。

練習 19-1

1. 次のマクロを定義しなさい
・06088123 をNUMBERという名前で定義する ＿＿＿＿＿＿＿＿＿＿
・0.25 をBMI_INDEX という名前で定義する ＿＿＿＿＿＿＿＿＿＿

2. 0.1をZEIRITUという名前でマクロ定義し、次のプログラム(ex19-1-2.c)を書き換えなさい。

```
#include <stdio.h>
int main(void)
{
    double gaku;
    printf("金額>");scanf("%lf", &gaku);
    gaku = gaku + gaku*0.1;
    printf("支払い額=%5.0f", gaku);
    return 0;
}
```

#define --- 関数形式マクロ

オブジェクト形式マクロは、主にプログラムの保守性を向上するために使われますが、これとは別の目的を持つのが**関数形式マクロ**です。例を示します。

例題19-2 関数形式マクロ

sample19-2.c

```
1  #include <stdio.h>
2  #define  calc(x)    2*x*x+3*x+1
3  int main(void)
4  {
5      double  a;
6      printf("double>"); scanf("%lf", &a);
7      double  f = calc(a);
8      printf("式の値=%f", f);
9  }
```

実行結果

```
コンソール
double>3
式の値=28.000000
```

2行目のマクロ定義は、"calc(x)"という文字列を、"2*x*x+3*x+1"($2x^2+3x+1$を計算する式)に置き換える、という定義です。

calc(x) ——置き換え——▶ 2*x*x+3*x+1

このマクロを利用したのが7行目です。"calc(a)"と書いているので、次のような置き換えを指示することになります。

calc(a) ——置き換え——▶ 2*a*a+3*a+1

プリプロセッサは、xの部分をaに書き換えます。
この形が、一見、関数の様に見えるので、関数形式マクロといいますが、実体は、文字列の置き換えであることを忘れてはいけません。

前処理により、プログラムは次の様に書き換えられます。

19

```
-- ここにstdio.hの内容が挿入される --
int main(void)
{
    double  a;
    printf("double>"); scanf("%lf", &a);
    double  f =  2*a*a+3*a+1;
    printf("式の値=%f", f);
}
```

関数形式マクロの正しい書き方

例題のマクロをそのまま使うと、誤った式に置き換えられてしまう場合があります。

例1：calc(**a+1**) ⇨ 2***a+1***a+1**+3***a+1**+1　a+1を( )で囲う必要がある
例2：calc(a)***2** ⇨ 2*a*a+3*a+1***2**　(2*a*a+3*a+1)*2が正しい

このような誤った置き換えを防ぐには、マクロ定義で次の原則に従う必要があります。

マクロの正しい書き方

・マクロでは、置き換え後の変数を( )で囲む
・マクロでは、置き換え後の式全体も( )で囲む

例題のマクロを、この「正しい書き方」に従って書きなおすと次のようになります。

```
#define    calc(x)    (2*(x)*(x)+3*(x)+1)
```

書き直したマクロでは、先ほどの例は次のよう置き換えられ、正しく動作します。

例1：calc(**a+1**) ⇨ (2*(**a+1**)*(**a+1**)+3*(**a+1**)+1)
例2：calc(a)***2** ⇨ (2*(a)*(a)+3*(a)+1)***2**

引数が2つ以上あるマクロ

次のように、2つ以上の引数があるマクロも定義できます。

```
#define   div(x,y)  (2*(x)/((y)+1))
```

使用例：div(a,b) ⇨ (2*(a)/((b)+1))

マクロ名と( )の間は詰める

次のように空白を入れるとそこが定義の区切りとみなされ正しく動作しません。空白を入れずに詰めて書いてください。

空白を入れない！

誤：#define calc (x) (2*(x)*(x)+3*(x)+1)

マクロの副作用

例えば、calc(++a)という使い方をすると、次のように書き換えられ、++aが3回も実行されてしまいます。

副作用の例：calc(**++a**) ⇨ (2*(**++a**)*(**++a**)+3*(**++a**)+1)

関数形式マクロが「文字列の書き換え」であることを理解して、注意深く使う必要があります。

練習 19-2

1. 次の機能を持つ、関数形式マクロを書きなさい。

ア 引数xの2乗を計算する式になるsquare(x)マクロ
イ 引数xの絶対値になるabs(x)マクロ
ウ 2つの引数xとyの大きい方になるmax(x,y)マクロ

＜ヒント＞
・イとウは、条件演算子?:を使いなさい(条件演算子はP.231を参照)

19.2 複数のソースコードファイル

普通のソフトウェアでは、ソースファイルが1つということはまずありません。ある程度の規模になると、関数の数が増えるので、入出力や検索、表示など、機能によっていくつかのソースファイルに分けます。

プロジェクトを複数のソースコードから構成するには、次の原則に従うといいでしょう。

①ソースファイルの中にあるすべての関数について、関数プロトタイプ宣言を書く(main関数だけは書かなくてもよい)
②main関数を含まないソースファイルは、ヘッダファイルを作成して、ソースファイルに作成した関数プロトタイプ宣言(⇨16章P.328)をコピーしておく。
③他のソースファイルにある関数を利用する時は、その関数のプロトタイプ宣言が書かれているヘッダファイルをインクルードする。

今、次のようなmain.cとsub.cの２つのソースファイルがあります。これを使って、上の原則により、プロジェクトを構成してみましょう。

次に示すように、main.cにはmain関数だけが定義されています。sub.cには、sub1関数とsub2関数が定義されています。

▼main.c

```
1       #include <stdio.h>
2       int main(void)
3       {
4           puts("-- main");
5           sub1();
6           return 0;
7       }
```

▼sub.c

```
1       #include <stdio.h>
2       void sub1(void){
3           puts("-- sub1");
4           sub2();
5       }
6       void sub2(void)
7       {
8           puts("-- sub2");
9       }
```

では、まず、①と③に注意して、ソースコードを変更してみましょう。

main.cでは、sub.cのsub1関数を使っているので、本来なら、sub1関数の関数プロトタイプ宣言を書くのですが、その代わりに、sub.cのヘッダファイルであるsub.hをインクルードします(sub.hはこの後作成します)。

すでに説明したように、sub.hにはsub.cにあるすべての関数プロトタイプ宣言が書いてあります。したがって、sub.cにある関数を使う時には、sub.hさえインクルードすればよいという原則になります。これで、ソースファイルが増えたり、呼び出し関係が複雑になったりしても、対応が簡単になるのです。

また、sub2.cではすべての関数のプロトタイプ宣言を作ります。

①と③により変更すると次のようになります。

▼main.c

```
1       #include <stdio.h>
2       #include "sub.h"
3       int main(void)
4       {
5           puts("-- main");
6           sub1();
7           return 0;
8       }
```

▼sub.c

```
1       #include <stdio.h>
2       void sub1(void);
3       void sub2(void);
4       void sub1(void){
5           puts("-- sub1");
6           sub2();
7       }
8       void sub2(void)
9       {
10          puts("-- sub2");
11      }
```

**あとは、ヘッダファイルを作るだけですね。
でもどうやって作るのですか？**

Eclipseのメニューを使って簡単に作成できます。
あらかじめ必要な記述が書き込まれたスケルトンファイルが自動生成されるので、とても簡単ですよ。

19

では、最後にsub.cのヘッダファイルを作成します。ヘッダファイルの名前はソースファイルと同じにし、拡張子を .h にします。内容は、関数プロトタイプ宣言です。つまり、sub.cの2、3行目をそのままコピーします。

Eclipseでの作成手順は次の通りです。

ヘッダファイル作成手順

①メニューで、[ファイル]⇨[新規]⇨[ヘッダー・ファイル]と選択する
⇨[新規ヘッダー・ファイル]ダイアログが開く
②ダイアログの、[ヘッダー・ファイル]欄に、sub.h と入力する
③[完了]ボタンを押す

以上の手順で、次のようなヘッダーファイルのスケルトンが自動作成され、Eclipseのエディタに表示されます。空欄になっている3行からの部分に、関数プロトタイプ宣言を記入します。

```
1    #ifndef SUB_H_
2    #define SUB_H_
3
4
5    #endif
```

#ifndef、#endifは、プリプロセッサの前処理命令の1つで、if文のような働きをします。次の図に示すように、Aが定義されていない時だけ、青い部分に書かれた内容を読み込みます。

```
#ifndef  A
ここに書かれた内容が読み込まれる
#endif
```

Aに対応する部分には、SUB_H_と書かれているので、SUB_H_が定義されていなければ、2行目の#define SUB_H_を実行し、3行目から下に書き足す関数プロトタイプ宣言を読み込むことになります。

この記述は、sub.hを2度以上読み込まないようにするための記述です。

つまり、初めて、sub.hを読み込んだ時、#define _SUB_H_により、_SUB_H_が定義されます。2度目以降は、_SUB_H_が定義済みなので何も読み込まない、というわけです。

うーん、sub.hを2度以上も読み込むことなんてあるのですか？どういうことか、意味がわかりません。

何かの事情で、ヘッダファイルに #include "sub.h" と他のヘッダファイルの読み込み指令が書かれていることがあります。例題のmain.cで、このようなヘッダファイルを読み込むと、sub.hを2重に読み込むことになり、コンパイルエラーが起こります。

さて、理屈が分かったところで、関数プロトタイプ宣言をsub.hにコピーすると、次のようになります。

▼sub.h

```
1       #ifndef SUB_H_
2       #define SUB_H_
3       void sub1(void);
4       void sub2(void);
5       #endif
```

以上で完成です。最後に、まとめてソースコードを示します。

例題19-3 複数のファイルからなるプログラム

main.c

```
#include <stdio.h>
#include "sub.h"
int main(void)
{
    puts("-- main.c");
    sub1();
    return 0;
}
```

実行結果

```
コンソール
-- main.c
-- sub1
-- sub2
```

sub.c

```
#include <stdio.h>
void sub1(void);
void sub2(void);
void sub1(void)
{
    puts("-- sub1");
    sub2();

}
void sub2(void)
{
    puts("-- sub2");
}
```

sub.h

```
#ifndef SUB_H_
#define SUB_H_
void sub1(void);
void sub2(void);
#endif
```


青字の部分が、元のコードに追加した記述です。

ソースコードファイルが増えても、やり方は同じです。①〜③の基本原則に従うだけで、簡単にプロジェクトを構成できます。では、sample19-3プロジェクトをコンパイルして、エラーがないことを確認し、実行してみてください。

練習 19-3

1. ex19-3-1プロジェクトは、配列の要素の平均を求めるプログラムです。プロジェクトが、main.c、sub.cの2つのソースファイルから構成されるとき、ソースファイルに必要な記述を追加し、ヘッダファイル(sub.h)を作成して、プロジェクトを完成しなさい。

▼main.c

```
#include <stdio.h>
#include "util.h"
int main(void)
{
    double x[] = {1.5, 2.1, 1.7, 0.8, 3.1};  // データ配列
    double ave = average(x, countof(x));     // 平均を求める
    printf("平均値=%6.3f", ave);
    return 0;
}
```

▼sub.c

```
#include <stdio.h>
double average(double x[], int size)  // 配列xを受け取って要素の平均を返す
{
    double total = sum(x, size);      // 合計を求める
    return total / size;              // 平均を計算して返す
}

double sum(double x[], int size)      // 配列xを受け取って、要素の合計を返す
{
    double total=0;
    for(int i=0; i<size; i++){        // 合計を計算
        total += x[i];
    }
    return total;
}
```

19.3 いろいろな変数

これまで変数は宣言した関数の中でだけ使うことができました。そのような変数は**ローカル変数**といいます。ローカル変数の**スコープ**(通用範囲)は、宣言した関数内です。

また、ローカル変数は、変数を宣言した関数の実行が終了すると、値が消えてしまいます。自動的に消去されるので、**自動変数**ともいいますが、そうではないローカル変数もあります。

ここでは、これまで扱った以外のいろいろな変数について解説します。

グローバル変数

ローカル変数のスコープが、変数を宣言した関数内であるのに対して、同じソースファイルにあるすべての関数の中からアクセスできる共有変数を、**グローバル変数**といいます。例題を見てみましょう。

例題19-4 グローバル変数

sample19-4.c

```
 1  #include <stdio.h>
 2  void sub(void);
 3  int gn=100;                              // グローバル変数
 4  int main(void)
 5  {
 6      gn = 10;                             // main関数からアクセス
 7      printf("main -- n=%d¥n", gn);
 8      sub();
 9      return 0;
10  }
11  void sub(void)
12  {
13      gn += 10;                            // sub関数からアクセス
14      printf("sub  -- n=%d¥n", gn);
15  }
```

実行結果

```
コンソール
main -- n=10
sub  -- n=20
```

おや、変数宣言の場所が、ヘンです！
関数の外側で宣言していますが、これでいいのですか？

グローバル変数はどの関数にも属さない変数なので、関数の外側で宣言します。そして、同じソースコードの中にあれば、どの関数からもアクセスできます。当然ですが、プログラムが終了するまで、値は消えずに保存されます。

グローバル変数の大きな特徴は次の3つです。

①ソースコードの先頭で、関数よりも先に宣言する
②スコープはソースコード全体で、どの関数からもアクセスできる
③プログラムの開始から終了までの間、変数の値が消えずに保存される

例題は、②、③が本当かどうか確かめるためのものです。
例題では、①にしたがって、青字で示した3行目でグローバル変数gnを宣言します。初期値は100になっています。

次に、青枠で示すように、まず、main関数で100だったgnの値は10に変更されます。本当にそうなったか確認のため、コンソールに値を出力しているので、実行結果を見てください。

次にsub関数を呼び出しています。
sub関数でも、gnにアクセスできるかみるために、現在のgnの値に10を加えています。20になるはずなので、それをコンソールに出力しています。これも実行結果を見て確認してください。

以上から、グローバル変数の値は永続的に保存され、どの関数からもアクセスできることがわかりました。このような特徴から、グローバル変数は、ソースコード全体でいろいろな関数が参照し、同じ値を操作するような応用に利用されます。

なお、グローバル変数の初期化は、次のように行われます。

①初期化処理は、スタート時に１回だけ行われる
②初期値を指定しなかった場合は、自動的に0に初期化される

練習 19-4

1. 次のコードを実行すると、何と表示されますか？

```
#include <stdio.h>
void sub1(void);
void sub2(int n);
int number;

int main(void)
{
   number=100;
   sub1();
   printf("%d",number);
   return 0;
}
void sub1(void)
{
   number += 100;
   sub2(number);
}
void sub2(int n)
{
   n +=100;
}
```

A. 0
B. 100
C. 200
D. 300

静的変数

グローバル変数のように、プログラムの開始から終了まで、値が消えずに維持されるローカル変数もあります。それを**静的変数**といいます。アクセスできるのは、宣言した関数内だけですが、関数の実行が終わっても値が保存されるという特徴があります。

そのため、次に関数が呼び出された時も値が残っています。次の例題で確認しましょう。

例題19-5 静的変数

sample19-5.c

```
 1  #include <stdio.h>
 2  void count(void);
 3  int main(void)
 4  {
 5      count();                        // 1回目の呼び出し
 6      count();                        // 2回目の呼び出し
 7      count();                        // 3回目の呼び出し
 8      return 0;
 9  }
10  void count(void)
11  {
12      static int n=0;                 // 静的変数
13      ++n;
14      printf("%d¥n", n);
15  }
```

実行結果

```
コンソール
1
2
3
```

ふーん、変数の前にstaticがついていますね。
これだけで値が消えなくなるのですか？

そうです。
staticを付けるだけで、「消えない」変数になります。
よく使い道を考える必要がありますね。
例題のように、継続的にカウントするような用途に向いています。

静的変数の特徴は次のようです。

①ローカル変数にstaticを付けて宣言する
②スコープは宣言した関数内。他の関数からはアクセスできない
③プログラムの開始から終了までの間、変数の値が消えずに保存される
④初期化しなかった場合は、自動的に0に初期化される

変数の値は永続的に保存されますが、他の関数からはアクセスできないところがグローバル変数との違いです。不用意な変更を避けられるので、より安全な変数です。

例題は、count関数の中で変数nを静的変数として宣言し、初期値として0を代入しています。ただし、この初期化処理は、コンパイル時に実施され、count関数の呼び出し時には、無視されます。

したがって、count関数が呼び出されると、実行は13行目からです。そのため、nの値はクリアされず、呼び出されるたびに1ずつ増えます。main関数からcount関数を3回呼び出したので、nの値が１ずつ3まで増えたことが、実行結果からわかります。

なお、普通のローカル変数は自動変数ともいい、本来は、`auto int a;` のように宣言するのですが、autoは省略してよいことになっています。

練習 19-5

1. 次のコードを実行すると、何と表示されますか？

```
#include <stdio.h>
int sub(int n);

int main(void)
{
    int n=100;
    n = sub(n);
    n = sub(n);
    printf("%d",n);
    return 0;
}

int sub(int n)
{
    static int number = 0;
    number += n;
    return number;
}

A. 0
B. 100
C. 200
D. 300
```

externとstatic

あるソースファイルで宣言されているグローバル変数を、他のソースファイルからもアクセスしたい時は、extern宣言をします。

また、逆に、宣言したグローバル変数を他のソースファイルからはアクセスできないようにしたい時は、グローバル変数にstaticを付けて宣言しておきます。このstaticは、静的変数の作成に使うstaticとは違うものですから、混同しないようにしましょう。

例題19-6 externとstatic

main.c

```
1  #include <stdio.h>
2  void sub1(void);
3  #include "sub.h"          // 内容は省略
4
5  int number = 100;
6  //static int number = 100;
7  int main(void)
8  {
9      sub1();
10     printf("number = %d¥n", number);
11     return 0;
12 }
13 void sub1(void)
14 {
15     number += 100;
16     sub2();
17 }
```

実行結果

コンソール
```
number = 300
```

sub.c

```
1  #include <stdio.h>
2  void sub2(void);
3
4  extern int number;
5  void sub2(void){
6      number +=100;
7  }
```

青字の部分を見てください。main.cはグローバル変数numberを定義して初期値に100をセットしています。sub.cの中からこのnumberにアクセスするには、sub.cの4行目のように、**extern** int number; と宣言します。

これで、sub.cのすべての関数から、main.cのnumberにアクセスできるようになります(ただし、例題ではsub.cにはsub2関数だけしかありません)。
main.cのsub1関数で100増えたnumberは、さらにsub2関数で100増えるので、コンソールには300と表示されます。

外部のソースコードからアクセスできる関数を限定したい場合は、アクセスしたい関数の中で、extern int number; と宣言します。すると、アクセスできるのはその関数だけになります。

また、main.cの5行目をコメント文にし、6行目のコメントを外してコンパイルすると、コンパイルは問題ないものの、リンカーでエラーが発生します。sub2関数でextern宣言しているnumberが定義されていない、というエラーです。

```
5//int number = 100;
6static int number = 100;
```

```
gcc -std=c11 -D__USE_MINGW_ANSI_STDIO "-IG:¥¥eclipseC¥¥mingw64/lib/gcc/x86_64-w
gcc -o sample18-6.exe main.o sub.o -lpdcurses
sub.o:sub.c:(.rdata$.refptr.number[.refptr.number]+0x0): undefined reference to `number'
collect2.exe: error: ld returned 1 exit status
```

このように、グローバル変数に**static** を付けると、extern宣言をしていても、他のソースファイルの関数からはアクセスできなくなります。

練習 19-6

1. 次の文の中で正しいものはどれですか。

A. グローバル変数は、すべてのソースファイルのすべての関数からアクセスできる
B. staticの付いていないグローバル変数には、どの関数からもアクセスできない
C. グローバル変数に、異なるソースファイルの関数からはアクセスできない
D. 関数の外側で、externを付けて宣言した変数はグローバルではない
E. 他のソースファイルの関数の中で、externを付けてグローバル変数を宣言できる

この章のまとめ

この章では、マクロの使い方、プロジェクトを複数のソースコードで構成する方法、そして、いろいろな変数について解説しました。

前処理とマクロ

◇コンパイルに先立って、プリプロセッサがソースファイルを読みこみ、前処理をします。その内容は、#includeによるヘッダファイルの読み込みと、#defineによる文字列の置き換えです。

◇マクロには、単純な置き換えをするオブジェクト形式マクロと、関数のような処理を行う関数形式マクロがあります。関数形式マクロでは、以下の2点に注意します。
- 置き換えの変数を( )で囲む
- 置き換えの式全体を( )で囲む

⇨
```
#define calc(x)  (2*(x)*(x)+3*(x)+1)
```

プロジェクトを複数のソースコードで構成する

◇プロジェクトを複数のソースコードで構成するには、次の原則に従います。

①ソースファイルの中にあるmain以外のすべての関数について、関数プロトタイプ宣言を書く
②main関数を含まないソースファイルは、そのソースファイルにある関数のすべての関数プロトタイプ宣言を書いたヘッダファイルを作成する。
③他のソースファイルにある関数を利用する時は、その関数の関数プロトタイプ宣言が書かれているヘッダファイルをインクルードする。

いろいろな変数

◇グローバル変数は、ソースコードの先頭で、他の関数よりも先に宣言します。スコープはソースファイル全体で、どの関数からもアクセスできます。値はプログラムの開始時に1度だけ初期化され終了時まで一貫して保存されます。

◇他のソースファイルの関数からグローバル変数にアクセスするには、extern宣言をします。しかし、グローバル変数側でstatic宣言をしていると、アクセスできません。
◇関数内で宣言したローカル変数に、staticを付けて宣言すると、静的変数になります。静的変数は、その関数の中でだけアクセスできます。グローバル変数と同じように、プログラム終了まで、値が保存される変数です。

通過テスト

1. 次の関数形式マクロを作成し、a=5.0、b=3.5、c=3.8、x=5 の時の値を表示するプログラム(pass19-1.c)を作成しなさい。
   ・func(a, b, c, x) --- $ax^2 + bx + c$ の値を返す

コンソール
答え=146.300000

2.次の関数形式マクロを作成し、a=10, b=13, c=7の時の値を表示するプログラム(pass19-2.c)を作成しなさい
   ・max(a, b, c) --- a、b、cのうち一番大きい値を返す
<ヒント>・条件演算子 a>b ? a : b を使います

コンソール
答え=13

3. pass19-3プロジェクトに、myapp.cファイルを作り、次のAPIを満たすnumber関数、init関数を作成します。また、number関数とinit関数の関数プロトタイプ宣言を書いたmyapp.hも作成しなさい。

概要	#include "myapp.h" int number(void);
説明	1から5までの数を順に返す。最初は1、次の呼び出しでは2、次は3というように、呼び出すたびに1つ大きな数を返す。返す値が5になっている時は、返す値を1に初期化する。
戻値	1～5の整数

概要	#include "myapp.h" void init(void);
説明	numberの返す値を強制的に1に初期化する
戻値	なし

<ヒント>・number関数が返す値を入れておく変数nをグローバル変数で宣言します
・nの値は0に初期化しておき、number関数の中で1ずつ増やします
・nは他のソースファイルの関数からはアクセスできないようにしなさい

4. pass19-3プロジェクトに、main関数を持つpss19-3.cファイルを追加し、number関数を10回呼び出して、そのたびに返された値を実行結果のように表示します。ただし、8回目の呼び出しの直前に、init関数を実行して返される値を1に初期化しなさい。

コンソール
1 2 3 4 5 1 2 1 2 3

19

第20章 構造体と列挙型

構造体を使うと､いくつかの型を集成した新しい型を作成できます。構造体はファイル処理とも関連して応用価値の高い分野です。様々な作成方法、構造体配列、構造体のポインタの利用、関数での受け渡しなどを解説します。

この章を理解すると、ファイル処理(21章)の理解と合わせて、実用的なプログラムを作成できるようになります。

20.1 構造体とは

健康診断カードに、名前と年齢、身長、体重などが書いてあるとき、「○○さんのデータ」として、ひとまとまりに扱う方が便利です。

しかし、名前はcharの配列、年齢はint、身長と体重はdoubleのデータですから、それぞれ型が違っていて、このままではひとつにまとめることができません。

名前	tom
年齢	21
身長	175.5
体重	60.2

```
char    name[]  =  "tom";
int     year    =  21;
double  height  =  175.5;
double  weight  =  60.2;
```

型がバラバラなデータ

このような時、4つのデータ型を連結して、オーダーメイドの新しい型を作ることができ、それを**構造体**といいます。例えば、次の図は構造体として定義したperson型です。person型は、4つの型の変数を連結して、ひとつにしたものです。

struct person 型			
char name[6]	int year	double height	double weight

このような新しい型は次のように宣言して作成します。

```
struct  person  {
    char      name[6];    // 名前
    int       year;       // 年齢
    double    height;     // 身長
    double    weight;     // 体重
};
```

この型の型名はperson型ではなく、正確には、struct person型です。型名の**struct**は、構造体であることを示すために必ず付けねばなりません。また、personを**構造体タグ**といいます。

構造体を構成する4つのデータ領域(name、age、height、weight)を構造体の**メンバ**といいます。メンバはそれぞれが1つの変数です。

次は、構造体の定義と変数宣言の例です。

例題20-1 構造体の定義

sample20-1.c

```
 1  #include <stdio.h>
 2  struct person {             // 構造体の宣言
 3      char    name[6];        // 氏名
 4      int     age;            // 年齢
 5      double  height;         // 身長
 6      double  weight;         // 体重
 7  };
 8
 9  struct person hanako;   // グローバル変数
10  int main(void)
11  {
12      static struct  person mary;  // 静的変数
13      struct person tom;           // ローカル変数
14      return 0;
15  }
```

青枠で囲った部分が構造体型の定義です。型名はstruct person型です。このように、構造体は関数の外で定義し、末尾にはセミコロンが必要です。

構造体型の変数は、一般の変数と同じように、宣言できます。9行目のhanakoはグローバル変数、12行目のmaryは静的変数、13行目のtomはローカル変数です。

以上から、構造体の宣言については次の2点が重要です。

【構造体と変数の宣言】

①構造体は、関数の外側で宣言し、最後にセミコロンを付ける

②変数は、グローバル変数、静的変数、ローカル変数など一般の変数と同様に宣言できる

構造体型の変数は、普通の変数と同様に宣言できるようですが、
a=b; のように、そのまま他の変数に代入したりできますか？

1個の変数として扱われるので、そのまま他の変数に代入できます。
関数の引数にも使えます。それから、配列にすることもできます。
これらについては、後の節で詳しく解説する予定です。

構造体型変数の初期化

グローバル変数、静的変数として宣言したhanakoやmaryのような変数には、**デフォルトの初期化**が働くので、宣言しただけで、すべてのメンバが0に初期化されています。0なので、ポインタ型のメンバはNULL、boolean型のメンバはfalseという意味になります。

ただし、ローカル変数として宣言すると、デフォルトの初期化は働かないので、初期化リストで初期化したり、それぞれに値を代入したりしないと使えません。ここでは、初期化の例を解説します。次の例を見てください。

例題20-2 変数の初期化

sample20-2.c

```
 1  #include <stdio.h>
 2  struct person {                              // 構造体の宣言
 3      char    name[6];                         // 氏名
 4      int     age;                             // 年齢
 5      double  height;                          // 身長
 6      double  weight;                          // 体重
 7  };
 8  int main(void)
 9  {
10      struct person tom = {"tom", 21, 175.5, 60.2};      // 完全指定
11      struct person ken = { .age=21, .name="ken" };      // 部分指定
12      return 0;
13  }
```

例題では、変数tomは初期化リストを使って、全てのメンバに値を設定しています。初期化リストの並び順が、定義と同じであることに注意してください。

```
            氏名      年齢  身長    体重
          name[6]    age height weight
             ↓        ↓     ↓      ↓
struct person tom = {"tom", 21, 175.5, 60.2};  // 完全指定
```

一方、変数kenはメンバを指定して初期化リストを並べています。この方法では、全てのメンバを指定する必要はありません。並び順も自由です。

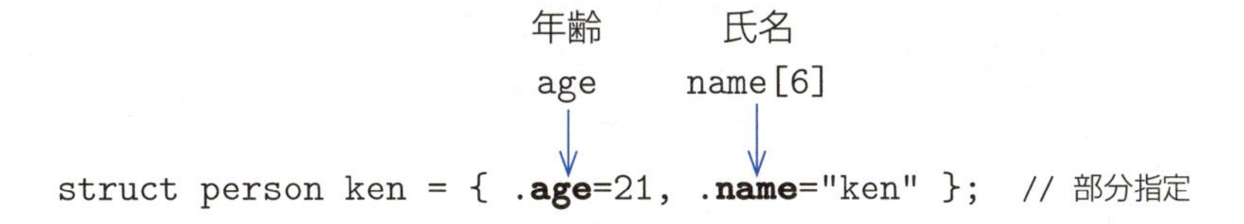

メンバを指定するには、ドット（ . ）に続けてメンバ名を書きます。そして、代入演算子の = を書いて値を指定します。このドットは、**メンバ参照演算子**という演算子なので省略できません。

なお、指定しなかったメンバは0で初期化されます。0はポインタ型ではNULL、boolean型ではfalseになります。

変数の初期化については次の3点に注意してください。

【変数の初期化】

①初期化リストでメンバを初期化できる

②メンバ名を指定すれば一部だけを初期化でき、残りのメンバは0に初期化される

③初期化リストのないグローバル変数、静的変数は、全メンバが0に初期化される

20

練習 20-1

1. 次の構造体を定義し、変数product1、product2を宣言してそれぞれに初期値を設定するプログラム(ex20-1-1.c)を作成しなさい。初期値は、表のデータを使いなさい。

```
構造体タグ product
メンバ
  品番  int number
  品名  char name[100]
  価格  bool stock  //「あり」の時true(=1)
```

商品番号	商品名	在庫の有無
100	加湿器	有り
200	空気清浄機	無し

2. 次の構造体を定義し、変数cpu1とcpu2を宣言してそれぞれに初期値を設定するプログラム(ex20-1-2.c)を作成しなさい。初期値は、表のデータを使いなさい。ただし、記載されていない部分は初期値がありません。

```
構造体タグ  cpu
メンバ
  製品名  char name[100]
  コア数  int numberOfCores
  周波数  double frequency
```

型番	コア数	周波数
HAL9000	64	
HAL9100		28.5GHz

20.2 メンバの値を取り出す

メンバ参照演算子を使うと、変数のメンバにアクセスできます。

tom.name	変数tomのメンバname
tom.age	変数tomのメンバage
tom.height	変数tomのメンバheight
tom.weight	変数tomのメンバweight

ドットの前に変数名を付けて、**変数名.メンバ名** の形にします。次の例題では、printfの出力で、各メンバを指定しています。

例題20-3 メンバを出力する

sample20-3.c

```
#include <stdio.h>
struct person {
   char    name[100];
   int     age;
   double  height;
   double  weight;
};
int main(void)
{
    struct person tom  = {"tom", 21, 175.5, 60.2};
    printf("%s  %d %5.1f %5.1f",
                tom.name, tom.age, tom.height, tom.weight);
      return 0;
}
```

実行結果

```
tom  21 175.5  60.2
```

例題は、printfで、各メンバを指定して出力しています。メンバは、普通の変数と同じ扱いができますが、構造体変数tomを構成する要素なので、参照するには、必ず先頭にtom. を付けます。

練習 20-2

1. 練習20-1の1で作成したstruct product型の変数、product1とproduct2のメンバを、例題にならって実行結果のように出力しなさい。
   なおプログラムはex20-1-1.cに追記しなさい。

   <ヒント>出力には、"%d　%s¥t%d¥n" を使います

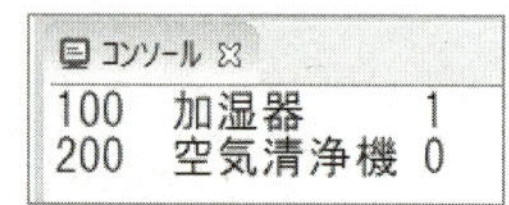

△実行結果

2. 練習20-1の2で作成したstruct cpu型の変数、cpu1とcpu2のメンバを、例題にならって実行結果のように出力しなさい。
   なおプログラムはex20-1-2.cに追記しなさい。

   <ヒント>出力には、"%s%4d%6.1f¥n" を使います

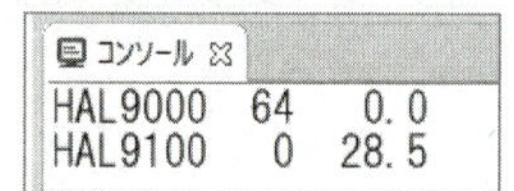

△実行結果

20.3 メンバに値を代入する

宣言時の初期化ではなく、宣言した後で、構造体変数に値を代入するには、メンバごとに値を代入します。青枠で囲った部分が、メンバに値を代入している部分です。

例題20-4 メンバに値を代入する

sample20-4.c

```
1   #include <stdio.h>
2   #include <string.h>
3   struct person {
4       char    name[100];    // 配列のメンバ
5       int     age;
6       double  height;
7       double  weight;
8   };
9   int main(void)
10  {
11      struct person tom;
12      strcpy_s( tom.name, sizeof(tom.name), "tom");
13      tom.age = 18;
14      tom.height = 165;
15      tom.weight = 48;
16      printf("%s  %d %5.1f %5.1f",
17          tom.name, tom.age, tom.height, tom.weight);
18      return 0;
19  }
```

実行結果

```
コンソール
tom  18 165.0  48.0
```

tom.nameだけ特別なことをしてるみたいですね。
tom.name = "tom"; ではダメなんですか？

tom.nameはポインタ変数ではなく**配列**ですから、それは使えません。面倒ですが、標準関数を使って、コピーするしか方法がないのです。

変数を宣言した後で初期化する場合、intやdoubleのメンバは値を代入するだけですが、

char型の配列は、標準関数で文字列リテラルをコピーします。

コピーの方法

コピーには14章で解説したstrcpyよりも安全な**strcpy_s**関数を使いましょう。strcpy_sは、コピー先よりも大きな文字列はコピーしないようになっているので、危険なバッファーオーバーフローを防ぐことができます。

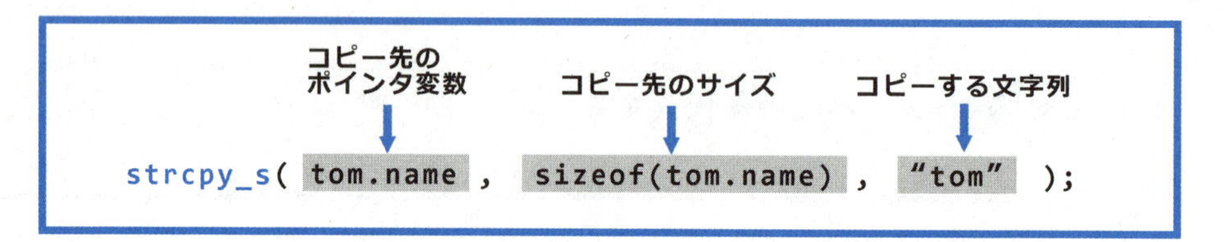

コピー先のサイズは、sizeof演算子で計算します。コピーする文字列がこのサイズよりも大きな場合は、コピーされないので安全です。

練習 20-3

1. 次はstruct PC型の構造体の定義です。

```
構造体タグ  PC
メンバ      品番        int number
            CPU         char cpu[100]
            メーカー名  char *maker
            メモリー    int memory;
            SSD         int ssd;
```

struct PC maxv; と変数を宣言した後、下段の表の値をメンバに代入しなさい。また、代入した後、実行結果のようにメンバーの値を出力しなさい。ソースファイル名はex20-3-1.cです。

```
コンソール
210 HAL9000 MEC 768 10
```

▲実行結果

品番	CPU	メーカー名	メモリー	SSD
210	HAL9000	MEC	768GB	10TB

＜ヒント＞

文字列のメンバが、char *maker のようにポインタ変数で定義してある時は、メンバに文字列リテラルを、strcpy_s関数でコピーできません
その代わり、maker = "MEC"; とするだけでいいのです。18章での文字列操作(⇨P.365)を思い出してください

20

20.4 構造体の使い方

簡単な型名にして使う

typedef は、型の別名を作るキーワードです。構造体の型名は、struct person型のように長くなるので、typedefを使って簡単にするのが普通です。

```
typedef struct person {
    char    name[100];          // 名前
    int     age;                // 年齢
    double  height;             // 身長
    double  weight;             // 体重
} person;
```

これで、struct　person型の別名としてperson型が使えるようになります。別名なので、名前はPersonとかpersonType など自由に決めて構いません。

また、次のように、別名の定義では、構造体タグを省略した書き方もできます。

```
typedef struct {
   ......
} person;
```

以上から、person型構造体の変数tomを次のように宣言できます。

```
  person tom;        // 宣言がとても簡単になった！
```

構造体型の値を返す関数を作る

最初の節で触れたように、構造体型の変数は、intやdoubleなど基本データ型の変数と同じように、変数から変数へ代入できます。

したがって、構造体型の値を返す関数を作れば、その値を変数に受け取ることができます。次は、指定した値で初期化した構造体を返す関数の例です。

例題20-5 person型の値を返すnewPerson関数

sample20-5.c

```
1  #include <stdio.h>
2  #include <string.h>
3  typedef struct {                    // person型を定義
4      char    name[100];
5      int     age;
6      double  height;
7      double  weight;
8  } person;
9
10 person newPerson(char name[], int age,
11                 double height,double weight); // 関数プロトタイプ宣言
12
13 int main(void)
14 {
15     person tom;
16     tom = newPerson("tom", 21, 175.5, 60.2); // 作成して代入
17     printf("%s  %d %5.1f %5.1f¥n",
18             tom.name, tom.age, tom.height, tom.weight);
19     return 0;
20 }
21 person newPerson(char name[], int age,               // person型の値
22                  double height,double weight)  // を作成して返す
23 {
24     person p; // 変数を作成
25     strcpy_s(p.name, sizeof(p.name), name);
26     p.age = age;
27     p.height = height;
28     p.weight = weight;
29     return p;    // person型の値を返す
30 }
```

実行結果

```
コンソール
tom  21 175.5  60.2
```

青枠で示すように、例題はtypedefを使ってperson型を定義しています。定義では、構造体タグも省略しています。

一方、青く網掛けした下段のnewPerson関数は、person型の値を返す関数です。引数を使って、person型の変数pのメンバに値をセットし、最後のreturn文でpををそのまま返しています。

```
return p;  // person型の値を返す
```

main関数では、person型の変数tomを作成し、16行目で、newPerson関数の戻り値をtomに代入します。これが変数の初期化の代わりです。

次の行で、tomのメンバをコンソールに表示していますが、実行結果から、代入が正しく行われていることがわかります。

以上から、person型の値は、intやdoubleなどと同じように、そのまま受け渡しできることがわかります。

newPerson関数を書き直したら、コンパイルエラーになってしまいました！ 初期化リストの形は使えないのですか？

```
person newPerson(char name[], int age, double h
{
    person p = {name, age, height, weight};
    return p;  // person型の値を返す
}
```

これは、nameが原因です。nameは、char型の配列でしたね。文字配列に対する初期化リストとして、nameのような**変数**は書けません。書けるのは "tom" のような**文字列リテラル**だけです。

もしも、メンバのnameが、`char *name;` と定義してあれば、これはポインタ変数ですから、上記はうまく働きますが(試してみてください)、配列ではだめです。

練習 20-4

1. 次のようなanimal型構造体があります。

```
typedef struct {
    char name[SZ_NAME];
    int  age;
} animal;
```

この時、次のようなコードを実行すると、どうなるでしょう。

```
animal dog = {"taro", 8};
animal cat = {.name="jiro"};
dog = cat;
printf("%s %d", dog.name, dog.age);
```

A. コンパイルエラー
B. 何も表示されない
C. taro 8
D. jiro 8
E. jiro 0
F. jiro

2. 次のようなexam型の構造体があります。

```
typedef struct {
    char name[100];
    double kokugo;
    double eigo;
    double suugaku;
} exam;
```

exam型のデータを受け取って、平均点を計算して返す関数aveを作成しなさい。また、ave関数を使って試験の平均点を計算し、実行結果のように表示するプログラム(ex20-4-2.c)を作成しなさい。ただし、成績データは次を使うこと。

氏名	国語	英語	数学
田中宏	67	78	85

3. ex20-4-3プロジェクトにex20-4-3.cを作って、2の問題のex20-4-2.cをコピーし、次のように内容を修正しなさい。

・exam型構造体の変数に値をセットして返すnewExam関数を追加しなさい
・表の成績データを、newExam関数を使って変数にセットするように修正しなさい

20.5 構造体のポインタの使い方

構造体のポインタも基本データ型と同じように作成できます。例題で使ったperson型のポインタを作成し、アドレスを代入するには次のようにします。

```
person tom = {"tom", 21, 175.5, 60.2};
person *p;       // ポインタ変数を作成
p = &tom;        // アドレスを代入
```

ポインタ変数pを使うと、person構造体は、*p と表せます。

そして、メンバのnameは、(*p).name です。これは、*p.nameでもよさそうに思えますが、絶対に( )が必要です。

それは、間接参照演算子(*)よりもメンバアクセス演算子(.)の方が優先順位が高いからです。*p.nameは、*(p.name)の意味になってしまうのです。

しかし、これでは、メンバアクセスをいちいち(*p).と書かなくてはならないわけで、どうにも面倒です。そこで、(*p).をp->と書いてよいことになっています。この->を**アロー演算子**といいます。

アロー演算子でメンバアクセスを簡単に書ける

(*p). を p-> と書いてよい

アロー演算子を使うと、メンバアクセスがスッキリ書けます。

```
p->name       ---  配列name(の先頭アドレス)  //  (*p).name
p->year       --- 21                         //  (*p).year
p->height     --- 175.5                      //  (*p).height
p->weight     --- 60.2                       //  (*p).weight
```

普通のメンバアクセスがドット(.)を使うのに対して、ポインタ変数を使ったメンバアクセスはアロー(->)を使う、と覚えるとよいでしょう。

次は、例題20-5を、ポインタ変数を使って書き換えたものです。この例では、変数tomのアドレスをnewPerson関数に渡して、内容を書き変える方式になっています。

例題20-6 構造体のポインタの使い方

sample20-6.c

```
1  #include <stdio.h>
2  #include <string.h>
3
4  typedef struct {                    // person型を定義
5      char    name[100];
6      int     age;
7      double  height;
8      double  weight;
9  } person;
10
11 void newPerson(person *p,char name[], int age,    // 関数プロトタイプ
12                     double height,double weight);// 宣言
13
14 int main(void)
15 {
16     person tom;
17     newPerson(&tom, "tom", 21, 175.5, 60.2); // tomに値をセットする
18     printf("%s  %d %5.1f %5.1f",
19             tom.name, tom.age, tom.height, tom.weight);
20     return 0;
21 }
22 void newPerson(person *p, char name[], int age,        // pに引数の
23                       double height,double weight)      // データを
24 {                                                       // セットする
25     strcpy_s(p->name, sizeof(p->name), name);
26     p->age = age;
27     p->height = height;
28     p->weight = weight;
29 }
```

実行結果

```
コンソール
tom  21 175.5  60.2
```

前の例題では、newPerson関数が返す値を、変数tomに代入していました。この例題では、17行目の青字の部分を見るとわかるように、tomのアドレスをnewPerson関数の引数にしています。これは、tomのアドレスを渡して、内容を書き換えさせようということです。

newPerson関数は、下段の青の網掛けで示した部分です。定義を見ると、tomのアドレスをperson型のポインタ変数pに受けとっているのがわかります。そして、25～28行の処理で、ポインタ変数pを使って、そのメンバに、引数の値を代入しています。

tom のメンバの値を、直接書き換えるので、戻り値はありません。
main関数の18行目で、tomを出力していますが、実行結果を見ると正しくセットされていることがわかります。

？ newPerson関数にアドレスを渡す今回の方法と、前の例題のように、戻り値をもらって代入する方法では、どちらがいいのですか？

それは、person型のサイズによります。
メンバの数が比較的少ない場合は、前の例題のように戻り値を代入する方法で十分です。person型はメンバが4つしかないので、前の例題の方法でも問題ありません。
ポインタを使うケースは、メンバが多くて構造体のサイズが大きくなり、戻り値の代入操作に時間がかかる場合です。

練習 20-5

1. person型（例題と同じです）の変数のポインタを受け取り、BMI指数を計算して返すbmi関数を作成しなさい。また、次のデータにより、bmi関数を使ってBMI指数を計算し、実行結果のように表示するプログラム（ex20-5-1.c）を作成しなさい。

氏名	年齢	身長	体重
田中宏	20	178.2	72.5

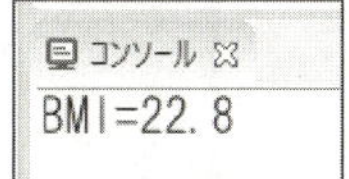

▲実行結果

<ヒント>
・例題からperson型の定義をコピーします
・BMI指数は、10000 × 体重 ÷ (身長)^2 で計算します
・bmi関数は `double bmi(person *p);` という定義になります

※`double bmi(person p);` でも同じことをする関数を作成できますが、ポインタを説明したので、この問題はポインタを使っています。本来、構造体とそのポインタのどちらを引数にすべきかは、構造体のメンバ数やサイズで判断します。

20.6 構造体の配列

構造体も他のデータ型と同じように、配列を作ることができます。
次の例は、person型の配列を作って初期化リストで初期化します。

例題20-7 構造体の配列

sample20-7.c

```
 1 #include <stdio.h>
 2 #include "util.h"
 3 typedef struct {
 4     char    name[100];
 5     int     age;
 6     double  height;
 7     double  weight;
 8 } person ;
 9 int main(void)
10 {
11     person p[]  = {
12             {"田中宏", 21, 185.8, 73.5},
13             {"鈴木修", 20, 177.1, 66.0},
14             {"森下花", 22, 168.2, 48.9}
15     };
16     int size = countof(p);
17     for(int i=0; i<size; i++){
18         printf("%s %d %7.1f %7.1f¥n",
19                 p[i].name, p[i].age, p[i].height, p[i].weight);
20     }
21     return 0;
22 }
```

実行結果

```
コンソール
田中宏 21    185.8     73.5
鈴木修 20    177.1     66.0
森下花 22    168.2     48.9
```

配列の作り方は、他のデータ型と同じです。

```
person p[5];
person p[] = { {初期化リスト},{初期化リスト}, ···· }
```

配列を作るだけなら、要素数を指定する必要がありますが、初期化リストで初期化する場合は、要素数を指定する必要はありません。青の網掛けで示すように、{ }の中に、必要なだけの初期化リストを並べます。

配列要素のアクセスも、他のデータ型と同じです。ただ、メンバがあるので、配列要素にメンバ参照演算子を付けて、それぞれのメンバにアクセスします。

```
p[0].name                0番目の要素の name
p[0].age                 0番目の要素の age
p[0].height              0番目の要素の height
p[0].weight              0番目の要素の weight
```

例題は、for文を使って全要素をコンソールに出力します。p[i].nameのような書き方に注意してください。

練習 20-6

1. 問に従って、プログラム(ex20-6-1.c)を作成しなさい。

構造体は次のように定義されているものとします。

```
typedef struct {
    char name[100];
    double kokugo;
    double eigo;
    double suugaku;
} exam;
```

次は構造体で扱う成績データです

氏名	国語	英語	数学
田中　宏	67	78	85
佐藤　修	70	70	75
木村　隆	72	66	66
森下　花	87	68	90
上村　史	88	72	81

問1 成績データを構造体の配列ex[] にして初期化しなさい。
問2 国語の成績の平均点を計算して、実行結果のように表示しなさい。

```
コンソール
国語平均=76.8
```

▲実行結果

＜ヒント＞
・for文で構造体の各要素ex[i] を１つずつ処理します。

この章のまとめ

この章では、構造体について、作り方や値の出し入れ、関数での利用方法、そして構造体の配列について解説しました。

構造体とは

◇構造体は、キーワード**struct**を使って定義します。構造体の構成要素を**メンバ**といい、それぞれが1つの変数です。グローバル変数、静的変数、ローカル変数として宣言できます。構造体は、普通は**typedef**を使って別名を定義します。

定義

```
typedef struct {
    char name[];
    char  *maker;
    int   price;
} product;
```

変数作成と初期化

```
product  p1, p2;
product  p
= {"HAL","MEC",1000};
```

メンバアクセス

```
p.name
p.maker
p.price
```

ポインタ変数でのメンバアクセス

```
ptr->name
ptr->maker
ptr->price;
```

代入

```
person ken, tom={…};
ken = tom;
```

関数の戻り値や引数として使う

◇構造体を使うと、いくつかのデータをまとめて1つの変数として、他の関数に渡したり、あるいは受け取ったりできます。

```
・person tom;
 tom = newPerson("tom", 21, 175.5, 60.2);     // person構造体を受け取る
・double average = ave(ex);          //成績の構造体配列exを渡して、平均値を計算
・double bmiValue = bmi(ptr);     //person構造体のポインタを渡してBMI値を得る
```

配列の作り方と使い方

◇int やdoubleと同じように配列を作って、初期化できます

```
person p[]  =  { {"田中宏", 21, 185.8, 73.5},
                 {"鈴木修", 20, 177.1, 66.0},
                 {"森下花", 22, 168.2, 48.9} };
```

◇for文でアクセスします

```
for(int i=0; i<3; i++){
    p[i].name, p[i].age, p[i].height, p[i].weight);
}
```

通過テスト

1. 次の構造体があります。

```
typedef struct {
    char   name[100];       // 会社名
    char   *address;        // 住所
    int    capital;         // 資本金
    int    employees;       // 従業員数
    double sales;           // 売上高
    double stock;           // 株価
} corporation;
```

次の処理を実行するプログラム(pass20-1.c)を作成しなさい。

①corporation型の変数corpを、次のデータで初期化して作成する
ただし、従業員数と売上高は初期化しない。

会社名	住所	資本金	従業員数	売上高	株価
山東商事	東京都	3000			1050.5

②変数corpの全てのメンバの値をコンソールに表示する
③従業員数と売上高をキーボードをタイプして入力し、メンバのemployeesとsalesに入れる
④変数corpの全てのメンバの値をコンソールに表示する

```
コンソール
<終了> (exit value: 0) pass20-1.exe [C/C++ Application] G:¥eclipseWorkspace¥chapter2
山東商事 東京都 3000      0     0.0  1050.5

従業員数>12000
売上金額>1521

山東商事 東京都 3000 12000  1521.0  1050.5
```

▲実行結果

＜ヒント＞
・①では部分的な初期化(⇨P.400)をします
・②、④では、変換指定に "%s %s %5d %5d %7.1f %7.1f¥n" を使います
・③では、scanf("%d", &corp.employees); のようにしてメンバに入力します

2. 前問に、一人当たり売上高を計算して返すindex関数を追加し、index関数を呼び出して、値を実行結果のように表示するプログラム(pass20-2.c)を作りなさい。
index関数のAPIは次のようです。

概要	double index(corporation corp) corpを使って、売上高÷従業員数 の値を計算する
戻値	計算した値(一人当たり売上高)

```
コンソール
<終了> (exit value: 0) pass20-4.exe [C/C++ Application] G:¥eclipseWorkspace¥chapter20
山東商事 東京都  3000      0     0.0  1050.5

従業員数>12000
売上金額>1521

山東商事 東京都  3000 12000  1521.0  1050.5

一人当たり売上高= 0.1268
```

▲実行結果

3. 次の構造体は、x-y平面上の点を表すpoint型です。

```
typedef struct {
    double x;
    double y;
}point;
```

次の処理を実行するプログラム(pass20-3.c)を作成しなさい。
①標準関数malloc(⇨P.369)を使って、1個のpoint型のサイズに当たるメモリを取得し、point型のポインタ変数p(point *p;)に代入する
②pのメンバー xとyに、scanfを使って値を入力する
③pのメンバx、yの値を実行結果のように表示する

```
コンソール
x>14.5
y>22.2
x=  14.50, y=  22.20
```

▲実行結果

＜ヒント＞
・①でメモリの確保は次のようにします

```
point *p = (point *)malloc(sizeof(point));
```

・②について、pはポインタ変数なので、p->x、p->yがメンバです。したがって、そのアドレス、&(p->x)、&(p-y) をscanfに指定します
・③の出力フォーマットは、"x=%7.2f, y=%7.2f" を使います

4. 指示する手順にしたがって、x-y平面上の2つの座標p1、p2から、四角形の面積を計算するプログラム(pass20-4.c)を作成しなさい。ただし、point型構造体は、前問と同じものです。

手順

①newPoint関数を2回呼び出して、2個のpoint型構造体をp1、p2に得る
なお、newPoint関数のAPIは次の通り。この関数も作成すること

概要	point* newPoint(); mallocを使って、point型構造体1個分のメモリー確保する
戻値	確保したメモリを指すポインタ(point型のポインタ)を返す 確保できなかった場合はNULLを返す
使用例	point *p = newPoint();

②もしも、p1またはp2がNULLなら、プログラムを終了する(参考⇨P.370)

③scanfを使って、p1、p2に、それぞれ座標(x, y)の値を入力する
入力は、例えば次のようにします

```
printf("p1の値；");scanf("%lf%lf", &(p1->x), &(p1->y));
```

④p1、p2から四角形の面積を計算して、実行結果のように表示する
なお、四角形の面積計算は次の図を参考にしなさい
絶対値を取らなくとも、答えが負だったら符号を反転すればいいでしょう
(例) menseki = s>=0 ? s : -s;

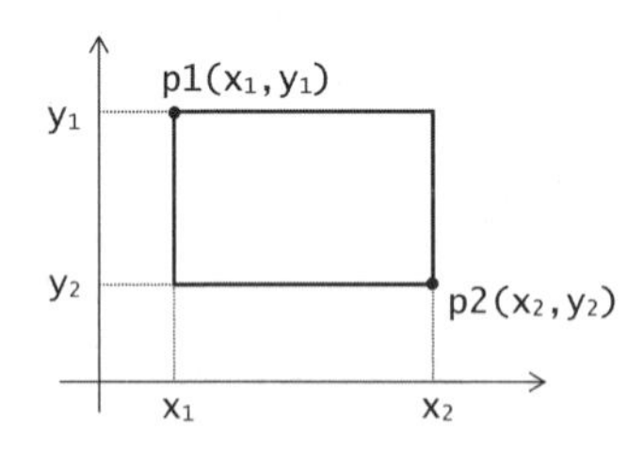

面積 = $(|x_1-x_2|)\times(|y_1-y_2|)$

⑤p1、p2のメモリーをfree関数で開放する

```
コンソール
p1の値；5.7	22.4
p2の値；19.0	8.2
面積=188.860000
```

▲実行結果

5. 指示に従って、会社情報を表示するプログラム(pass20-5.c)を作成しなさい。
なお、問題では、1.で使ったcorporation型構造体と、2.で作ったindex関数を使います。

①表に示す会社情報をcorporation型構造体の配列として定義しなさい。
(参考：⇨P.414)

会社名	住所	資本金	従業員数	売上高	株価
山東商事	東京都	3000	22000	1521	1050.5
日本リース	東京都	4500	23000	2302	1227.2
住高金属	大阪市	1800	8000	851	981.4
オーベックス	東京都	2200	18000	1700	1302.5
丸元販売	福岡市	2400	11000	2000	1110.0

②会社情報を実行結果のように表示します。
ただし、右端の値は、index関数によって求めた一人当たり売上高の値です。
なお、出力の変換指定には、次を使いなさい。

```
"%s¥t %s¥t %4d %5d %7.1f %7.1f¥t%7.5f¥n"
```

```
コンソール
山東商事	東京都	3000 22000	1521.0	1050.5	0.06914
日本リース	東京都	4500 23000	2302.0	1227.2	0.10009
住高金属	大阪市	1800  8000	 851.0	 981.4	0.10637
オーベックス	東京都	2200 18000	1700.0	1302.5	0.09444
丸元販売	福岡市	2400 11000	2000.0	1110.0	0.18182
```

▲実行結果

年月日や時刻を表示する方法

Column

標準メソッドのtime関数とlocaltime関数を使うと、現在の年月日や時刻を取得して表示できるようになります。time関数はtime(NULL)とすると、現在時刻を1970年1月1日00:00:00からの経過秒数で得ることができます。この値を使って、年月日と時刻の情報を持つtm構造体を得るのがlocaltime関数です。時刻は世界の各地で違うのでlocaltime関数が返すtm構造体に記録されている時間は、その地域固有の時間です。

▽tm構造体は次のようなメンバを持ちます。

型	メンバ	意　味
int	tm_sec	秒 (0 ～ 60)
int	tm_min	分 (0 ～ 59)
int	tm_hour	時 (0 ～ 23)
int	tm_mday	日 (1 ～ 31)
int	tm_mon	1 月からの経過月数 (0 ～ 11)
int	tm_year	1900 年からの経過年数
int	tm_wday	日曜日からの経過日数 (0 ～ 6)
int	tm_yday	1 月1 日からの経過日数 (0 ～ 365)
int	tm_isdst	夏時間フラグ 夏時間を採用しているとき: 正 夏時間を採用していないとき: 0 この情報が得られないとき: 負

サンプルプログラムと実行例を示します。

```
#include  <stdio.h>
#include  <time.h>
int  main(void)
{
    time_t   sec  =  time(NULL); // time.hでtypedef time_t longと定義
    struct tm  *cal  =  localtime(&sec);
    printf("%4d年",cal->tm_year+ 1900);     // 経過年数を年に直す
    printf("%2d月",cal->tm_mon + 1);        // 経過月数を月に直す
    printf("%2d日",cal->tm_mday);
    printf("%2d時",cal->tm_hour);
    printf("%2d分",cal->tm_min);
    return  0;
}
```

実行結果

コンソール

```
2011年 8月14日15時54分
```

ファイル入出力

ファイル入出力を使いこなすためには、ポインタや配列あるいは構造体などの知識が必要なので、本書でも最後の章に解説することにしました。すべてのファイル入出力のパターンを解説したので、十分な応用ができるはずです。この章を終えると、データの入出力を伴う応用的なプログラムを作れるようになります。

21

21.1 ファイル入出力の書き方

作成したデータをハードディスクなどの外部の装置に記録しておくと、電源を切ったあとでも保存され、後から読み出して利用することができます。

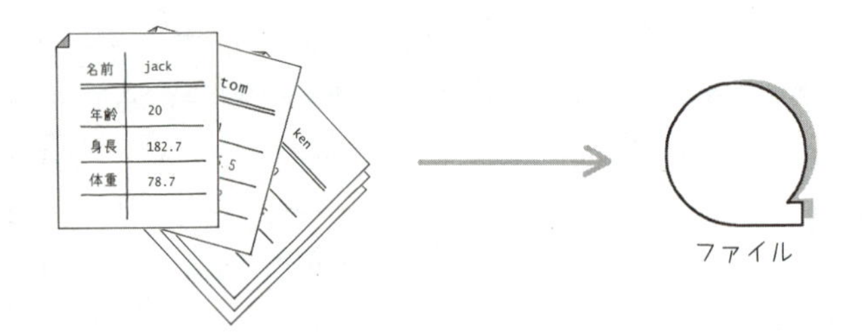

データは**ファイル**という形式で記録されます。数字や文字などのデータは、ノートに書くのと同じように、電子的なファイルの中に記録されます。そのようなデータは、見て判読できるデータなので、テキストデータといいます。

一方、音楽や映像のようなデータは、**バイナリデータ**といいます。電子的な記録を開いて見ても、何が書かれているのか判読できません。データは0と1のかたまりです。

テキストでもバイナリでも、ファイルという形で記録されるのは同じなので、ファイル入出力には、共通する手順があります。それは、ファイルの**オープン**（開く）と**クローズ**（閉じる）です。ファイルは、オープンして初めて使用可能になり、使い終わったら必ずクローズしなくてはいけません。

例題21-1 ファイルのオープンとクローズ

sample21-1.c

```
 1  #include <stdio.h>
 2  int main(void)
 3  {
 4      FILE *fp = fopen("data.txt", "w");// ファイルのオープン
 5      //
 6      // ここでファイルデータの入出力を行う
 7      //
 8      fclose(fp);                       // ファイルのクローズ
 9      return 0;
10  }
```

例題は、実質的な入出力処理は何もしません。ファイルをオープンして、クローズするだけです。

青字で示した4行目がオープンで8行目がクローズです。この書き方は、色々なファイル処理で共通です。状況によって変わるのは、fopen関数の引数に書かれている "data.txt" と "w" の2か所だけです。

"w" は何だかわからないけど、"data.txt" はファイル名じゃないですか？
でも、FILE ってなんだろう。新しい型ですか？

data.txtはファイル名です。"w" はファイルを入力に使うのか、出力に使うのかを指定するもので、"w" は出力モードです。
それから、FILEはFILE構造体の型名です。この中に、ファイルを読み書きするために必要なデータが入っています。また、fcloseは、FILE構造体のために使ったメモリーを開放したりします。

オープン、クローズといっても特別なことをするわけではありません。fopen関数は、ファイルの読み書きに必要な情報を入れるFILE構造体を作成して、そのアドレスを FILE 型のポインタとして返します。また、fclose関数は、不要になったFILE構造体のメモリーを開放したりします。どちらもC言語の標準関数です。

参考までにMinGWとGCCのFILE構造体を示します。ファイル操作はOSのファイルシステムを使うので、OSにより内容の違いがあります。

▼FILE構造体の定義（左:MinGW、右:GCC）

```
struct _iobuf {
  char *_ptr;
  int _cnt;
  char *_base;
  int _flag;
  int _file;
  int _charbuf;
  int _bufsiz;
  char *_tmpfname;
};
typedef struct _iobuf FILE;
```

```
typedef  struct __sFILE {
    unsigned char *_p;
    int       _r;
    int       _w;
    short     _flags;
    short     _file;
    struct    __sbuf _bf;
    int       _lbfsize;
    void      *_cookie;
    int       (* _Nullable _close)(void *);
    int       (* _Nullable _read) (void *, char *, int);
    fpos_t    (* _Nullable _seek) (void *, fpos_t, int);
    int       (* _Nullable _write)(void *, const char *, int);
    struct    __sbuf _ub;
    struct __sFILEX *_extra;
    int       _ur;
    int       _blksize;
    fpos_t    _offset;
} FILE;
```

fopen関数が返すFILE構造体型のポインタ（以降は**FILEポインタ**と表記します）は、すべての入出力処理で使われます。この後、入出力を行う関数を説明しますが、それらはどれも引数に**FILEポインタ**(fp)を取ります。

fopenとfclose関数の書き方は、次の図で覚えてください。

```
FILE *fp = fopen( ファイル名 , モード );

fclose( fp );
```

fopen関数の引数については次のとおりです。

ファイル名

文字列で、①ファイル名、②絶対パス、③現在位置を起点にした相対パス、のどれかを指定します。

指定例

"data.txt"	ファイル名だけを指定
"c:/docs/data.txt"	絶対パスで指定(Windowsの場合)
"/docs/data.txt"	絶対パスで指定(MacOSの場合)
"./docs/data.txt"	相対パスで指定(docs/data.txt と書いても同じ)

ファイル名だけを指定すると、フォルダは現在アクセスしているフォルダになります。Eclipseではプロジェクトフォルダです。相対パスでは、./ は現在アクセスしているフォルダ、../ は現在アクセスしているフォルダの親フォルダを指す記号です。

モード

モードの指定方法は、基本的に次の3種類です。

"w"	"a"	"r"
書き込み用にファイルを開きます。既存のファイルは上書きされます	追記用にファイルを開きます。既存のファイルの末尾に追記します	読み込み用にファイルを開きます
ファイルが存在しない場合は新規に作成します	ファイルが存在しないとエラーになります	ファイルが存在しないとエラーになります

※w+、a+、r+ という読み書き両用の指定もありますが、特殊な用途なので省略します

実行の確認

例題を実行してみてください。何も起こらないように見えますが、

①プロジェクトをマウスでクリックし、
②メニューで[ファイル]⇨[リフレッシュ]と選択すると、

プロジェクトエクスプローラーに、data.txtが表示されます。

"w" のモードで実行し、ファイルが存在しなかったので作成されたのです。ただし、Eclipseに変更を反映させるには、いつも上記の①、②の手順が必要です。なお、ファイルをダブルクリックして、エディタで開いてみるとわかりますが、ファイルの中身は空です。

練習 21-1

1. fopenの書き方を復習しましょう。

フォルダとファイルが図のようになっています。図を見て、コードの空欄を埋めなさい。ただし、書き方は使っているOSに合わせてください。

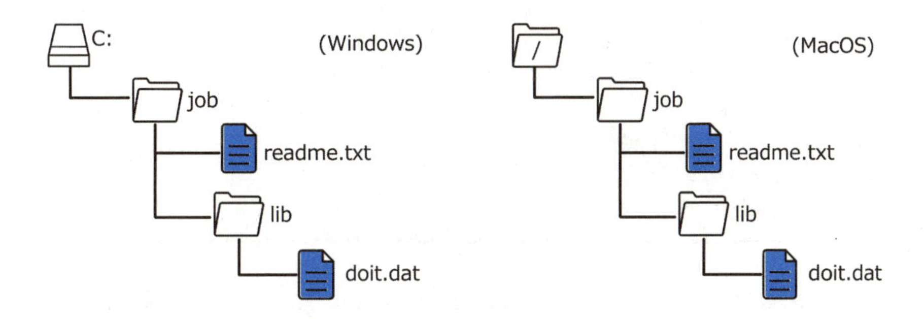

(1) 絶対パスでdoit.datを指定し、書き込みモードで開く

```
fopen(                              ,        );
```

(2) 現在アクセスしているフォルダがjobフォルダの時、相対パスでdoit.datを指定し、読み込みモードで開く

```
fopen(                              ,        );
```

(3) 現在アクセスしているフォルダがlibフォルダの時、相対パスでreadme.txtを指定し、追記モードで開く

```
fopen(                              ,        );
```

21.2 エラー処理を追加する

ファイルが存在しないなどの理由で、fopenが失敗することがあります。失敗したかどうか知るために、次のグレーの網掛けで示すようなエラー処理を書いておくことができます。

例題21-2 エラー処理

sample21-2.c

```
 1  #include <stdio.h>
 2  #include <stdlib.h>
 3  int main(void)
 4  {
 5      FILE *fp = fopen("docs/data.txt", "w");
 6      if(fp==NULL){
 7          printf("★ファイルを開けません");
 8          exit(EXIT_FAILURE);
 9      }
10
11      // ここでファイルデータの入出力を行う
12
13      fclose(fp);
14      return 0;
15  }
```

fopen関数は、実行に失敗するとNULLを返します。そこで、**FILEポインタ**(fp)がNULLでないかどうか調べて、NULLだった場合は「★ファイルを開けません」というメッセージを表示して、プログラムを終了します。

エラー処理がなくてもプログラムは動きますが、失敗したかどうかを知ることができるので、書いておくとデバッグ時に役に立ちます。また、将来、もっと高度なエラー処理を書くための基礎になるでしょう。

exit 関数はバッファのフラッシュなど必要な終了処理を行って、プログラムを正常終了させる関数です。利用するためには、**stdlib.h**をインクルードします。引数には、エラー終了を意味するEXIT_FAILUREを指定しますが、stdlib.hで次のようにマクロ定義されています。

```
#define EXIT_SUCCESS 0
#define EXIT_FAILURE 1
```

例題を動かしてみたら、「★ファイルを開けません」と表示されます。ファイルがない場合は、作成されるのではなかったですか？

それはファイルだけで、フォルダまでは作成されません。
今回は、"docs/data.txt" と相対パスが指定してありますが、これは、現在アクセスしているフォルダにある、『docsフォルダの中のdata.txtファイル』を指します。しかし、プロジェクトにはdocsフォルダがないので、エラーになるのです。

練習 21-2

1. docsフォルダを作成して、例題を動かしてみましょう。次の手順を実行してください。

①プロジェクトをマウスでクリックする
②メニューで、[ファイル]⇨[新規]⇨[フォルダー]と選択する
　⇨[フォルダー]ダイアログが開く
③ダイアログの[フォルダー名]欄に docs と入力する
④[完了]ボタンを押す

以上の後、例題を実行してエラーメッセージが表示されないことを確認してください。

21.3 書式付きのデータ出力

文字列や数値などのデータをファイルに記録してみましょう。出力には、printfのファイル版であるfprintf関数を使います。

例題21-3 fprintfによる書式付き出力

sample21-3.c

```
 1  #include <stdio.h>
 2  #include <stdlib.h>
 3  int main(void)
 4  {
 5      FILE *fp = fopen("data.txt", "w");
 6      if(fp==NULL){
 7          fprintf(stderr, "★ファイルを開けません");
 8          exit(EXIT_FAILURE);
 9      }
10      fprintf(fp, "%s %d %f %f¥n", "田中宏", 21, 175.0, 68.5);
11      fclose(fp);
12      return 0;
13  }
```

なるほど、引数にFILEポインタのfpが増えただけで、printfと同じですね！本当に、これでファイルに書けたのかなぁ。

プロジェクトをマウスでクリックしてから、メニューで［ファイル］⇨［リフレッシュ］と選択すると、data.txtファイルが表示されるはずです。
ファイルを表示した後、ダブルクリックしてエディタで中身を確認してください。

data.txtの内容

```
data.txt ☒  sample21-3.c
1 田中宏 21 175.000000 68.500000
2
```

fprintf関数は、第1引数にFILEポインタを取るだけで、後の書き方はprintfと全く同じです。出力先がコンソールからファイルに変わっただけです。

実は、fpを**stdout**に変更するとprintfと全く同じになります。stdoutはCライブラリが用意しているFILEポインタで、標準出力(コンソール)を指します。

区切り文字について

fprintfの書式指定(**"%s %d %f %f¥n"**)では、出力するデータの間に半角の空白が入るようにしています。その理由は、データの区切りがわかるようにするためです。

data.txtの内容を見ると、データの間に空白があることがわかるでしょう。こうしておかないと、この後、データを読み込む処理が難しくなります。

ただ、データに空白文字が含まれている場合は、データを空白で区切ることはできません。例えば名前が「田中宏」ではなく「田中 宏」のようになっている場合です。その場合は、**コンマ**(,)などを使うこともあります。書式は"%s,%d,%f,%f,"のようにします。

特に、最後の%fの後にもコンマが必要なことに注意してください。

練習 21-3

1. fprintfを使って、次の3件のデータをperson.txtファイルに出力するプログラム(ex21-3-1.c)を作成しなさい。

氏名	年齢	身長	体重
木村太郎	21	185.8	73.5
鈴木修	20	177.1	66.0
森下花	22	168.2	48.9

＜ヒント＞

・モードは "w" を使います

・fprintfを 3 回実行します

person.txt

```
person.txt
1 木村太郎 21 185.800000 73.500000
2 鈴木修 20 177.100000 66.000000
3 森下花 22 168.200000 48.900000
4
```

2. scanfを使って入力した整数をnumber.txtファイルに出力するプログラム(ex21-3-2.c)を作成しなさい。「数値を1件入力したらその値をすぐにファイルに出力する」という動作を、入力修了まで(EOFが入力されるまで)繰り返してください。

＜ヒント＞

・fprintfの出力書式は、"%d¥n" にします

・次のwhile文で処理します

```
int n;
while(scanf("%d", &n)!=EOF){
      // 出力処理
}
```

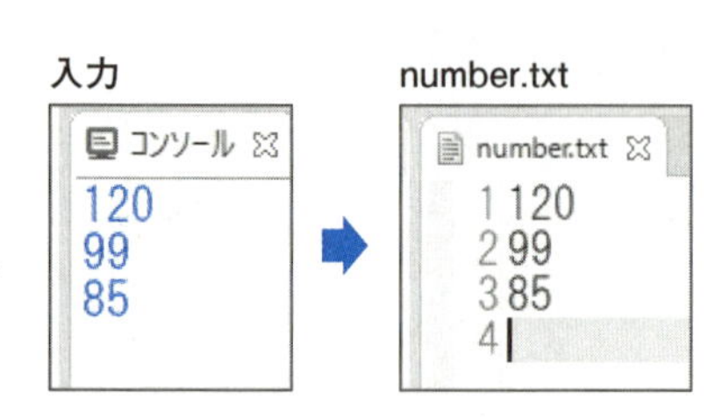

21.4 書式付きのデータ入力

空白で区切られたデータを読み取る

fprintfで出力したデータを、fscanfで読み取ってみます。fscanfはscanfのファイル版です。

例題21-4 fscanfによる書式付き入力

sample21-4.c

```
 1  #include <stdio.h>
 2  #include <stdlib.h>
 3  int main(void)
 4  {
 5      char    name[100];          // 氏名を入力する変数
 6      int     age;                // 年齢  〃
 7      double  height;             // 身長  〃
 8      double  weight;             // 体重  〃
 9      FILE *fp = fopen("data.txt", "r");
10      if(fp==NULL){
11          fprintf(stderr, "★ファイルを開けません");
12          exit(EXIT_FAILURE);
13      }
14      fscanf(fp, "%s%d%lf%lf", name, &age, &height, &weight);
15      fclose(fp);
16      printf("%s¥n%d¥n%f¥n%f¥n", name1, age, height, weight);
17      return 0;
18  }
```

実行結果

```
コンソール
田中 宏
21
175.000000
68.500000
```

例題は、data.txtファイルを "r" の読み取りモードで開いています。

入力するデータは、空白で区切られていました。fscanfは、空白やタブ、改行などを区切り文字と認識するので、"%s%d%lf%lf" のように、4つの変換指定を並べて指定できます。

この変換指定で、name、age、height、weightの４つの変数に、ファイルからデータが読み込まれます。例題は、入力したデータをコンソールに表示しています。出力結果を見ると正しく入力されたことがわかります。

確かに、fp がある以外は、scanfと同じだ。
もしかして、scanf として使うこともできますか？

fp を stdin に変えると scanf と同じになります。
stdin は標準入力といって、キーボードからの入力を意味します。

コンマ区切りのデータの入力

「田中 宏」のような空白を含むデータは、空白を区切り文字とすると、正しく入力できません。「田中」と「宏」の2つのデータ項目になってしまうからです。

その場合は、区切り文字をコンマ（ , ）に変えるとうまくいきます。コンマを区切り文字にして出力する方法はP.431で説明しました。ここではそのようなコンマ区切りのデータ（CSVデータといいます）を入力する方法を解説します。

例題21-5 CSVデータの入力方法

sample21-5.c

```
 1  #include <stdio.h>
 2  #include <stdlib.h>
 3  int main(void)
 4  {
 5      char    name[100];         // 氏名を入力する変数
 6      int     age;               // 年齢  //
 7      double  height;            // 身長  //
 8      double  weight;            // 体重  //
 9      FILE *fp = fopen("data.csv", "r");
10      if(fp==NULL){
11          fprintf(stderr, "★ファイルを開けません");
12          exit(EXIT_FAILURE);
13      }
14      fscanf(fp, "%[^,],%d,%lf,%lf,", name, &age, &height, &weight);
15      fclose(fp);
16      printf("%s¥n%d¥n%f¥n%f¥n", name1, age, height, weight);
17      return 0;
18      }
```

実行結果

```
コンソール
田中宏
21
175.000000
68.500000
```

fscanf の書式指定は、"%s,%d,%lf,%lf," ではいけないのですか？ %sにあたる部分が、%[^,]になっています。

数値なら %d, %lf, %lf, のようにコンマを指定していいのですが、
文字列では、%s, は機能しません。
そこで、%[^,] を使うのです。この書き方は、P.313で、一度説明していますよ。

例題では、次のようなdata.csvファイルから、データを入力します。

```
data.csv
1 田中 宏,21,175.000000,68.500000,
```

※data.csvをテキストエディタで開くには、ファイルを右クリックし、［次で開く］⇨［テキストエディタ］と選択します

データは、コンマで区切られています。また、「田中 宏」という名前は、田中と宏の間に半角の空白があります。

このようなCSV形式のデータを読み込んで各項目のデータを正しく入力するには、入力変換指定の右側にコンマを付けます。ただ、それだけでよいのは、データ項目が数値項目の場合です。文字列では、うまく機能しません。そこで、%s,と書くところを、%[^,],とします。

[^,]は、「コンマの直前まで」という意味で、文字列の右にコンマがあれば、その直前までを入力させることができます。P.313で解説したように、一般に[^ ～]は、文字列についての指定で、「～の直前まで」という意味です。

出力結果を見ると、文字列に空白を含めて「田中 宏」として読み込み、他のデータも正しく読み取れたことがわかります。

練習 21-4

1. person.txtは練習21-3-1で作成したファイルで、次のような形式です。

```
person.txt
1 木村太郎 21 185.800000 73.500000
2 鈴木修 20 177.100000 66.000000
3 森下花 22 168.200000 48.900000
4
```

データ項目は、氏名、年齢、身長、体重で、半角スペースで区切られています。また、1件ごとに改行されています。このデータを実行結果のように出力するプログラム(ex21-4-1.c)を作成しなさい。

実行結果

```
コンソール
木村太郎   21   185.800000   73.500000
鈴木修   20   177.100000   66.000000
森下花   22   168.200000   48.900000
```

- ex21-4-1プロジェクトに、あらかじめperson.txtが入れてあります
- while文の中で繰り返しfscanfを実行します
- fscanfは読み取ったデータの件数を戻り値として返しますが、最後まで読み込んで次に読むデータがない時は、EOF(EndOfFile)という値を返します。そこで、while文は次のように、「読み取り結果がEOFではない間繰り返す」という形にします

```
while( fscanf(fp, "·····", ····)!=EOF ){
    printf(····);
}
```

※EOFはstdio.hで #define EOF -1 と定義されています。

2. person.csvファイルは、項目がコンマで区切られた次のようなファイルです。掲載の都合で、図では2段になっていますが、3件分のデータが切れ目なく連続して入っているファイルです。項目は、氏名、年齢、身長、体重です。また、名前の項目は、姓と名の間に空白文字があります。

```
person.csv
1 木村 太郎,21,185.800000,73.500000,
    鈴木 修,20,177.100000,66.000000,森下 花,22,168.200000,48.900000,
```

このperson.csvファイルを読み込んで、実行結果のように表示するプログラム(ex21-4-2.c)を作成しなさい。

実行結果

```
コンソール
木村 太郎  21   185.800000   73.500000
鈴木 修   20   177.100000   66.000000
森下 花   22   168.200000   48.900000
```

＜ヒント＞

・ex21-4-2プロジェクトに、あらかじめperson.csvが入れてあります

・while文の使い方などは1.と同じです

21

21.5 行単位の入出力

ここで、行とは終端に改行記号(¥n)がある文字列のことです。次は、行単位の読み書きの方法を解説します。

行単位の入力

次は、小説「杜子春」の冒頭部分を納めたファイル(toshishun.txt)を、fgets関数で読み出して、コンソールに表示する例です。

例題21-6 ファイルから1行分ずつ読み込む

sample21-6.c

```
 1  #include <stdio.h>
 2  #include <stdlib.h>
 3  int main(void)
 4  {
 5      char buf[100];
 6      FILE *fp = fopen("toshishun.txt", "r");
 7      if(fp==NULL){
 8          fprintf(stderr, "★ファイルを開けません");
 9          exit(EXIT_FAILURE);
10      }
11      while(fgets(buf, sizeof(buf), fp)!=NULL){
12          printf("%s", buf);
13      }
14      fclose(fp);
15      return 0;
16  }
```

実行結果

```
コンソール
杜子春
芥川龍之介

或ある春の日暮です。
唐の都洛陽の西の門の下に、ぼんやり空を仰いでいる、一人
若者は名を杜子春といって、元は金持の息子でしたが、今は
何しろその頃洛陽といえば、天下に並ぶもののない、繁昌を
しかし杜子春は相変らず、門の壁に身を凭せて、ぼんやり空
```

fgets関数は、テキストから、1行分のテキストを読み取る関数で、次のように使います。

```
fgets( 入力バッファ , バッファサイズ , fp )
```

・**入力バッファ** ＝入力したテキストを入れるchar型配列のアドレス
・**バッファサイズ** ＝入力バッファのバイト数

fgetsは次のように機能します。

ファイルから[入力バッファのサイズ－１]バイトを読み出し、それに'¥0'を付加して、入力バッファにセットします。行単位の入力という理由は、途中で、改行文字(¥n)を入力したり、ファイルの最後に達した時は、そこまでで入力をやめ、直後に'¥0'を付加して返すからです。
ファイルの最後まで読み込んで、読み出すものがない時は、NULLを返します。それ以外は、入力バッファを指すポインタを戻り値として返します。

これから、fgetsを使って、ファイルの全てのテキストを読み出すには、fgetsの戻り値がNULLでない間、繰り返しfgetsで読み込めばよい、ということがわかります。

例題は、11行のwhile文でそれを行っています。

```
while( fgets(buf, sizeof(buf),fp)!=NULL ){
```

bufは、要素数100のchar型配列として宣言し、サイズはsizeof(buf)で計算したものを指定しています。そして、読み出したデータをすぐにprintfで出力するので、最終的に、実行結果のようにテキスト全体が表示されます。

なお、fgetsは改行文字(¥n)もそのまま読み込むので、データには改行文字が含まれています。printfで主力した時、元のデータと同じように改行されるのはそのためです。

練習 21-5

1. 例題にならって、kumonoito.txtファイルを行単位で読み出し、そのままコンソールに表示するプログラム(ex21-5-1.c)を作成しなさい。

・kumonoito.txtは、ex21-5-1プロジェクトに入れてありますが、サポートウェブからもダウンロードできます。

行単位の出力

putsのファイル版が**fputs**です。次は、fputs を使って、文字列をファイルに出力します。行データにするため、文字列を出力した後、さらに ¥n を出力することに注意してください。

例題21-7 ファイルに行単位で出力する

sample21-7.c

```
1  #include <stdio.h>
2  #include <stdlib.h>
3  int main(void)
4  {
5      FILE *fp = fopen("data.txt", "w");
6      if(fp==NULL){
7          fprintf(stderr, "★ファイルを開けません");
8          exit(EXIT_FAILURE);
9      }
10     char *title[]= {    // 出力する文字列データ
11             "阿部一族",
12             "大塩平八郎",
13             "山椒大夫",
14             "即興詩人",
15             "高瀬舟"
16     };
17     for(int i=0; i<5; i++){
18         fputs(title[i], fp);    // 1行分として出力
19         fputs("¥n", fp);        // 改行コード(¥n)を付加する
20     }
21     fclose(fp);
22     return 0;
23 }
```

出力されたdata.txtの内容

```
data.txt
1 阿部一族
2 大塩平八郎
3 山椒大夫
4 即興詩人
5 高瀬舟
6
```

例題は、配列にある文字列を1つずつ、ファイルに出力します(文字列の配列については、18章(P.367)で解説しています)。

fputsは、文字列をそのままファイルに出力する関数です。ファイル出力なので、終端文字の '¥0' は出力せず、文字部分だけを出力します。

使い方は、次のようです。

```
fputs( 文字列 , fp );
```

19行目では、行末を示す改行文字(¥n)を出力して、データの区切りがわかるようにしています。区切り文字としては、¥n 以外に、スペースやコンマを出力する場合もあります。コンマを使ったものは、**CSV**(comma-separated values)**ファイル**といい、広く利用されています。

使い方はわかりましたが、長い文章を読み書きするだけですか？
いったい、どういう役に立つのでしょう？

ファイルに、ソフトウェアの設定を記録しておくような用途が多いと思いますね。
Eclipseでも、`eclipse.ini`というテキストファイルにいろいろな設定が書いてあります。
それを行単位で読み書きして、利用しているのです。
なくてはならない機能といえるでしょう。

練習 21-6

1. 次のSPDは、キーボードをタイプして文字列データを入力し、それをファイルに出力する処理を繰り返すプログラムです。EOFが入力されるまで、入力とファイル出力を繰り返します。このSPDを参考にして、プログラム(ex21-6-1.c)を作成しなさい。

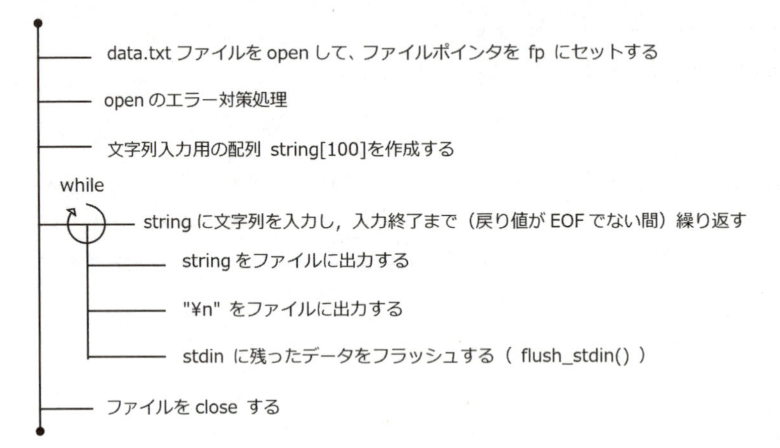

＜ヒント＞

・while文の中に書く scanf では、次のように、最大 99 バイトまで入力(⇨P.287)します

```
string [100];
while(scanf("%99[^¥n]", string)!=EOF){
    ...
}
```

・[^¥n] は「 ¥n の直前まで」という意味です。¥n は、Enterキーをタイプすると入力されるので、%99[^¥n] は、Enterキーをタイプするまでに入力された文字の内、最大99バイトまでを入力するという変換指定です

・99文字を超えるデータを入力した場合、stdin にデータが残ってしまうので、それを消去するために flush_stdin() を実行する必要があります。P.289も参照してください

21.6 文字単位の入出力

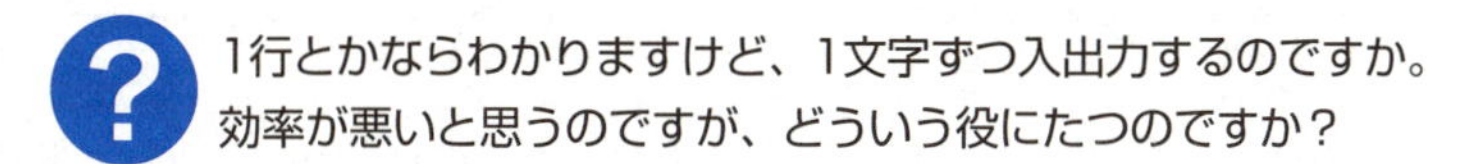

? 1行とかならわかりますけど、1文字ずつ入出力するのですか。
効率が悪いと思うのですが、どういう役にたつのですか？

主に、字句解析ですね。
文章を品詞に分けたり、決められた文法規則にあっているか判定したりします。
C言語の応用としてはとても重要な分野で、いろいろなソフトウェアが開発されています。
使い方は簡単ですが、応用的な用途に使われる、ということです。

字句解析などで必要になるのが、1文字ずつの入出力です。ここでは、字句解析はやめて、代わりに、ファイルから1文字入力し、それをそのまま異なるファイルに出力することで、ファイルをコピーする例を示します。

例題21-8 1文字単位のファイルコピー

sample21-8.c

```
 1  #include <stdio.h>
 2  #include <stdlib.h>
 3  int main(void)
 4  {
 5      FILE *in  = fopen("toshishun.txt", "r");
 6      FILE *out = fopen("copy.txt", "w");
 7      if(in==NULL||out==NULL){    // どちらかが開けないとエラーにする
 8          fprintf(stderr, "★ファイルを開けません");
 9          exit(EXIT_FAILURE);
10      }
11      char c;
12      while((c=fgetc(in))!=EOF){ // ファイルの最後まで1文字ずつ読む
13          fputc(c, out);          // 読んだ文字をそのままファイルに出力する
14      }
15      fclose(in);
16      fclose(out);
17      return 0;
18  }
```

fgetcとfputcの使い方は、次のようです。

fgetc(fp);	ファイルから1文字入力して返す ファイルの最後に達すると EOF を返す
fputc(文字 , fp);	ファイルに1文字出力する

例題は、5-6行で、入力用のtoshishun.txtと出力用のcopy.txtを開いています。そして、12行のwhile文で、1文字入力して変数cに受け取り、13行でfputcによりそれを、そのまま出力ファイルに書き込みます。

また、fgetcは、ファイルの最後まで読み出した時、EOFを返すので、それをwhile文の繰り返し条件に指定しています。

例題を実行するとcopy.txtファイルができるので、エディタで開いて確認してください。toshishun.txtと全く同じ内容になっているはずです。

練習 21-7

1. sample.htmlファイルは、ウェブを表示するHTMLデータファイルです。HTMLファイルには<body>とか<div>のように<>で囲まれたタグという文字列があります。そこで、sample.htmlファイルから1文字ずつ読み込み、< を [に、また、> を] に置き換えて、sample.txtファイルに出力するプログラム(ex21-7-1.c)を作成しなさい。

＜ヒント＞

・sample.htmlと出力用にsample.txtファイルをオープンします

・fgetcで入力した文字が<ならば [を出力し、>なら] を出力します。それ以外の文字ならそのまま出力します

21.7 ブロック入出力

配列のような固定サイズのデータブロックを一度に読み書きするのが、**ブロック入出力**です。コンピュータのメモリー上にあるイメージをそのまま入出力すると考えてください。出力ファイルはバイナリーファイルになります。

fwrite 関数で出力し、**fread** 関数で読み込みます。

```
fwrite ( ブロックの先頭アドレス , ブロックのサイズ , ブロックの個数 , fp ) ;

fread ( ブロックの先頭アドレス , ブロックのサイズ , ブロックの個数 , fp ) ;
```

入力も出力も使い方は同じです。

? すると、配列全体を一度に読んだり、書いたりするのですね。
for文もいらないし、便利そうですが、ブロックというのは何ですか？

構造体や配列のようなサイズの決まったデータのことです。
配列の場合でいうと、ブロックの先頭アドレスは配列のアドレス（または、先頭要素のアドレス）です。ブロックサイズは、配列全体のサイズですから、sizeof演算子で計算します。
そして、全体を一度に入出力するので、普通はブロックの個数は1です。

ブロック出力

構造体も配列も一度に入出力できます。構造体の配列でもまるごと、1回で入出力できます。ポイントは、対象となるブロックのサイズを、きちんとsizeof演算子で計算することです。

ではさっそくやってみましょう。

例題21-9-1 配列を一括で保存する

sample21-9-1.c

```
 1  #include <stdio.h>
 2  #include <stdlib.h>
 3  int main(void)
 4  {
 5      FILE *fp = fopen("array.dat", "w");
 6      if(fp==NULL){
 7          fprintf(stderr, "★ファイルを開けません");
 8          exit(EXIT_FAILURE);
 9      }
10      int number[] = {1,2,3,4,5,6,7,8,9 };
11      fwrite(number, sizeof(number), 1, fp);     // 配列全体を保存する
12      fclose(fp);
13      return 0;
14  }
```

例題は、numberというint型の配列を丸ごと1回の操作で出力します。fwriteの引数ですが、ブロックアドレスは配列の先頭アドレスなのでnumberを、ブロックサイズはsizeof演算子で、配列全体のサイズを計算して指定しています。個数は1です。

プログラムを実行後、プロジェクトをクリックしてから、メニューで[ファイル]⇨[リフレッシュ]と選択すると、array.datファイルができていることがわかります。

練習 21-8

1. 例題にならって、double data[] = {1.5, 0.2, 2.2, 1.75, 0.32}; をまとめてarray.datファイルに出力するプログラム(ex21-8-1.c)を作成しなさい。

2. 構造体型personが次のように定義してあります。

```
typedef struct {
    char    name[100];
    int     age;
    double  height;
    double  weight;
} person;
```

この時、person tom = {"tom", 21, 175.5, 60.2}; をfwriteで、person.datファイルに出力するプログラム(ex21-8-2.c)を作成しなさい。

＜ヒント＞
・構造体のアドレスは、&tom です。また、サイズはsizeof(person)です。

ブロック入力

前の例題で作成したarray.datファイルを配列に読み込んで、ちゃんと読めたかどうか、内容を表示してみましょう。freadの使い方は、fwriteと同じです。

例題21-9-2 配列を一括で読み出す

sample21-9-2.c

```
 1  #include <stdio.h>
 2  #include <stdlib.h>
 3  #define SIZE 9   // 配列サイズをマクロ定義しておく
 4  int main(void)
 5  {
 6      FILE *fp = fopen("../sample21-9-1/array.dat", "r");
 7      if(fp==NULL){
 8          fprintf(stderr, "★ファイルを開けません");
 9          exit(EXIT_FAILURE);
10      }
11      int number[SIZE];
12      fread(number, SIZE*sizeof(int), 1, fp);   // 一括で読み出す
13      fclose(fp);
14      for(int i=0; i<SIZE; i++){                // 出力して確認する
15          printf("%d ", number[i]);
16      }
17      return 0;
18  }
```

実行結果

```
コンソール
1 2 3 4 5 6 7 8 9
```

前の例題で作成したarray.datファイルを読み込むため、6行目ではファイルを相対パスで指定しています。

現在アクセスしているフォルダは、Eclipseでは常にプロジェクトフォルダです。../はプロジェクトフォルダの親フォルダを指しますが、これはワークスペースです。そこで、../sample21-9-1/ と指定すると、sample21-9-1プロジェクトのフォルダになるというわけです。

11行目で、前の例題と同じサイズの配列numberを作成し、そのアドレスを使ってfreadを実行しています。配列サイズは、マクロで、SIZEという名前で定義しています。また、読み込むバイト数も同じ、個数も同じです。実行結果を見ると、正しく読み込めたことがわかります。

練習 21-9

1. 前の練習(練習21-8-1)で作成したarray.datファイルを読み込んで、実行結果のように表示するプログラム(ex21-9-1.c)を作成しなさい。

実行結果

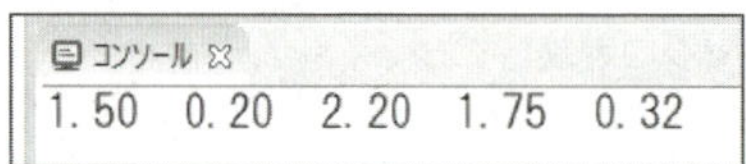

<ヒント>

array.datは、../ex21-8-1/array.dat と指定します

2. 前の練習(練習21-8-2)で作成したperson.datファイルを読み込んで、実行結果のように表示するプログラム(ex21-9-2.c)を作成しなさい。

実行結果

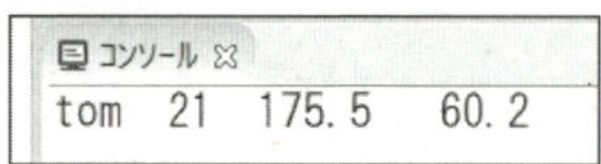

<ヒント>

array.datは、../ex21-8-2/person.dat と指定します

この章のまとめ

この章では、ファイル入出力について、編集されたデータ、行単位のデータ、文字単位のデータ、そしてブロック単位のデータを入出力する方法を解説しました。

◇入出力関係の一覧

オープンとクローズ FILE *fp = fopen(ファイル名 , モード); fclose(fp); ※主なオープンモードは、"w"、"r"、"a" です
書式付き入出力 fprintf (fp , "書式文字列" , 変数の並び •••); fscanf (fp , "書式文字列" , 変数の並び •••);
行単位の入出力 fputs(文字列 , fp); fgets(入力バッファ , バッファサイズ , fp)
文字単位の入出力 fputc(文字 , fp); fgetc(fp);
ブロック単位の入出力 fwrite (ブロックの先頭アドレス , ブロックのサイズ , ブロックの個数 , fp); fread (ブロックの先頭アドレス , ブロックのサイズ , ブロックの個数 , fp);

◇ファイルオープンのエラーに対して、次のようにエラー処理を追加します

```
FILE *fp = fopen( ～ );
if(fp==NULL){
    ....
    exit(EXIT_FAILURE);
}
```

◇CSV形式では、入出力での変換指定子の右にコンマを付けます。ただし、入力では文字列には% [^,] を指定します。コンマの直前までを入力するという意味です。

```
fprintf(fp, "%s,%d,%f,%f,", "田中宏", 21, 175.0, 68.5);
fscanf(fp, "%[^,],%d,%lf,%lf,", name, &age, &height, &weight);
```

通過テスト

1. fprintfを使って、次の3件のデータをCSV形式でdata.csvファイルに出力するプログラム(pass21-1.c)を作成しなさい。ただし、データの型は表に記した変数の型と同じにします(リテラルを直接出力すればいいので、変数名は使いません)。

題名 char title[100]	著者 char author[100]	出版年 int year	価格 int price	電子版の有無 _Bool ebook
プログラミング入門	田中 宏	2032	1000円	あり
実践統計学	山田 花子	2028	1500円	なし
データサイエンス入門	木村 正一	2035	1200円	あり

＜ヒント＞
・CSV形式での出力は、P.431を参考にしなさい
・名前は姓と名の間に半角の空白が含まれているので、空白を含めて出力します
・_Boolはint型で入出力できます

2. 前問で作成したdata.csvファイルを読み込んで3件のbook構造体を作成し、それぞれをブロック出力してbook.datファイルに書き込むプログラム(pass21-2.c)を作成しなさい。ただし、book構造体は、次の通りとする。

```
typedef struct {
    char title[100];
    char author[100];
    int   year;
    int   price;
    _Bool ebook;
} book ;
```

＜ヒント＞
・CSVファイルの入力は、P.435を参考にしなさい
・data.csvファイルは、"../pass21-1/data.csv" と指定します
・3回繰り返すfor文の中で、fscanfを使ってデータを読み込みます
・fscanfのデータを受け取る変数は、構造体のメンバにします

3. 前問で作成したbook.datファイルから3件のbook構造体を読み込み、book構造体の配列bookarrayを作成します。そして、最後に配列全体を一括してbookarray.datファイルにブロック出力するプログラム(pass21-3.c)を作成しなさい。

＜ヒント＞
・book.datファイルは、"../pass21-2/book.dat" と指定します
・構造体の配列 book bk[3]; を宣言しておきます
・３回繰り返すfor文の中でfreadを実行します
・freadでデータを受け取る変数は、bk[i] です。アドレスとして&bk[i] を指定します
・最後に、bkをfwriteで一括出力します

4. 前問で作成したbookarray.datファイルからbook構造体の配列を一括して読み取り、配列要素の内容を実行結果のように表示するプログラム(pass21-4.c)を作成しなさい。

実行結果

```
コンソール
プログラミング入門　田中 宏　2032　1000　1
実践統計学　山田 花子　2028　1500　0
データサイエンス門　木村 正一　2035　1200　1
```

＜ヒント＞
・bookarray.datファイルは、"../pass21-3/bookarray.dat" と指定します

5. fgets、fputsを使って、"toshishun.txt" ファイルをcopy.txtファイルにコピーするプログラム(pass21-5.c)を作成しなさい。

＜ヒント＞
・toshishun.txtファイルは、"../sample21-6/toshishun.txt" と指定します
・入力用と出力用に2つのFILEポインタを作成します

6. (やや難しい問題) sample.htmlファイル読み込んで、すべてのタグを取り除いてsample.txtに出力するプログラム(pass21-6.c)を作成しなさい。

＜ヒント＞
・sample.htmlファイルは、fopen関数に、"../ex21-7-1/sample.html" と指定します
・1文字ずつ読み込んで、文字が<だったら、次に>がでてくるまで、出力せずに読み飛ばします。それ以外は、そのまま出力します。
・読み飛ばしには、while((c=fgetc(fp))!='>') {} を使うといいでしょう。
・読み飛ばした後は、continue で繰り返しの最初に戻って、次の文字を読み出します。

補足資料

練習問題の解答と解説

【1章】

練習1　＜省略＞

【2章】

練習2-1

1.

① #include　② ヘッダファイル　③ main　④ ブロック　⑤ セミコロン
⑥ puts　⑦ return 0;　⑧ インデント　⑨ 空白　⑩ #include

2.

(1) ① <stdio.h>　② main　③ return 0;

(2) ブロック

(3) 1. includeではなく#includeとする
2.「おはよう」は"おはよう"と引用符でくくる
3. putsの末尾にセミコロンを付ける
＜正しいプログラム＞

```
#include  <stdio.h>
int  main(void)
{
    puts("おはよう");
    return  0;
}
```

練習2-2

正しくないコメント：③ ④ ⑦ ⑨

【解説】コメント記号の部分を太字のアミかけで示します。

```
①/** おはよう */
②////////////////////
  //// sample02.c //////
  ////////////////////
③/* 例題
  */ sample02.c //
④/ * * * sample02.c * * * /
⑤// / / /  作者 田中一郎  / /  //
⑥/*------------------*/
  /* 例題  sample02.c */
  /*------------------*/
⑦/*** 例題 *****/*** sample02.c ****/
⑧/* // おはよう
  こんにちは  //  */
⑨// おはよう /* こんにちは
  さようなら */
```

【3章】

練習3-1

①8　②1　③−128　④127　⑤浮動小数点数　⑥0

練習3-2

1.

1236E18	int
998741	char
'B'	double
false	_Bool
0.2365001	float
1.1234f	

2.

(1) ×　105を掛けるので23650.2である

(2) ○　trueは1、falseは0

(3) ○　fの付かない実数はすべてdoubleである

(4) ○　空文字という

練習3-3

1.

(1)×　(2)×　(3)×　(4)×　(5)○

【解説】(1) 2重引用符を付けると１文字でも文字列になる　(2)末尾に終端記号の ¥0 が必要なので、見た目よりも1バイト多い9バイトが必要　(3) UTF-8では日本語文字は１文字が３バイト以上になる　(4)空文字列(終端記号だけの文字列)なのでエラーではない (5)文字型しかないので正しい

練習3-4

1. ex3-4-1.c

```
#include  <stdio.h>
int  main(void)
{
    printf("***********¥n");
    printf("***    ****¥n");
    printf("** **  ****¥n");
    printf("* ***  ****¥n");
    printf("*****  ****¥n");
    printf("*****  ****¥n");
    printf("*****  ****¥n");
    printf("***********¥n");
    return  0;
}
```

2. ex3-4-2.c

```
#include  <stdio.h>
int  main(void)
{
    printf("９月¥t123456¥n");
    printf("１０月¥t123¥n");
    printf("１１月¥t1234567¥n");
    printf("１２月¥t12345¥n");
    return  0;
}
```

【解説】¥tを使うと行頭を揃えて適切な空白を入れることができます。

3. ex3-4-3.c

```
#include  <stdio.h>
int  main(void)
{
    printf("この商品が¥¥6500は¥"高い¥"だろうか？ ");
    return  0;
}
```

【解説】¥を表示するには¥¥、"を表示するには¥"を使います。

練習3-5

1. ① %d　② %f　③ %c　④ %d

【解説】intの変換指定子はiではなくdです。doubleの変換指定子はdではなくfです。bool型は0か1しか取らないのでintと同じ%dで表示します。

2. ex3-5-2.c

```
#include  <stdio.h>
int  main(void)
{
    printf("%dは", 123456);
    printf("%fの100万倍です¥n", 0.123456);
    return  0;
}
```

【解説】123456はd変換、0.123456はf変換です。先頭のprintfには¥nを付けません。

練習3-6

1. ex3-6-1.c

```
#include  <stdio.h>
int  main(void)
{
    printf("%c", 67);
    printf("%c", 72);
    printf("%c", 65);
    printf("%c¥n", 82);
    return  0;
}
```

【解説】変換指定子は文字型(c)です。最初の3つのprintfでは改行しません。

2. ex3-6-2.c

```
#include  <stdio.h>
int  main(void)
{
    printf("%d¥t", 'C');
    printf("%d¥t", 'H');
    printf("%d¥t", 'A');
    printf("%d¥n", 'R');
    return  0;
}
```

【解説】変換指定子は整数型(d)です。最初の3つのprintfでは、末尾に¥tを付けてタブを入れます。

【4章】

練習4-1

ex4-1-1.c

```
#include  <stdio.h>
int  main(void)
{
    double  data;
    data    =  1.23;
    data    =  data  +  0.5;    // 0.5増やす
    printf("dataは%fです¥n", data);
    return  0;
}
```

【解説】例題はintでしたが、doubleでも同じようにdata = data + 0.5;と書けます。表示のための変換指定は%fです。

練習4-2

1. ① 数字　② 代入　③ 識別子　④ 予約語

2. (1) ×　(2) ○　(3) ○　(4) ×　(5) ×
(6) ×　(7) ×　(8) ×　(9) ○　(10) ○

【解説】(1) ドット(.)は使えない　(2) mainは予約語ではない　(3) 一部分として予約語を使うのは可能　(4) intは型名なので使えない　(5) 数字から始まっている　(6) -は使えない　(7) #は使えない(8) %は使えない　(9) _Boolでなく_boolだから使える　(10) doubleでなくDOUBLEなので使える

練習4-3

ex4-3-1.c

```
#include  <stdio.h>
int  main(void)
{
    int     n;
    double  a, b;
    n  =  10;
    a  =  1.25;
    b  =  2.5;
    printf("n=%d a=%f b=%f¥n", n, a, b);
    return  0;
}
```

【解説】変換指定子の並び順と個数にあわせて、変数をn、a、bの順に並べます

練習4-4

ex4-4-1.c

```
#include  <stdio.h>
int  main(void)
{
    int     n  =  15;
    double  x  =  12.561;
    printf("n=%d¥tx=%f¥n", n, x);
    return  0;
}
```

【解説】宣言と同時に値を代入するところがポイントです。

練習4-5

ex4-5-1.c

```
#include  <stdio.h>
int  main(void)
{
    double x;
    printf("浮動小数点数>");
    scanf("%lf", &x);
    x = x + 10.0;
    printf("入力した値に10.0を足すと%fです¥n", x);
    return  0;
}
```

【解説】scanfの変換指定子は%lfです。また、xには&を付けます。scanfの直後にx=x+10.0とするところがポイントです。

【5章】

練習5-1

ex5-1-1.c

```
#include  <stdio.h>
int  main(void)
{
    int  a=6, b=2, c;
    printf("%d¥n", a*b+10);
    printf("%d¥n", 30-a/b);
    printf("%d¥n", c=a-b+20);
    return  0;
}
```

実行結果

コンソール

```
22
27
24
```

【解説】算術式をprintfの中にそのまま書きます。式は評価され、値が求められます。そして、その式の値が表示されています。最後のc=a-b+20では、最初に右辺が計算され、その値24がcに代入されて、cも24になります。式の値は左辺の変数の値ですから、24が表示されます。

練習5-2

1. r*r*3.14
2. ① scanf("%lf", &b);
   ② (a+b)*1.5
3. (1) -4*a*b　(2) (a+b)/-2　(3) a*a+3*a-5
   (4) 20%3　(5) (a+3)%5
4. a=3　b=5　c=4

【解説】cについて、剰余演算子は左から計算される左結合です。27%23%5は、(27%23)%5のように計算されます。27%23は4なので、4%5となりcは4です。

5. (1) 5行目。a%3はa%%3と書かなければならない
   (2) 7行目。yはdoubleだが、%はdoubleには使えない

練習5-3

1. (1) 19　(2) 240　(3) 3
2. (1) a=10 b=10　(2) a=25 b=13　(3) a=2 b=6　(4) a=0 b=3

練習5-4

(1) 12　(2) 12.0　(3) 48　(4) 5.0　(5) 0.8
(6) 1.1　(7) 2.5　(8) 2.0　(9) 20.0　(10) 25.0

[注](3)は'0'でも正解です。48は文字'0'の文字コードです

【6章】

練習6-1

1. (1)イ　(2)ア　(3)イ　(4)イ　(5)ア

【解説】(1) short、long、unsignedが付くint型では、型名intを省略する　(2) char型は1バイト　(3) unsignedが付くのは、整数型だけ　(4) unsigned long longが、正の整数では最大である(5) unsignedが付く型と付かない型では、サイズは同じである。

練習6-2

1. ex6-2-1.c

```
#include  <stdio.h>
int  main(void)
{
    printf("%c¥n",  'A');
    printf("%d¥n",  'A');
    printf("%X¥n",  'A');
    printf("%o¥n", 'A');
    return  0;
}
```

【解説】変換指定子はc(文字)、d(10進整数)、x(16進整数)、o(8進整数)

2. ex6-2-2.c

```
#include  <stdio.h>
int  main(void)
{
    printf("%d¥n",  255);
    printf("%X¥n",  255);
    printf("%x¥n",  255);
    printf("%o¥n",  255);
    return  0;
}
```

【解説】16進数はXを使うと大文字表示、xを使うと小文字表示になる

3. ex6-2-3.c

```
#include  <stdio.h>
int  main(void)
{
    printf("%f¥n", 217.45678);
    printf("%g¥n", 217.45678);
    printf("%e¥n", 217.45678);
    printf("%E¥n", 217.45678);
    return  0;
}
```

練習6-3

ex6-3-1.c

```
#include  <stdio.h>
int  main(void)
{
    printf("%6d¥n", 7862);
    printf("%7.4f¥n", 6.582);
    printf("%#06X¥n", 245);
    return  0;
}
```

【解説】%6dとすると7862は先頭に2桁の空白を挿入して6桁の表示幅で表示される。ただし、%3dと指定しても7862と表示され、必要な桁が四捨五入されることはない。#フラグは、16進数や8進数を表示する時に使用される。

練習6-4

1. ex6-4-1.c

```
#include  <stdio.h>
int  main(void)
{
    unsigned short s;
    printf("unsigned short>");
    scanf("%hu", &s);
    printf("s=%hu¥n", s);
    return  0;
}
```

【解説】shortなのでscanfの変換指定子にはhを付けてhuを指定する

2. ex6-4-2.c

```
#include  <stdio.h>
int  main(void)
{
    int     n;
    double  x;
    printf("int,double>");
    scanf("%d,%lf", &n, &x);
    printf("n=%7d¥n", n);
    printf("x=%7.3f¥n", x);
    return  0;
}
```

＜参考＞scanf("%d,%lf", &n, &x);をscanf("%d , %lf", &n, &x);のように区切り文字の前後に半角空白を付けておくと、コンマと共に空白類文字も入力区切り文字とすることができる。つまり、区切り文字としてコンマの他に 半角空白、タブ、改行なども有効になる。

練習6-5

1. ex6-5-1.c

```
#include <stdio.h>
int main(void)
{
    char name[1000];
    printf("お名前>"); scanf("%s", name);
    printf("こんにちは%sさん¥n", name);
    return 0;
}
```

【7章】

練習7-1

1. D

【解説】sizeof演算子は+演算子よりも優先順位が高いので、sizeof m + 2は(sizeof m)+2と同じ意味になる。mはintなのでsizeof(m)は4。従って全体は6となる。

2. ex7-1-2.c

```
#include <stdio.h>
int main(void)
{
```

```
    size_t  len = sizeof("さようなら！");
    printf("%zuバイト¥n", len);
    return 0;
}
```

練習7-2

(1) a=2, b=3

(2) a=2, b=0

(3) a=2, b=2

【解説】前置の++aでは、最初にaを1増やし2にしてから式を計算する。後置のa++では逆にaは1のままで式を計算し、そのあとでaを2にする。(3)のように(a++)としても同じである。()を付けても式の計算にはインクリメントする前のaの値(=1)が使われる。

練習7-3

1.

(1) 0000 0001　(2) 0000 0010　(3) 0000 0100

(4) 0000 1000　(5) 0111 1111　(6) 1111 1111

2.

(1) 2　(2) 12　(3) 3　(4) 15

練習7-4

1. (1) 52　(2) A9　(3) EB

2. (1) D　(2) A　(3) 1D

練習7-5

1. ① a<<=4;　② a>>=2;

2. ex7-5-2.c

```
#include <stdio.h>
#include <stdint.h>
#include "util.h"
int main(void)
{
    uint8_t a = 0X0F;
    printf("右シフト前="); bprintln(a);
    a>>=2;
    printf("右シフト後="); bprintln(a);
    return 0;
}
```

練習7-6

1.① 0　② 1　③ 1　④ 0

練習7-7

1. ex7-7-1.c

```
#include <stdio.h>
#include <stdint.h>
#include "util.h"
int main(void)
{
    uint8_t a = 0B01101101;
    printf("実行前="); bprintln(a);
    a &= 0B11111011;
    printf("実行後="); bprintln(a);
    return 0;
}
```

2. ex7-7-2.c

```
#include <stdio.h>
#include <stdint.h>
#include "util.h"
int main(void)
{
    uint8_t a = 0B11001101;
    printf("実行前="); bprintln(a);

    a ^= 0B00001111;
    printf("実行後="); bprintln(a);
    return 0;
}
```

【8章】

練習8-1

1. ex8-1-1.c

```
#include  <stdio.h>
int  main(void)
{
    double  x[]   =  {1.57, 2.63, -3.12, 2.81};
    char    c[]   =  {'H','E','L','L','O'};
    short   sh[]  =  {2256, -2048, -1024, 3512};

    printf("%f %f %f %f¥n", x[0], x[1],x[2], x[3]);
    printf("%c %c %c %c %c¥n", c[0], c[1],c[2], c[3], c[4]);
    printf("%hd %hd %hd %hd¥n", sh[0], sh[1], sh[2], sh[3]);
    return  0;
}
```

コンソール

```
1.570000 2.630000 -3.120000 2.810000
H E L L O
2256 -2048 -1024 3512
```

実行結果

2. n1 = 142　n2 = 19

【解説】配列の要素番号は、0から始まります。a[0]が先頭の要素で、a[2]は3番目、a[4]は5番目の要素です。このように、0から数えるのはプログラミングの基本的な約束ごとで、**ゼロオリジン**といいます。

練習8-2

1. ex8-2-1.c

```
#include <stdio.h>
int main(void)
{
    for(int i=0; i<3; i++){
        printf("反復処理¥n");
    }
    return 0;
}
```

2. ex8-2-2.c

```
#include <stdio.h>
int main(void)
{
    for(int i=0; i<3; i++){
```

```
        int n;
        printf("int>"); scanf("%d", &n);
        printf("n=%d¥n", n);
    }
    return 0;
}
```

3. ex8-2-3.c

```
#include <stdio.h>
int main(void)
{
    for(int i=0; i<3; i++){
        double a;
        printf("半径>"); scanf("%lf", &a);
        printf("面積=%f¥n", a*a);
    }
    return 0;
}
```

練習8-3

(1) ウ　(2) ア

【解説】(1)は{}がないので、"aaa"は3回出力されるが、"bbb"は、for文の終了後1回だけ出力される。(2)は、{}がある普通のfor文です

練習8-4

(1) 0 1 2 3 4 5　(2) 0 2 4 6 8 10　(3) 1 2 3 4 5 6

練習8-5

1. ex8-5-1.c

```
#include  <stdio.h>
int  main(void)
{
    char c[]={'a','b','c','d','e'};
    for(int i=0; i<5; i++){
        printf("%c¥n", c[i]);
    }
    return  0;
}
```

2. ex8-5-2.c.

```
#include  <stdio.h>
int  main(void)
{
    double a[]={5.7, 2.3, 0.5, 3.1};
    for(int i=0; i<4; i++){
        printf("%5.1f¥n", a[i]*10);
    }
    return  0;
}
```

【解説】printfの中に、a[i]*10のように式を書くと簡単になる

3. ex8-5-3.c

```
#include  <stdio.h>
int  main(void)
{
```

```
    int n[]={10, 15, 68, 2, 47, 51};
    for(int i=0; i<6; i++){
        printf("n[%d]=%d¥n", i, n[i]);
    }
    return  0;
}
```

4. ex8-5-4.c

```
#include  <stdio.h>
int  main(void)
{
    int n1[]={12,17,30,52};
    int n2[]={26,33,41,12};
    for(int i=0; i<4; i++){
        int  s  =  n1[i]+n2[i];
        printf("%d+%d=%d¥n", n1[i], n2[i], s);
    }
    return  0;
}
```

【9章】

練習9-1

1. ex9-1-1.c

```
#include  <stdio.h>
int  main(void)
{
    int data[]  =  {223, 240, 331, 127, 651, 188, 200, 143};
    int  total  =  0;
    for(int i=0; i<8; i++){
        total += data[i];
    }
    printf("合計=%d¥n", total);
    return  0;
}
```

2. ex9-1-2.c

```
#include  <stdio.h>
int  main(void)
{
    double val[] = {1.512, 1.781, 2.401, -1.331, 2.127, 0.333};
    double    total  =  0;
    for(int i=0; i<6; i++){
        total += val[i];
    }
    printf("合計=%7.3f¥n", total);
    return  0;
}
```

【解説】配列がdouble型なので、totalもdoubleで宣言します。printfの変換指定%7.3fは、全体の表示幅が7桁ですが、これには小数点も含みます。7桁未満の値は、先頭に空白が埋められます。

3. 8行目のprintfがforの中に書いてあるので、繰り返し処理のたびに毎回合計値を表示する。合計値は、最後に一回だけ表示すればよいので、for文の外に出すべきである。

【解説】実際にプログラムをEclipseで作成し、実行してみると右図のようになります。

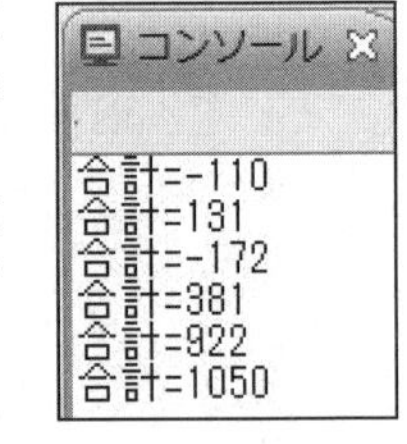

練習9-2

1. ex9-2-1.c

```
#include <stdio.h>
#include "util.h"
int main(void)
{
    int numbers[] = {36,12,2,8,12,88,23,55,62,90};
    double data[] = {0.112, 0.3, 22.123,4.16,0.0001};
    char ch[] = {'H', 'E', 'L', 'L', 'O', '!'};

    printf("numbers=%zu¥n", countof(numbers));
    printf("data=%zu¥n", countof(data));
    printf("ch=%zu¥n", countof(ch));
    return 0;
}
```

練習9-3

1. ex9-3-1.c

```
#include <stdio.h>
#include "util.h"
int main(void)
{
    int d[] = {1, 3, 5, 7, 9};
    int size = countof(d);
    for(int i=0; i<size; i++){
        printf("%5d", d[i]);
    }
    puts("");
    for(int i=0; i<size; i++){
        printf("%5d", d[i]*d[i]);
    }
    puts("");
    for(int i=0; i<size; i++){
        printf("%5d", d[i]*d[i]*d[i]);
    }
    return 0;
}
```

【解説】%5dにより、5桁未満の数は先頭に空白が挿入されます。このため、データを位置揃えして表示することができています。

練習9-4

1.ア ウ エ

【解説】必須条件は、for文の ( ) 内に、セミコロンが2つあることです。記述の省略はエラーになりません。ア、ウはセミコロンが3つありますが、イはないのでエラーです。エのようにfor文の外でループカウンタの i を宣言してもエラーではありません。for文の中で、外で定義された変数を使うことができます。オは外ですでに i が定義されているので、同じ変数をfor文の中で定義できません。

練習9-5

1. ex9-5-1.c

```
#include <stdio.h>
#include "util.h"
int main(void)
{
    double  x[] = {12.3, 33.2, 9.6, 28.33, 5.98, 11.3};
    int size = countof(x);
```

```
    for(int i=0; i<size; i++){
        printf("%7.2f", x[i]);
    }
    puts("");
    for(int i=size-1; i>=0; i--){                 // 逆順
        printf("%7.2f", x[i]);
    }
    return 0;
}
```

【10章】

練習10-1

1. ex10-1-1.c

```
#include  <stdio.h>
int  main(void)
{
    int  i=0;
    while(i<5){
        printf("ヤッホー！ %d¥n", i);
        i++;
    }
    return  0;
}
```

2.ウ

【解説】{ } がないので、i++ はwhile文の範囲外です。したがって、i の値が変わらないので、無限ループになります。

練習10-2

1.ア n==50　イ c=='A'　ウ n!=1　エ c !=65

2. ex10-2-2.c

```
#include <stdio.h>
int main(void)
{
    double val;
    while(scanf("%lf",&val)!=EOF){
        printf("%f¥n",val);
    }
    return 0;
}
```

3. ex10-2-3.c

```
#include <stdio.h>
int main(void)
{
    double a, b;
    while(scanf("%lf%lf",&a, &b)!=EOF){
        printf("%f¥n", a-b);
    }
    return 0;
}
```

練習10-3

1. ex10-3-1.c

```
#include <stdio.h>
int main(void)
{
    double val;
    while(printf("double>"),scanf("%lf",&val)!=EOF){
        printf("%f¥n",val);
    }
    return 0;
}
```

2. ex10-3-2.c

```
#include <stdio.h>
int main(void)
{
    double a, b;
    while(printf("(a b)>"),scanf("%lf%lf",&a, &b)!=EOF){
        printf("%f¥n", a-b);
    }
    return 0;
}
```

3. ex10-3-3.c

```
#include <stdio.h>
int main(void)
{
    int data;
    while(printf("int>"),scanf("%d", &data), data!=0){
        printf("%dを入力しました¥n", data);
    }
    return 0;
}
```

練習10-4

1. ex10-4-1.c

```
#include <stdio.h>
int main(void)
{
    double x, total=0;
    while(scanf("%lf", &x)!=EOF){
        total += x;
    }
    printf("合計=%7.3f¥n", total);
    return 0;
}
```

2. ex10-4-2.c

```
#include <stdio.h>
int main(void)
{
    int n, total=0;
    while(scanf("%d", &n)!=EOF){
        total += n*n;
    }
```

```
    printf("2乗した値の合計=%d¥n", total);
    return 0;
}
```

【解説】2乗はn*nと書けばよい。while文の中で、n*nをtotalに加えます。

練習10-5

1. ex10-5-1.c

```
#include <stdio.h>
int main(void)
{
    double x, total=0;
    int    ken=0;
    while(scanf("%lf", &x)!=EOF){
        total += x;
        ken++;
    }
    printf("合計=%7.3f¥n", total);
    printf("平均=%7.3f¥n", total/ken);
    return 0;
}
```

【解説】while文の中では、合計と件数をカウントします。平均は、合計を件数で割って求めた値です。答えはdoubleなので、変換指定は%7.3fです。

2. ex10-5-2.c

```
#include <stdio.h>
int main(void)
{
    double x, total=0;
    int    ken=0;
    while(scanf("%lf", &x)!=EOF){
        total += x;
        ken++;
        printf("合計=%7.3f¥n", total);
        printf("平均=%7.3f¥n", total/ken);
    }
    return 0;
}
```

【解説】whileの中で合計と平均を表示するので、繰り返しの度に表示されます。このような処理は本来はムダな処理で、whileが終わった後に1度だけ表示するのが普通です。平均は、total/kenという割り算の式をprintfの中に書けます。

練習10-6

1. 470

【解説】do文は、実行してから条件を判定するので、マイナスの値である−80もtotalに加算されてしまう。

2. i<500

【解説】iが500の時、totalにiが加算された後で反復条件をチェックする。i<=500では、501までの合計になってしまう。

【11章】

練習11-1

1.

1	n>10	8	n==m*7
2	n<10	9	n+m>0
3	n>=10	10	n*3<10
4	n<=10	11	n%2==0
5	n==10	12	n%2!=0
6	n!=10	13	n%3==0
7	n==m+1	14	(n+1)*2==m

2. ア false　イ false　ウ true　エ true　オ true

練習11-2

1. ア a<0 || a>10　　イ a>3 && a<15　ウ a>b*3 && a<c*2
　エ a%2==0 && a%7==0　オ !(a>10)

2. ア false　イ true　ウ true　エ true　オ true

【解説】||より&&が強いので、オは(a>1) || (a<b && b>0)と同じである

3. n%4==0 && n%100!=0 || n%400==0

4. ア a>=20 && a<40 && b==2 && c<50
　イ a<=15 && b==1 && c>=30 && c<60
　ウ !(a==20 && b==2 && c<=40)

練習11-3

1. ex11-3-1.c

```
#include  <stdio.h>
int  main(void)
{
    int  n;
    printf("int>"); scanf("%d", &n);
    if(n>0){
        puts("正の数です");
    }else{
        puts("正の数ではない");
    }
    return  0;
}
```

2. ex11-3-2.c

```
#include  <stdio.h>
int  main(void)
{
    int  n;
    printf("int>"); scanf("%d", &n);
    if(n%2==0){
        puts("偶数です");
    }else{
        puts("奇数です");
    }
    return  0;
}
```

3. ex11-3-3.c

```
#include  <stdio.h>
int  main(void)
{
    int  n;
    printf("int>"); scanf("%d", &n);
    if(n>=3 && n<=7){
        puts("範囲内です");
    }else{
        puts("範囲外です");
    }
    return  0;
}
```

4. ex11-3-4.c

```
#include  <stdio.h>
int  main(void)
{
    int  n;
    printf("西暦>"); scanf("%d", &n);
    if((n%4==0 && n%100!=0) || n%400==0){
        puts("うるう年です");
    }else{
        puts("うるう年ではありません");
    }
    return  0;
}
```

【解説】(n%4==0 && n%100!=0) || n%400==0のように不要な()で条件式を囲ったのは、わかりやすくするため。ミスを防ぐ意味で複雑な条件式の一部を括弧で囲むのは良い習慣である。Eclipseも()がないと次のような親切な警告を出してくれます。

(warning: suggest parentheses around '&&' within '||')

練習11-4

1. ex11-4-1.c

```
#include  <stdio.h>
int  main(void)
{
    double x;
    printf("double>"); scanf("%lf", &x);
    if(x<1){
        printf("%f¥n", x);
    }
    return  0;
}
```

2. ex11-4-2.c

```
#include  <stdio.h>
int  main(void)
{
    int m;
    printf("正の数>"); scanf("%d", &m);
    if(m<0){
        m = -m;
    }
    printf("%d¥n", m);
    return  0;
}
```

練習11-5

1. (1) a>b ? a : b

   (2) a<5 ? a+1 : a

2. ex11-5-2.c

```
#include  <stdio.h>
int  main(void)
{
    int  a, b;
    scanf("%d%d", &a, &b);
    printf("大きいのは%dです¥n", a>b?a:b );
    return  0;
}
```

【12章】

練習12-1

1. ex12-1-1.c

```
#include <stdio.h>
int main(void)
{
    int n;
    while(printf("int>"),scanf("%d",&n)!=EOF){
        if(n%2==0){
            puts("偶数です");
        }else{
            puts("奇数です");
        }
    }
    return 0;
}
```

2. ex12-1-2.c

```
#include <stdio.h>
int main(void)
{
    int year;
    while(printf("西暦>"),scanf("%d", &year)!=EOF){
        if( (year%4==0 && year%100!=0) || year%400==0){
            printf("うるう年です¥n");
        }else{
            printf("うるう年ではありません¥n");
        }
    }
    return 0;
}
```

練習12-2

1. ex12-2-1.c

```
#include <stdio.h>
int main(void)
{
    int n, sansei=0, hantai=0, kiken=0, mukou=0;
    while(scanf("%d", &n)!=EOF){
        if(n==1){                    // nが1の場合
            sansei++;
        }else if(n==2){              // nが2の場合
```

```
            hantai++;
        }else if(n==3){            // nが3の場合
            kiken++;
        }else{                     // その他の場合
            mukou++;
        }
    }
    printf("賛成=%d¥n", sansei);
    printf("反対=%d¥n", hantai);
    printf("棄権=%d¥n", kiken);
    printf("無効=%d¥n", mukou);
    return 0;
}
```

1. ex12-2-2.c

```
#include <stdio.h>
int main(void)
{
    int  n, n7=0, n11=0, n13=0, other=0;
    while(scanf("%d", &n)!=EOF){
        if(n%7==0){                  // 7で割り切れる場合
            n7++;
        }else if(n%11==0){           // 11で割り切れる場合
            n11++;
        }else if(n%13==0){           // 13で割り切れる場合
            n13++;
        }else{                       // その他の場合
            other++;
        }
    }
    printf(" 7の倍数=%d¥n", n7);
    printf("11の倍数=%d¥n", n11);
    printf("13の倍数=%d¥n", n13);
    printf("それ以外=%d¥n", other);
    return 0;
}
```

練習12-3

1. ex12-3-1.c

```
#include <stdio.h>
int main(void)
{
    int n;
    printf("点数>"); scanf("%d", &n);       // 点数の入力
    if(n>=90){                              // 90点以上
        puts("特優");
    }else if(n>=80){                        // 90点未満かつ80点以上
        puts("優");
    }else if(n>=70){                        // 80点未満かつ70点以上
        puts("良");
    }else if(n>=60){                        // 70点未満かつ60点以上
        puts("可");
    }else{                                  // 60点未満
        puts("不可");
    }
    return 0;
}
```

2. ex12-3-2.c

```
#include <stdio.h>
int main(void)
{
    int km;
    printf("距離>");scanf("%d", &km);
    if(km<50){
        puts("300円");
    }else if(km<100){
        puts("500円");
    }else if(km<500){
        puts("700円");
    }else{
        puts("1000円");
    }
    return 0;
}
```

3. ex12-3-3.c

```
#include <stdio.h>
int main(void)
{
    int n;
    while(scanf("%d", &n)!=EOF){
        if(n>256){
            puts("大きい");
        }else if(n==256){
            puts("大当たり");
        }else{
            puts("小さい");
        }
    }
    return 0;
}
```

練習12-4

1. ウ

【解説】if文に{}がないので10行目のminus++はif文の外であり、whileループの中で毎回実行されてしまいます。入力は5個なので、28 5と表示されます。

練習12-5

1. ex12-5-1.c

```
#include <stdio.h>
int main(void)
{
    double x, total=0;
    while(scanf("%lf", &x)!=EOF){
        if(x>100 || x<-100){
            printf("範囲外の値です %f¥n", x);
            break;
        }
        total += x;
   }
    printf("合計=%f¥n", total);
    return 0;
}
```

練習12-6

1. ex12-6-1.c

```
#include <stdio.h>
int main(void)
{
    int total = 0;
    for(int i=0; i<100; i++){
        if(i%7!=0){
            continue;
        }
        total += i;
    }
    printf("100までの7の倍数の合計=%d¥n", total);
    return 0;
}
```

【13章】

練習13-1

1. ex13-1-1.c

```
#include <stdio.h>
int main(void)
{
    int s;
    while(printf("整数>"),scanf("%d", &s)!=EOF){
        switch(s){
        case 1:
            puts("ハンバーガー");
            break;
        case 2:
            puts("ポテトフライ");
            break;
        case 3:
            puts("バニラシェーク");
            break;
        case 4:
            puts("コーラ");
            break;
        case 9:
            puts("ハンバーガーセット");
            break;
        default:
            puts("入力エラー");
        }
    }
    return 0;
}
```

2. ex13-1-2.c

```
#include <stdio.h>
int main(void)
{
    char ch;
    printf("文字>");scanf("%c", &ch);
    switch(ch){
    case 'a':
        puts("一昨日");
        break;

    case 'b':
```

```
        puts("昨日");
        break;

    case 'c':
        puts("今日");
        break;

    case 'd':
        puts("明日");
        break;
    default:
        puts("明後日");
    }

    return 0;
}
```

3. アイウエオカ

【解説】ア: 本来は変数や式を書くが、定数を書いてもエラーではない。イ: a/3は分子も分母も整数なので答えも整数になる(小数点はつかない)。オ: double型のxでも、int型にキャストすれば使える。カ: バイト数なので整数である。キ: 0.1を足すとa+0.1も実数となるので使えない。

4. アオカキ

【解説】ラベルに変数や式は使えないので、イ、ウ、エはコンパイルエラーです。整数、文字のリテラルだけの式は、コンパイル時に定数に直されるので使えます。ア、オ、カ、キは正しい書き方です。

1. ex13-2-1.c

```
#include  <stdio.h>
int  main(void)
{
    int  n;
    printf("整数>"); scanf("%d", &n);
    switch(n){
        case 1:
        case 3:
            puts("1000");
            break;
        case 2:
            puts("2000");
            break;
        case 4:
        case 5:
        case 7:
            puts("3000");
            break;
        case 6:
            puts("4000");
            break;
        default:
            puts("5000");
    }
    return  0;
}
```

2.

1: AB　2: AB　3: B　4: CD　5: D　6: EAB

【14章】

練習14-1

1. ex14-1-1.c

```
#include <stdio.h>
#include "util.h"
int main(void)
{
    double data[6] = {};
    int size = countof(data);

    for(int i=0; i<size; i++){
        printf("%4.1f", data[i]);
    }
    return 0;
}
```

練習14-2

1. ex14-2-1.c

```
#include <stdio.h>
#include "util.h"
int main(void)
{
    double data[6];                          // 配列を作る
    int size = countof(data);

    for(int i=0; i<size; i++){ // 配列にデータを入力する
        scanf("%lf", &data[i]);
    }
    for(int i=0; i<size; i++){ // 配列要素を表示する
        printf("%7.3f¥t",data[i]);
    }
    return 0;
}
```

練習14-3

1. ex14-3-1.c

```
#include  <stdio.h>
int  main(void)
{
    char  str[] = "こんにちは";
    printf("%s¥n", str);
    return  0;
}
```

2. ab12efg

【解説】配列要素の2と3に当たる文字はcとdであり、これが1と2で上書きされる。

3. 問1　8バイト

　問2　ア

【解説】

　問1 見えている文字＋1バイト。問2「文字列の長さ」には'¥0'は含みません。

4. ex14-3-4.c

```
#include <stdio.h>
int main(void)
{
    char str[500];
    printf("文字列>");scanf("%499s", str);

    int size=0;
```

```
    while(str[size]!=0){
        size++;
    }
    printf("文字列の長さ=%d¥n", size);

    return 0;
}
```

練習14-4

1. ex14-4-1.c

```
#include <stdio.h>
#include "util.h"
int main(void)
{
    int n[] = {1, -2, 3, -4, -5, 6, 7, 8, 9, -10};
    int size = countof(n);
    int t[size];
    for(int i=0; i<size; i++){
        t[i] = -n[i];
    }
    for(int i=0; i<size; i++){
        printf("%d ", t[i]);
    }
    return 0;
}
```

練習14-5

2. ex14-5-1.c

```
#include <stdio.h>
#include <string.h>
#include "util.h"
int main(void)
{
    double x[] = {1.1, 0.5, 2.1,0.88, 2.3};
    int size = countof(x);
    double y[size];
    memcpy(y, x, sizeof(x));

    for(int i=0; i<size; i++){
        printf("%7.2f", y[i]);
    }
    return 0;
}
```

2. ex14-5-2.c

```
#include <stdio.h>
#include <string.h>
#include "util.h"
int main(void)
{
    char a[] = "わかりやすいC";
    int size = countof(a);
    char b[size];
    strcpy(b, a);
```

```
    printf("b=%s¥n", b);
    return 0;
}
```

【15章】

練習15-1

問1 drink[0][0]=100、drink[0][2]=280、drink[1][2]=250、drink[2][2]=300

問2 A. 350 B. 750

練習15-2

1. ex15-2-1.c

```
#include <stdio.h>
#include "util.h"
int main(void)
{
    double temp[][5] = {
        {-2.0,  7.0,  6.1,  6.6, 16.9},
        { 5.5, 12.4, 13.6, 13.8, 21.2},
        {22.1, 18.9, 27.9, 27.7, 28.7},
        {12.2, 28.9, 19.9, 20.0, 25.7}
    };

    int rn = countof(temp);
    int cn = countof(temp[0]);

    for(int i=0; i<rn; i++){
        for(int j=0; j<cn; j++){
            printf("%7.1f", temp[i][j]);
        }
        puts("");
    }

    return 0;
}
```

2. ex15-2-2.c

```
#include <stdio.h>
#include "util.h"
int main(void)
{
    char janken[][3] = {
        {'?', '-', '+'},
        {'+', '?', '-'},
        {'-', '+', '?'},
    };

    int rn = countof(janken);
    int cn = countof(janken[0]);

    for(int i=0; i<rn; i++){
        for(int j=0; j<cn; j++){
            printf("%5c", janken[i][j]);
        }
        puts("");
    }

    return 0;
}
```

練習15-3

1. ex15-3-1.c

```
#include <stdio.h>
#include "util.h"
int main(void)
{
    char team[][100] = {
        "埼玉西武ライオンズ",
        "福岡ソフトバンクホークス",
        "北海道日本ハムファイターズ",
        "オリックス・バファローズ",
        "千葉ロッテマリーンズ",
        "東北楽天ゴールデンイーグルス"
    };
    int size = countof(team);
    for(int i=0; i<size; i++){
        printf("%s¥n", team[i]);
    }
    return 0;
}
```

練習15-4

1. ex15-4-1.c

```
#include <stdio.h>
#include "util.h"
int main(void)
{
    char team[6][101];
    int size = countof(team);

    for(int i=0; i<size; i++){
        scanf("%100[^¥n]", team[i]);
        flush_stdin();
    }
    for(int i=0; i<size; i++){
        printf("%s¥n", team[i]);
    }
    return 0;
}
```

【16章】

練習16-1

1. ex16-1-1.c

```
#include <stdio.h>
#include <math.h>
int main(void)
{
    printf("2の10乗=%f", pow(2, 10));
    return 0;
}
```

2. ex16-1-2.c

```
#include <stdio.h>
#include <math.h>
int main(void)
{
```

```
    double x;
    scanf("%lf", &x);
    printf("自然対数=%f", log(x));
    return 0;
}
```

3. D

【解説】引数の数が違うものは正しくありません。引数の型、戻り値型が合致するものを選びます。Cは、doubleの戻り値型をintの変数xで受けているのでコンパイルエラーです。

練習16-2

1. ex16-2-1.c

```
#include <stdio.h>
double circle(double r);
int main(void)
{
    double s = circle(2.8);
    printf("円の面積=%f¥n", s);
    return 0;
}
double circle(double r)
{
    return r * r * 3.14;
}
```

2. ex16-2-2.c

```
#include <stdio.h>
int max(int a, int b);

int main(void)
{
    int n = max(12, 8);
    printf("より大きな値=%d¥n", n);
    return 0;
}
int max(int a, int b)
{
    return a>b ? a : b;
}
```

3. ex16-2-3.c

```
#include <stdio.h>
#include <math.h>
double fx(double x);

int main(void)
{
    double x;
    scanf("%lf", &x);
    double y = fx(x);
    printf("答え=%f¥n", y);
    return 0;
}

double fx(double x)
{
```

```
    double temp = 3*x*x -5*x + 11;
    return sqrt(temp);
}
```

練習16-3

1. ex16-3-1.c

```
#include <stdio.h>
void myprint(int n);
int main(void)
{
    int n;
    scanf("%d", &n);
    myprint(n);
    return 0;
}
void myprint(int n)
{
    printf("%s",n%2==0 ? "偶数です" : "奇数です");
}
```

2. ex16-3-2.c

```
#include <stdio.h>
int input(void);

int main(void)
{
    printf("%d¥n", input());
    return 0;
}
int input(void)
{
    int n;
    scanf("%d", &n);
    return n;
}
```

【17章】

練習17-1

1. ① &x ② double *dptr; ③ dptr = &x; ④ *dptr
2. ex17-1-2.c

```
#include <stdio.h>
int main(void)
{
    int number = 224;
    double val = 12.3;
    char ch = 'A';

    int *iptr = &number;
    double *dptr = &val;
    char *cptr = &ch;

    printf("%d  %f  %c¥n", *iptr, *dptr, *cptr);

    *iptr = 999;
    *dptr = 99.9;
    *cptr = 'B';
```

```
    printf("%d  %f  %c", *iptr, *dptr, *cptr);

    return 0;
}
```

3. iptrが初期化されていないので、`*iptr=100;` はどこに100を書き込むか不定であること。

練習17-2

1. ① 25　② 42　③ 26　④ 4

2. ex17-2-2.c

```
#include <stdio.h>
#include "util.h"

int main(void)
{
    double x[] = {22.3, 16.8, 11.1, 9.2, 16.3};
    double *dptr = x;
    int size = countof(x);

    for(int i=0; i<size; i++){
        printf("%6.1f", *(dptr+i));
    }
    return 0;
}
```

練習17-3

1. ex17-3-1.c

```
#include <stdio.h>
#include "util.h"
int main(void)
{
    double x[] = {22.3, 16.8, 11.1, 9.2, 16.3};
    double *dptr = x;
    int size = countof(x);

    for(int i=0; i<size; i++){
        printf("%6.1f", dptr[i]);
    }
    return 0;
}
```

2. ex17-3-2.c

```
#include <stdio.h>
#include "util.h"
int main(void)
{
    int num[]={25, 42, 33, 20, 18};
    int  *iptr = num;
    int size = countof(num);
    int total=0;
    for(int i=0; i<size; i++){
        total += iptr[i];
    }
    printf("合計=%d¥n", total);
    return 0;
}
```

練習17-4

1.① countof(num)　② num　③ int *iptr

2.① x　② double *　③ int size

練習17-5

1.① iptr[]　② iptr[i]　③ C

2. ex17-5-2.c

```
#include <stdio.h>
#include "util.h"
int lessthan5(double x[], int size);

int main(void)
{
    double x[] = {8.5, 2.4, 3.1, 9.3, 0.8};
    int size = lessthan5(x, countof(x));
    printf("個数=%d¥n", size);
    return 0;
}
int lessthan5(double x[], int size)
{
    int cnt=0;
    for(int i=0; i<size; i++){
        if(x[i]<5.0){
            ++cnt;
        }
    }
    return cnt;
}
```

練習17-6

1. C

2. constは、*aに作用するのでa[0]の値を変更できない。コンパイルエラーになる

3. constは、aに作用するのでポインタの値は変更できないが、a[0]は変更できる。コンパイルエラーにはならない

【18章】

練習18-1

1.C

練習18-2

1.オ

【解説】アについて、Aのstrが指す文字列は元々内容を変更できない領域にある。Bのstrは配列なので、内容を変更できる。イについて、Bは '¥0' を含めて500はバイトまでなので、間違い。ウについて、Aは文字列リテラル専用の領域、Bは変数用の領域なので、同じアドレスではない。エについて、Aのstrは配列ではなくポインタ変数である。オについて、Aのstrはポインタ変数なので、後から他の文字列のアドレスを代入できる。カについて、Aは正しい書き方である。

練習18-3

1.18-3-1.c

```
#include <stdio.h>
#include "util.h"
int main(void) {
    char* dw[] ={
            "月曜日", "火曜日", "水曜日",
            "木曜日", "金曜日", "土曜日", "日曜日"
    };
```

```
    int size = countof(dw);
    for(int i=0; i<size; i++){
        printf("%s  ", dw[i]);
    }
    return 0;
}
```

2.18-3-2.c

```
#include <stdio.h>
#include "util.h"
int main(void) {
    char* nengo[] ={
            "明治", "大正", "昭和","平成", "令和"
    };
    int size = countof(nengo);
    for(int i=0; i<size; i++){
        printf("%s  ", nengo[i]);
    }
    return 0;
}
```

練習18-4

1. ex18-4-1.c

```
#include <stdio.h>
#include <stdlib.h>
int main(void)
{
    int size;
    printf("要素数>"); scanf("%d", &size);

    double * dptr = (double *)malloc(size*sizeof(double));
    if(dptr==NULL){
        puts("malloc: メモリー不足です");
        exit(EXIT_FAILURE);
    }
    for(int i=0; i<size; i++){
        dptr[i]=i+1;
    }
    int at = size-1;
    size *= 2;
    dptr = (double *)realloc(dptr,size*sizeof(double));
    if(dptr==NULL){
        puts("realloc: メモリー不足です");
        exit(EXIT_FAILURE);
    }
    printf("%f¥n",dptr[at]);

    free(dptr);

    return 0;
}
```

【19章】

練習19-1

1.
```
#define  NUMBER        06088123
#define  BMI_INDEX     0.25
```

2. ex19-1-2.c

```
#include <stdio.h>
#define ZEIRITU  0.1
int main(void)
{
    double gaku;
    printf("金額>");scanf("%lf", &gaku);
    gaku = gaku + gaku*ZEIRITU;
    printf("支払い額=%5.0f", gaku);
    return 0;
}
```

練習19-2

1.

ア `#define  square(x)  ((x)*(x))`

イ `#define  abs(x)     ((x)>0? (x) : -(x))`

ウ `#define  max(x, y)  ((x)>(y) ? (x) : (y))`

練習19-3

1.

main.c

```
#include <stdio.h>
#include "util.h"
#include "sub.h"
int main(void)
{
    double x[] = {1.5, 2.1, 1.7, 0.8, 3.1};
    double ave = average(x, countof(x));
    printf("平均値=%6.3f", ave);
    return 0;
}
```

sub.c

```
#include <stdio.h>
double average(double x[], int size);
double sum(double x[], int size);
double average(double x[], int size)
{
    double total = sum(x, size);
    return total / size;
}
double sum(double x[], int size)
{
    double total=0;
    for(int i=0; i<size; i++){
        total += x[i];
    }
    return total;
}
```

sub.h

```
#ifndef SUB_H_
#define SUB_H_
double average(double x[], int size);
double sum(double x[], int size);
#endif
```

練習19-4

1. C

【解説】numberはグローバル変数です。mainで100が代入され、sub1でさらに100が加えられて200になります。sub1はnumberを引数にしてsub2を呼び出しますが、この時は、numberの値が引数のnにコピーして渡されるだけなので、sub2でnを100増やしても、numberの値が増えるわけではありません。

練習19-5

1. C

【解説】numberは、静的変数なので、sub() が呼び出されるたびに100増えます。

練習19-6

1. E

【解説】Aについて、staticがついているグローバル変数は他のソースファイルの関数からはアクセスできない。Bについて、staticが付いているグローバル変数のことを言っているので間違い。Cについて、externを付けて宣言すればアクセスできる。Dについて、グローバル変数なので、間違い。Eについて、これは正しい。

【20章】

練習20-1

1. 20-1-1.c

```
#include <stdio.h>
#include <stdbool.h>   // _Bool⇨bool 1⇨true 0⇨false と書ける
struct product {
    int   number;
    char  name[100];
    bool  stock;
};
int main(void)
{
    struct product p1 = {100, "加湿器",true };
    struct product p2 = {200, "空気清浄機", false};
    return 0;
}
```

2. ex20-1-2.c

```
#include <stdio.h>

struct cpu {
    char    name[100];
    int     numberOfCores;
    double  frequency;
};
int main(void)
{
    struct cpu cpu1 = {.name="HAL9000",.numberOfCores=64 };
    struct cpu cpu2 = {.name="HAL9100", .frequency=28.5};
    return 0;
}
```

練習20-2

1. ex20-2-1.c

```
#include <stdio.h>
#include <stdbool.h>   // _Bool⇨bool 1⇨true 0⇨false と書ける

struct product {
```

```
    int   number;
    char  name[100];
    bool  stock;
};
int main(void)
{
    struct product p1 = {100, "加湿器",true };
    struct product p2 = {200, "空気清浄機", false};

    printf("%d  %s¥t%d¥n", p1.number, p1.name, p1.stock);
    printf("%d  %s¥t%d¥n", p2.number, p2.name, p2.stock);
    return 0;
}
```

2. ex20-2-2.c

```
#include <stdio.h>
#include <stdbool.h>   // _Bool⇨bool 1⇨true 0⇨false と書ける
struct cpu {
    char    name[100];
    int     numberOfCores;
    double  frequency;
};
int main(void)
{
    struct cpu cpu1 = {.name="HAL9000",.numberOfCores=64 };
    struct cpu cpu2 = {.name="HAL9100", .frequency=28.5};

    printf("%s%4d%6.1f¥n", cpu1.name,
            cpu1.numberOfCores, cpu1.frequency);
    printf("%s%4d%6.1f¥n", cpu2.name,
            cpu2.numberOfCores, cpu2.frequency);
    return 0;
}
```

練習20-3

1. ex20-3-1.c

```
#include <stdio.h>
#include <string.h>
struct PC {
    int number;
    char cpu[100];
    char * maker;
    int memory;
    int ssd;
};

int main(void)
{
    struct PC maxv;
    maxv.number = 210;
    strcpy_s(maxv.cpu, sizeof("maxv_cpu"), "HAL9000");
    maxv.maker = "MEC";
    maxv.memory = 768;
    maxv.ssd = 10;

    printf("%d %s %s %d %d¥n",
            maxv.number, maxv.cpu, maxv.maker, maxv.memory, maxv.ssd);
    return 0;
}
```

練習20-4

1. E

【解説】部分的に初期化した場合、残りのメンバは0になります。catはageが0になるので、これをdogに代入するとdogも{"jiro", 0}になります。

2. ex20-4-2.c

```
#include <stdio.h>
typedef struct {
    char name[100];
    double kokugo;
    double eigo;
    double suugaku;
} exam;
double ave(exam ex);
int main(void)
{
    exam ex = {"田中宏", 67, 78, 85};
    double average = ave(ex);
    printf("%s=%4.1f¥n", ex.name, average);
    return 0;
}
double ave(exam ex)
{
    double total = ex.kokugo+ex.eigo+ex.suugaku;
    return total/3;
}
```

3. ex20-4-3.c

```
#include <stdio.h>
#include <string.h>
typedef struct ex{
    char name[100];
    double kokugo;
    double eigo;
    double suugaku;
}exam;
double ave(exam ex);
exam newExam(char name[], double kokugo, double eigo, double suugaku);
int main(void)
{
    exam ex = newExam("田中宏", 67, 78, 85);
    double average = ave(ex);
    printf("%s=%4.1f¥n", ex.name, average);
    return 0;
}
double ave(exam ex)
{
    double total = ex.kokugo+ex.eigo+ex.suugaku;
    return total/3;
}
exam newExam(char name[], double kokugo, double eigo, double suugaku)
{
    exam e;
    strcpy_s(e.name, sizeof(e.name), name);
    e.kokugo = kokugo;
    e.eigo   = eigo;
    e.suugaku= suugaku;
    return e;
}
```

練習20-5

1. ex20-5-1.c

```
#include <stdio.h>
typedef struct person {         // person型を定義
    char    name[100];
    int     age;
    double  height;
    double  weight;
} person;
double bmi(person *p);
int main(void)
{
    person tanaka = {"tanaka", 20, 178.2, 72.5};
    printf("BMI=%4.1f¥n", bmi(&tanaka));
    return 0;
}
double bmi(person *p)
{
    double b = 10000 * p->weight / (p->height * p->height);
    return b;
}
```

練習20-6

1. ex20-6-1.c

```
#include <stdio.h>
#include "util.h"
typedef struct {
    char name[100];
    double kokugo;
    double eigo;
    double suugaku;
} exam;
int main(void)
{
    exam ex[] ={
            {"田中　宏", 67, 78, 85},
            {"佐藤　修", 70, 70, 75},
            {"木村　隆", 72, 66, 66},
            {"森下　花", 87, 68, 90},
            {"上村　史", 88, 72, 81}
    };
    int size = countof(ex);
    double kokugo_total=0;
    for(int i=0; i<size; i++){
        kokugo_total += ex[i].kokugo;
    }
    printf("国語平均=%4.1f¥n", kokugo_total/size);
    return 0;
}
```

【21章】

練習21-1

1.

Windows	MacOS
(1) `"c:/job/lib/doit.dat", "w"`	(1) `"/job/lib/doit.dat", "w"`
(2) `"lib/doit.dat", "r"`	(2) `"lib/doit.dat", "r"`
(3) `"../readme.txt", "a"`	(3) `"../readme.txt", "a"`

練習21-2

1. (省略)

練習21-3

1. ex21-3-1.c

```
#include <stdio.h>
#include <stdlib.h>
int main(void)
{
    FILE *fp = fopen("person.txt", "w");
    if(fp==NULL){
        fprintf(stderr, "★ファイルを開けません");
        exit(EXIT_FAILURE);
    }

    fprintf(fp, "%s %d %f %f¥n", "木村太郎", 21, 185.8, 73.5);
    fprintf(fp, "%s %d %f %f¥n", "鈴木修", 20, 177.1, 66.0);
    fprintf(fp, "%s %d %f %f¥n", "森下花", 22, 168.2, 48.9);

    fclose(fp);

    return 0;
}
```

2.ex21-3-2.c

```
#include <stdio.h>
#include <stdlib.h>
int main(void)
{
    FILE *fp = fopen("number.txt", "w");
    if(fp==NULL){
        fprintf(stderr, "★ファイルを開けません");
        exit(EXIT_FAILURE);
    }
    int n;
    while(scanf("%d", &n)!=EOF){
        fprintf(fp, "%d¥n", n);
    }
    return 0;
}
```

練習21-4

1.ex21-4-1.c

```
#include <stdio.h>
#include <stdlib.h>
int main(void)
{
    char    name1[100];
    int     age;
    double  height;
    double  weight;
    FILE *fp = fopen("person.txt", "r");
    if(fp==NULL){
        fprintf(stderr, "★ファイルを開けません");
        exit(EXIT_FAILURE);
    }
    while(fscanf(fp,"%s%d%lf%lf",
                name1,&age, &height, &weight)!=EOF){
```

```
        printf("%s  %d  %f  %f¥n", name1,age, height, weight);
    }
    fclose(fp);
    return 0;
}
```

2.ex21-4-2.c

```
#include <stdio.h>
#include <stdlib.h>
int main(void)
{
    char    name1[100];
    int     age;
    double  height;
    double  weight;
    FILE *fp = fopen("person.csv", "r");
    if(fp==NULL){
        fprintf(stderr, "★ファイルを開けません");
        exit(EXIT_FAILURE);
    }
    while(fscanf(fp,"%[^,],%d,%lf,%lf,",
            name1,&age, &height, &weight)!=EOF){
        printf("%s  %d  %f  %f¥n", name1,age, height, weight);
    }
    fclose(fp);
    return 0;
}
```

練習21-5

1. ex21-5-1.c

```
#include <stdio.h>
#include <stdlib.h>
int main(void)
{
    char buf[100];
    FILE *fp = fopen("kumonoito.txt", "r");
    if(fp==NULL){
        fprintf(stderr, "★ファイルを開けません");
        exit(EXIT_FAILURE);
    }
    while(fgets(buf, sizeof(buf),fp)!=NULL){
        printf("%s", buf);
    }
    fclose(fp);
    return 0;
}
```

練習21-6

1. ex21-6-1.c

```
#include <stdio.h>
#include <stdlib.h>
#include <ctype.h>
#include "util.h"

int main(void)
{
    FILE *fp = fopen("data.txt", "w");
```

```
    if(fp==NULL){
        fprintf(stderr, "★ファイルを開けません");
        exit(EXIT_FAILURE);
    }
    char string[100]={};
    while(scanf("%99[^¥n]", string)!=EOF){
        fputs(string, fp);
        fputs("¥n", fp);
        flush_stdin();
    }
    return 0;
}
```

練習21-7

1. ex21-7-1.c

```
#include <stdio.h>
#include <stdlib.h>
int main(void)
{
    FILE *in  = fopen("sample.html", "r");
    FILE *out = fopen("sample.txt", "w");
    if(in==NULL||out==NULL){
        fprintf(stderr, "★ファイルを開けません");
        exit(EXIT_FAILURE);
    }
    char c;
    while((c=fgetc(in))!=EOF){
        if(c=='<'){
            c='[';
        }else if(c=='>'){
            c=']';
        }
        fputc(c, out);
    }
    fclose(in);
    fclose(out);
    return 0;
}
```

練習21-8

1. ex21-8-1.c

```
#include <stdio.h>
#include <stdlib.h>
int main(void)
{
    FILE *fp = fopen("array.dat", "w");
    if(fp==NULL){
        fprintf(stderr, "★ファイルを開けません");
        exit(EXIT_FAILURE);
    }
    double data[] = {1.5, 0.2, 2.2, 1.75, 0.32 };
    fwrite(data, sizeof(data), 1, fp);
    fclose(fp);
    return 0;
}
```

2. ex21-8-2.c

```
#include <stdio.h>
#include <stdlib.h>
typedef struct {
    char    name[100];
    int     age;
    double  height;
    double  weight;
} person;
int main(void)
{
    FILE *fp = fopen("person.dat", "w");
    if(fp==NULL){
        fprintf(stderr, "★ファイルを開けません");
        exit(EXIT_FAILURE);
    }
    person tom = {"tom", 21, 175.5, 60.2};
    fwrite(&tom, sizeof(person), 1, fp);
    fclose(fp);
    return 0;
}
```

練習21-9

1. ex21-9-1.c

```
#include <stdio.h>
#include <stdlib.h>
#define SIZE 5
int main(void)
{
    FILE *fp = fopen("../ex21-8-1/array.dat", "r");
    if(fp==NULL){
        fprintf(stderr, "★ファイルを開けません");
        exit(EXIT_FAILURE);
    }
    double data[SIZE];
    fread(data, sizeof(data), 1, fp);
    fclose(fp);
    for(int i=0; i<SIZE; i++){
        printf("%4.2f  ", data[i]);
    }
    return 0;
}
```

1. ex21-9-2.c

```
#include <stdio.h>
#include <stdlib.h>
typedef struct {
    char    name[100];
    int     age;
    double  height;
    double  weight;
} person;
int main(void)
{
    FILE *fp = fopen("../ex21-8-2/person.dat", "r");
    if(fp==NULL){
        fprintf(stderr, "★ファイルを開けません");
        exit(EXIT_FAILURE);
```

```
    }
    person tom;
    fread(&tom, sizeof(person), 1, fp);
    fclose(fp);

    printf("%s  %d  %5.1f  %5.1f¥n",
           tom.name, tom.age, tom.height, tom.weight);
    return 0;
}
```

通過テストの解答

【2章】

1. (3) (6)
(3)について、インデントは、Tabキーをタイプして入力します
(6)について、#include 文の後にはコメント文以外は書くことが出来ません

2. ・#include <stdio.h> がない
・3、4行目の行末にセミコロン(;)がない
・world は "world" とする
・return 0; がない

3. pass2-3.c

```
#include <stdio.h>
int main(void)
{
    puts("こ");
    puts("  ん");
    puts("    に");
    puts("      ち");
    puts("        は");
    return 0;
}
```

【3章】

1. (1)③ (2)① (3)⑥ (4)③ (5)⑦ (6)⑦ (7)⑥ (8)⑦ (9)⑥ (10)③ (11)④ (12)②

【解説】(3) "p" のように、1文字であっても二重引用符で囲われていると文字列になる。(5)整数にfloatを意味するfを付けるとコンパイルエラーになる (6)一重引用符で2文字以上の文字を囲うことはできない (7) "1" はintではなく文字列である (8) 文字列とちがって、'' のように中身のない書き方はコンパイルエラーになる (9) "" は空文字列である (10) 0.3E-1=0.3×10^{-1}=0.3/10=0.03となる浮動小数点数である

2. ①F ②E ③H ④A ⑤B ⑥C ⑦I

【解説】②1230.50E-2=1230.50×10^{-2}=1230.50/100 =12.3050 ③ "false" を文字列として表示している ④ 'a' を整数として表示しているので変換指定子はd ⑤80を文字として表示しているので変換指定子はc ⑦変換指定が%cなので文字の '1' である

3. (1)○ (2)× (3)○ (4)× (5)× (6)○ (7)○ (8)×

【解説】(1)整数は8バイト使うものでも20桁未満の数しか表せないが浮動小数点数は4バイトしか使わないものでも-10^{38} ~ 10^{38}の範囲の数を表現できる。最大値、最小値は明らかに整数よりも大きい。(2)8ビットではなく1ビットである (3) 終端文字を含めると13バイトになる (4)逆。小数点付きの値は固定小数点数を書いても内部では浮動小数点数として扱われる (5) doubleの数は文字に変換できない (6) 正しい。文字コード表を参照すること (7) 正しい。例えばバックスラッシュは日本では ¥ になっている (8) 1バイトの整数として記録する

4.pass3-4.c

```
#include <stdio.h>
int main(void)
{
    printf("%d¥t¥t", 125);
    printf("%d¥t¥t", 5);
    printf("%d¥n", 35);
    printf("%f¥t", 4.336112);
```

```
    printf("%f¥t", 0.108936);
    printf("%f¥n", 2.875689);
    printf("%c¥t¥t", 'A');
    printf("%c¥t¥t", 'B');
    printf("%c¥n", 'C');
    return 0;
}
```

【解説】1行の3つのデータを表示するのに、3つのprintfを使う。1つ目、2つ目は改行せずタブで間隔を空けて定数を表示し、3つ目のprintfで改行する。2行目の浮動小数点数が広い間隔に広がってしまうので、1行目と3行目では ¥t を2つ使ってより大きく表示間隔を空けるとよい。空白文字を入れてデータ間の間隔を取ったものは応用性がないので正解としない。

【4章】

1. A× B× C△ D× E○ F○ G△ H○ I○
J○ K× L× M× N△ O△ P△ Q△

【解説】

A. 文字なので 'A' が正しい。
B. int n; を先に書かねばならない
C. numberが初期化されていないのでnumber+1の値は不定。この結果numberには不定の値が入る
D. 変数名に & 記号は使えない
E. _ は識別子として使える
F. 宣言時にひとつだけ初期化してもよい
G. %lfではなく%cとするのが正しいがコンパイルエラーにはならない
H. 宣言時にひとつだけ初期化してもよい
I. _20aの先頭文字は _ (アンダースコア)なので正しい
J. double2のように変数名の一部に予約語を使うのはかまわない
K. dtと同じ変数名を2度使ってはいけない
L. 異なる型の変数は同じ文の中で同時には宣言できない
M. 型名intは文の先頭に1度書くだけでよい
N. scanfでcに&が付いていないのでコンパイルエラーにはならないが実行するとプログラムが異常終了する
O. printfの変換指定子は "%d %f %d" ではなく "%d %f %f" としないと変数bが正しく表示されない
P. scanfで値をセットする変数が記述されていないので、コンパイルエラーにはならないが誤りである
Q. scanfの変換指定子は%fではなく%lfである。コンパイルエラーにはならないが期待通り動作しない可能性がある

2. pass4-2.c

```
#include <stdio.h>
int main(void)
{
    int n;
    printf("整数を入力>");
    scanf("%d", &n);
    n=n*3;
    printf("入力した値の3倍は%dです¥n", n);
    return 0;
}
```

3. pass4-3.c

```
#include <stdio.h>
int main(void)
{
    char c;
    printf("char>"); scanf("%c", &c);
    int n;
    printf("int>"); scanf("%d", &n);
    double x;
    printf("double>"); scanf("%lf", &x);
    printf("char=%c int=%d double=%f", c, n, x);
    return 0;
}
```

【5章】

1. (1) (2*a+1)*(-a-1)　　(2) (a+3)%12
   (3) a/=5　　(4) (double)(a+1)

2. pass5-2.c

```
#include <stdio.h>
int main(void)
{
    int n;
    printf("整数を入力してください>");
    scanf("%d", &n);
    printf("%d%%7=%d¥n", n, n%7);
    return 0;
}
```

3. pass5-3.c

```
#include <stdio.h>
int main(void)
{
    double a, b, c;
    printf("上底="); scanf("%lf", &a);
    printf("下底="); scanf("%lf", &b);
    printf("高さ="); scanf("%lf", &c);
    double s = (a+b)*c/2;
    printf("台形の面積=(%f+%f)×%f÷2=%f¥n", a, b, c, s);
    return 0;
}
```

4. (1) H　(2) D　(3) G

【解説】(1) 変数宣言での初期化では、多重代入は使えない。`int a=2,b=2,c=2;` と書くのが正しい。(2) (3+4+5+6)は、整数の18になり、18/4を実行して整数の4を得る。meanがdoubleなので、4は4.0に変換してmeanに代入される。(3)多重代入式なので、右端から評価される。bもcも1なので、最初のb+=cではbが2になるが、aが初期化されていないため、a+=bの値は不定になる。

【6章】

1. ①short　②unsigned int　③long long　④unsigned　⑤long double　⑥sizeof
   ⑦sizeN_t　⑧size_t

2. pass6-2.c

```
#include <stdio.h>
int main(void)
{
```

```
    double a;
    printf("double>"); scanf("%lf", &a);
    printf("%6.2fの2乗は%014.5eです", a, a*a);
    return 0;
}
```

3. pass6-3.c

```
#include <stdio.h>
int main(void)
{
    unsigned u1, u2;
    printf("unsigned+unsigned>");scanf("%u+%u",&u1,&u2);
    printf("%u+%u=%08u¥n", u1, u2, u1+u2);
    return 0;
}
```

4. pass6-4.c

```
#include <stdio.h>
int main(void)
{
    char name1[100];
    char name2[100];

    printf("姓 と名を半角の空白で区切って入力>");
    scanf("%s%s", name1, name2);
    printf("%s %sさんですね", name1, name2);
    return 0;
}
```

【7章】

1. (1) 00000001　1　(2) 10000000　128　(3) 00001111　15
   (4) 11110000　240　(5) 11111111　255
2. (1) 11111111　(2) 00001111　(3) 00110011　(4) 10001000　(5) 11101110
3. pass7-3.c

```
#include <stdio.h>
int main(void)
{
    char  c;
    printf("半角1文字>");scanf("%c", &c);
    printf("%cの文字コードは%#Xです¥n", c, c);
    return 0;
}
```

4. pass7-4.c

```
#include <stdio.h>
#include <stdint.h>
#include "util.h"
int main(void)
{
    uint8_t  a, u1, u2;
    printf("0x00 ～ 0xFFの値>");scanf("%hhx", &a);
    u1 = a>>4;
    u2 = a & 0B00001111;
    printf("u1=(%02X) ", u1); bprintln(u1);
```

```
    printf("u2=(%02X) ", u2); bprintln(u2);
    return 0;
}
```

5. pass7-5.c

```
#include <stdio.h>
#include <stdint.h>
#include "util.h"
int main(void)
{
    uint8_t u1, u2;
    printf("[0x00 ～ 0xFF] u1, u2 : >"); scanf("%hhx%hhx", &u1, &u2);
    printf("u1=(%02X) ", u1);bprintln(u1);
    printf("u2=(%02X) ", u2);bprintln(u2);

    uint8_t a1, a2, b1, b2;
    a1 = u1 & 0B11110000;
    a2 = u2 & 0B11110000;
    b1 = u1 & 0B00001111;
    b2 = u2 & 0B00001111;

    u1 = a2 | b1;
    u2 = a1 | b2;

    printf("----¥n");
    printf("u1=(%02X) ", u1);bprintln(u1);
    printf("u2=(%02X) ", u2);bprintln(u2);
    return 0;
}
```

【8章】

1. (1) char a[]={'A','B','C'};　(2) 6.5　(3) 4

【解説】(3)for文に {} がないので、3回繰り返されるのは、最初のa++だけです。

2. pass8-2.c

```
#include <stdio.h>
int main(void)
{
    double x;
    for(int i=0; i<3; i++){
        printf("double>"); scanf("%lf", &x);
        printf("%7.2f¥n", x*x);
    }
    return 0;
}
```

3. pass8-3.c

```
#include <stdio.h>
int main(void)
{
    int num[] = {121, 52, 3, 215, 116};
    for(int i=0; i<5; i++){
        printf("num[%d]=%3d¥n", i, num[i]);
    }
    return 0;
}
```

4. pass8-4.c

```
#include <stdio.h>
int main(void) {
    double dt1[] = { 150, 220, 185, 210, 190 };
    double dt2[] = { 25, 30, 24, 36, 33 };
    for (int i = 0; i < 5; i++) {
        printf("%6.2f%%¥n", 100 * dt2[i] / dt1[i]);
    }
    return 0;
}
```

【9章】

1. ア B　イ C　ウ D

2. pass9-2.c

```
#include <stdio.h>
int main(void)
{
    int sum =0;
    for(int i=100; i<1000; i++){
        sum += i;
    }
    printf("合計=%d¥n", sum);
    return 0;
}
```

3. pass9-3.c

```
#include <stdio.h>
#include "util.h"
int main(void)
{
    char c[]={'d','o','o','G'};
    int size = countof(c);
    for(int i=size-1; i>=0; i--){
        printf("%c", c[i]);
    }
    return 0;
}
```

4. pass9-4.c

```
#include <stdio.h>
#include "util.h"
int main(void)
{
    int gaku[] = {505, 633, 1254, 189, 755};
    int total=0;
    int size = countof(gaku);
    for(int i=0; i<size; i++){
        total += gaku[i];
    }
    int zei = total * 0.05;
    printf("税額=%d¥n", zei);
    return 0;
}
```

5. pass9-5.c

```
#include <stdio.h>
#include "util.h"
int main(void)
{
    int tanka[]={120, 110, 135, 90, 100};
    int kosuu[]={13, 25, 44, 35, 18};
    int size = countof(tanka);
    for(int i=0; i<size; i++){
        printf("%6d", tanka[i]);
    }
    puts("");
    for(int i=0; i<size; i++){
        printf("%6d", kosuu[i]);
    }
    puts("");
    for(int i=0; i<size; i++){
        printf("%6d", tanka[i]*kosuu[i]);
    }
    return 0;
}
```

【10章】

1. pass10-1.c

```
#include <stdio.h>
int main(void)
{
    int i=0;
    while(i<5){
        printf("%d回目¥n", i+1);
        ++i;
    }
    return 0;
}
```

2. pass10-2.c

```
#include <stdio.h>
int main(void)
{
    double val, total=0;
    while(scanf("%lf", &val)!=EOF){
        total += val;
    }
    printf("合計 =%7.3f¥n", total);
    return 0;
}
```

3. pass10-3.c

```
#include <stdio.h>
int main(void)
{
    int n, ken=0;
    while(printf("整数>"),scanf("%d",&n)!=EOF){
        ken++;
    }
    printf("¥n入力件数 =%d", ken);
    return 0;
}
```

4. pass10-4.c

```
#include <stdio.h>
int main(void)
{
    int n, total=0, ken=0;
    while(scanf("%d", &n)!=EOF){
        total += n;
        ken++;
    }
    printf("合計 =%d¥n", total);
    printf("平均 =%7.3f¥n", (double)total/ken);
    return 0;
}
```

5. pass10-5c

```
#include <stdio.h>
int main(void)
{
    int n, ans, amari=0,ken=0;
    scanf("%d", &n);
    do{
        ans   = n/10;
        amari = n % 10;
        ken++;
        printf("商=%d 余り=%d¥n",ans, amari);
        n = ans;
    }while(n!=0);
    printf("回数=%d¥n", ken);
    return 0;
}
```

6. (1)エ　(2)オ　(3)キ　(4)ク

【解説】

(1) whileの中で、--aを実行したあとでprintfによりaを表示しています。最後はaが1の状態でwhileループに入ってきて0と表示します。

(2) whileの反復条件がtotal !=0となっていますが、宣言時の初期化でtotalには0が入っているので、while文を一度も実行せずに終了します。

(3) do-whileの1回目の繰り返しで、aは−2です。これをtotalに加えるのでtotalも−2となり、反復条件total>0を満たしません。結局、そのままdo-whileの実行が終了し、−2が表示されます。

(4) {} のないwhile文なので、4行目のb++はwhile文の外にあります。whileの繰り返しの中でb++が実行されないので、bは1のままです。反復条件b<5が常に満たされたままになるので、これは無限ループになります。

【11章】

1. (1) n>=10
   (2) n>10 && n<50
   (3) n%3==0 && n%5==0
   (4) n<a || n<b
   (5) n<a*3 && n>a+30

2. (1) false　(2) true　(3) true　(4) true　(5) false

3. (1) 20　(2) 2　(3) 2

4. pass11-4.c

```
#include <stdio.h>
int main(void)
{
    double a, b, c;
    scanf("%lf %lf %lf", &a, &b, &c);
    if(a<b+c && c>0){
        puts("三角形です");
    }else{
        puts("三角形にはなりません");
    }
    return 0;
}
```

5. pass11-5.c

```
#include <stdio.h>
int main(void)
{
    double a, b, c;
    scanf("%lf %lf %lf", &a, &b, &c);
    puts(a<b+c && c>0 ? "三角形です" : "三角形にはなりません");
    return 0;
}
```

【12章】

1. pass12-1.c

```
#include <stdio.h>
int main(void)
{
    double x, y, total;
    while(scanf("%lf", &x)!=EOF){
        y = -x*x + 6*x - 8;
        if(y<0){
            puts("yが負です");
            continue;
        }
        total += y;
    }
    printf("合計=%f¥n", total);
    return 0;
}
```

2. pass12-2.c

```
#include <stdio.h>
int main(void)
{
    int month;
    while(scanf("%d", &month)!=EOF){
        if(month==12||month==1||month==2){
            puts("冬です");
        }else if(month<=5){
            puts("春です");
        }else if(month<=8){
            puts("夏です");
        }else{
            puts("秋です");
        }
```

```
    }
    return 0;
}
```

3. pass12-3.c

```
#include <stdio.h>
int main(void) {
    double height, weight;
    printf("体重(kg)>");
    scanf("%lf", &weight);
    printf("身長(cm)>");
    scanf("%lf", &height);
    double bmi = weight * 10000 / (height * height);
    if (bmi < 18.5) {
        printf("%4.1f やせ¥n",bmi);

    } else if (bmi < 25) {
        printf("%4.1f 適正¥n",bmi);

    } else if (bmi < 30) {
        printf("%4.1f 肥満(1度)¥n",bmi);

    } else if (bmi < 35) {
        printf("%4.1f 肥満(2度)¥n",bmi);

    } else if (bmi < 40) {
        printf("%4.1f 肥満(3度)¥n",bmi);

    }else{
        printf("%4.1f 肥満(4度)¥n",bmi);
    }
}
```

4. pass12-4.c

```
#include <stdio.h>
int main(void) {
    int tabako,sake;
    printf("飲酒日数>");scanf("%d", &sake);
    printf("喫煙本数>");scanf("%d", &tabako);

    if (sake==0 && tabako==0) {
        printf("*安全*¥n");

    } else if ((sake>=1 && sake<=3 && tabako==0) ||
                 (sake==0 && tabako>=1 && tabako<=20) ){
        printf("*注意*¥n");

    } else if ((sake>=1 && sake<=3) &&
                 (tabako>=1 && tabako<=20) ) {
        printf("*要指導¥n*");

    }else{
        printf("*要検査*¥n");
    }
}
```

5. pass12-5.c

```
#include <stdio.h>
#include "util.h"
int main(void)
{
    int a[] = {7,  0, 2, 4, 3, 0, 0, 6};
    int b[] = {60,10, 0,20,10, 0,30, 0};
    int sake, tabako;
    int size = countof(a);
    for(int i=0; i<size; i++){
        sake   = a[i];
        tabako = b[i];
        if (sake==0 && tabako==0) {
            printf("%d=安全¥n", i);

        } else if ((sake>=1 && sake<=3 && tabako==0) ||
                   (sake==0 && tabako>=1 && tabako<=20) ){
            printf("%d=注意¥n", i);

        } else if ((sake>=1 && sake<=3) &&
                   (tabako>=1 && tabako<=20) ) {
            printf("%d=要指導¥n", i);

        }else{
            printf("%d=要検査¥n", i);
        }
    }
    return 0;
}
```

【13章】

1. ① CD ② AB ③ E

【解説】8、10、12をそれぞれ6で割った余りは、2、4、0です。これらの値をswitch文で場合分けした時の動作を考えてください。該当したラベルから下の命令をbreak文に出会うか、switch文の末端に達するまで、すべて実行するのがswitch文の特徴です。

2. pass13-2.c

```
#include <stdio.h>
#include <stdlib.h>
#include <time.h>
int main(void)
{
    srand(time(NULL));
    int r = rand()%6 + 1;
    switch(r){
    case 1:
        puts("大吉(大当たり)");
        break;
    case 2:
    case 3:
        puts("中吉(まあまあ)");
        break;
    case 4:
    case 5:
        puts("吉(そこそこ)");
        break;
    case 6:
        puts("凶(ご用心)");
    }
    return 0;
}
```

3. pass13-3.c

```
#include <stdio.h>
int main(void)
{
    int month, day;
    printf("月>");scanf("%d",&month);
    printf("日>");scanf("%d",&day);

    switch(month){
    case 1:
        puts(day<20 ? "山羊座" : "水瓶座");
        break;
    case 2:
        puts(day<19 ? "水瓶座" : "魚座");
        break;
    case 3:
        puts(day<21 ? "魚座" : "牡羊座");
        break;
    case 4:
        puts(day<20 ? "牡羊座" : "牡牛座");
        break;
    case 5:
        puts(day<21 ? "牡牛座" : "双子座");
        break;
    case 6:
        puts(day<22 ? "双子座" : "蟹座");
        break;
    case 7:
        puts(day<23 ? "蟹座" : "獅子座");
        break;
    case 8:
        puts(day<23 ? "獅子座" : "乙女座");
        break;
    case 9:
        puts(day<23 ? "乙女座" : "天秤座");
        break;
    case 10:
        puts(day<24 ? "天秤座" : "蠍座");
        break;
    case 11:
        puts(day<23 ? "蠍座" : "射手座");
        break;
    case 12:
        puts(day<22 ? "射手座" : "山羊座");
        break;
    default:
        puts("月の値が正しくありません");
    }
    return 0;
}
```

【14章】

1.

ア `int n[5];`

イ `double x[10]={};`

ウ `int a[] = {10,20,30};`

エ `char ch[] =  {'A','B','C'};`

オ `char str[] = "こんにちは";`

2. pass14-2.c

```
#include <stdio.h>
int main(void)
{
    int size;
    printf("データ数>");scanf("%d", &size);
    int data[size];
    int total=0;
    for(int i=0; i<size; i++){
        printf("int>");scanf("%d", &data[i]);
        total += data[i];
    }
    printf("合計=%7d¥n", total);
    printf("平均=%7.1f¥n",(double)total / size);

    for(int i=0;i<size; i++){
        printf("%7d", data[i]);
        if(i%4 == 3){  // 4つ出力したら
            puts("");  // 改行
        }
    }
    return 0;
}
```

3. pass14-3.c

```
#include <stdio.h>
#include <string.h>
#include "util.h"

int main(void)
{
    int a[] = {72, 37, 50, 12, 98, 35, 49, 50};
    int b[] = {98, 76, 49, 56, 78, 12, 30, 46};

    int size = countof(a);
    int aa[size];
    memcpy(aa, a, sizeof(a));

    for(int i=0; i<size; i++){
        if(a[i]<b[i]){
            aa[i] = 0;
        }
    }
    puts("修正後");
    for(int i=0; i<size; i++){
        printf("%4d", aa[i]);
    }
    puts("¥n修正前");
    for(int i=0; i<size; i++){
        printf("%4d", a[i]);
    }
    return 0;
}
```

【15章】

1. pass15-1.c

```
#include <stdio.h>
#include "util.h"
int main(void)
{
```

```
    char name[][20] = {
        "田中", "鈴木", "中村", "近藤", "佐藤"
    };
    double data[][3] = {
        {22.3,  7.1, 4.8},
        {18.5, 10.3, 5.1},
        {13.2, 11.5, 6.1},
        {14.6,  9.2, 5.9},
        {15.1,  9.3, 6.0}
    };
    int rn = countof(data);
    int cn = countof(data[0]);
    puts("        100m走    砲丸投げ  走幅跳");
    for(int i=0; i<rn; i++){
        printf("%s", name[i]);
        for(int j=0; j<cn; j++){
            printf("%10.1f", data[i][j]);
        }
        puts("");
    }
    return 0;
}
```

2. pass15-2.c

```
#include <stdio.h>
#include "util.h"
int main(void)
{
    int drink[][4] = {
        {100, 150, 280, 220},
        {120, 200, 250, 210},
        {130, 210, 300, 260}
    };
    int rn = countof(drink);
    int cn = countof(drink[0]);
    int total[cn] = {} ;
    for(int i=0; i<rn; i++){
        for(int j=0; j<cn; j++){
            total[j] += drink[i][j];
        }

    }
    for(int i=0; i<cn; i++){
        printf("%8d", total[i]);
    }
    return 0;
}
```

3. pass15-3.c

```
#include <stdio.h>
int main(void)
{
    int stock[][2] = {
        {150, 180},
        {200, 250},
        { 70, 120},
        { 90, 180},
        {170,  80}
    };
    char name[][101] = {
```

```
        "肉まん",
        "カレーパン",
        "デニッシュ ",
        "クロワッサン",
        "蒸しパン"
    };
    int num;
    scanf("%d", &num);
    if(num>=0 && num<5){
        printf("%s",name[num]);
        printf("%5d%5d",stock[num][0], stock[num][1]);
    }else{
        puts("製品番号が正しくありません");
    }
    return 0;
}
```

4. pass15-4.c

```
#include <stdio.h>
#include <string.h>
#include "util.h"
int main(void)
{
    char msg[] = "なし";
    char street[][100] = {
        "山川町",
        "真崎町",
        "白岩町",
        "天満町",
        "堂崎町"
    };
    int rn = countof(street);
    char str[51];
    scanf("%50s", str);
    for(int i=0; i<rn; i++){
        if(strcmp(str, street[i])==0){
            strcpy(msg,"あり");
            break;
        }
    }
    printf("%s", msg);
    return 0;
}
```

【16章】

1. ① double f1(void);
   ② double f2(double a, double b);
   ③ f3()

【解説】Bから①、②の戻り値、引数型がわかります。変数名は任意です。また、f3はAのプロトタイプ宣言から、戻り値も引数もないことが分かります。

2. pass16-2.c

```
#include <stdio.h>
#include <math.h>
int main(void)
{
    double x,y;
    printf("x>"); scanf("%lf", &x);
```

```
    printf("y>"); scanf("%lf", &y);

    double ans = hypot(x, y);
    printf("xの2乗とyの2乗の和の平方根=%f¥n", ans);
}
```

3. pass16-3.c

```
#include <stdio.h>
double ritu(int n);

int main(void)
{
    int n;
    printf("数量>"); scanf("%d", &n);
    double r = ritu(n);
    double gaku = n * 1500 * (1-r);
    printf("値引き率=%4.2f¥n", r);
    printf("売上金額=%d¥n", (int)gaku);
    //return 0;
}
double ritu(int n){
    double r;
    if(n<=99){
        r = 0;
    }else if(n<500){
        r = 0.05;
    }else{
        r = 0.1;
    }
    return r;
}
```

【17章】

1. ア int *ptr;
   イ n
2. ア ○　イ ○　ウ ×　エ ×　オ ○ カ ○

   【解説】

   アについて、aは配列ではないが、ポインタを &p[0] と書くのは構わない

   イについて、*(a+2) は、a[2] と同じ

   ウについて、a++ は後置なので、*(a) の後、aが1増える

   エについて、ポインタに掛け算は適用できない

   オについて、先にaを宣言しているので正しい

   カについて、問題ない
3. pass17-3.c

```
#include <stdio.h>
void swap(int *m, int *n);
int main(void)
{
    int m=10, n=5;
    printf("実行前 m=%d n=%d¥n", n,m);

    swap(&m, &n);
    printf("実行後 m=%d n=%d¥n", n,m);
    return 0;
}
void swap(int *a, int *b)
```

```
{
    int temp = *a;
    *a = *b;
    *b = temp;
}
```

4. pass17-4.c

```
#include <stdio.h>
#include "util.h"
double max(const double *x, int size);

int main(void)
{
    double x[] = {26.5, 23.7, 28.5, 29.0, 28.8};
    int size = countof(x);
    double val = max(x, size);
    printf("最大値=%5.1f¥n", val);
    return 0;
}
double max(const double x[], int size)
{
    double m = x[0];
    for(int i=1; i<size; i++){
        m = m<x[i] ? x[i] : m;
    }
    return m;
}
```

【18章】

1. pass18-1.c

```
#include <stdio.h>
#include <stdlib.h>
int main(void)
{
    char* city[]= {
            "札幌","東京","名古屋","大阪","福岡","該当なし"
    };
    int number;
    printf("番号>");scanf("%d", &number);
    if(number>0 && number<=5){
        printf("%s¥n", city[number-1]);
    }else{
        printf("%s¥n", city[5]);
    }
}
```

2. pass18-2.c

```
#include <stdio.h>
#include <stdlib.h>
double * init(double *data, int size, double val);

int main(void)
{
    double *data = (double *)malloc(1000*sizeof(double));
    if(data==NULL){
        exit(EXIT_FAILURE);     // メモリー不足なら終了する
    }
```

```
    init(data, 1000,1.0);
    for(int i=0; i<10; i++){
        printf("%5.1f", data[i]);
    }
    free(data);
}
double * init(double double *data, int size, double val)
{
    for(int i=0; i<size; i++){
        data[i] = val;
    }
    return data;
}
```

【19章】

1. pass19-1.c

```
#include <stdio.h>
#define func(a,b,c,x)  ((a)*(x)*(x)+(b)*(x)+(c))
int main(void)
{
    printf("答え=%lf", func(5.0,3.5,3.8,5));
    return 0;
}
```

2. pass19-2.c

```
#include <stdio.h>
#define max(a,b,c)  ((a)>(b)?((a)>(c)?(a):(c)):((b)>(c)?(b):(c)))
int main(void)
{
    printf("答え=%d", max(10,13,7));
    return 0;
}
```

3.

myapp.c

```
#include <stdio.h>
int number(void);
void init(void);
static int n=0;
int number(void)
{
    if(n==5){
        n = 0;
    }
    return ++n;
}
void init(void)
{
    n=0;
}
```

myapp.h

```
#ifndef MYAPP_H_
#define MYAPP_H_
int number(void);
void init(void);
#endif
```

4. pass19-3.c

```
#include <stdio.h>
#include "myapp.h"
int main(void)
{
    for(int i=0; i<10; i++){
        if(i==7){
            init();
        }
        printf("%d ", number());
    }
    return 0;
}
```

【20章】

1. pass20-1.c

```
#include <stdio.h>
typedef struct {
    char    name[100];
    char    *address;
    int     capital;
    int     employees;
    double  sales;
    double  stock;
}corporation;
int main(void)
{
    corporation corp = {
        .name="山東商事",.address="東京都",.capital=3000, .stock=1050.5
    };
    printf("%s %s %5d %5d %7.1f %7.1f¥n",
            corp.name, corp.address, corp.capital,
            corp.employees,corp.sales, corp.stock);
    puts("");
    printf("従業員数>");scanf("%d", &corp.employees);
    printf("売上金額>");scanf("%lf", &corp.sales);

    puts("");
    printf("%s %s %5d %5d %7.1f %7.1f¥n",
            corp.name, corp.address, corp.capital,
            corp.employees,corp.sales, corp.stock);
    return 0;
}
```

2. pass20-2.c

```
#include <stdio.h>
typedef struct {
    char    name[100];
    char    *address;
    int     capital;
    int     employees;
    double  sales;
    double  stock;
}corporation;
double index(corporation corp);
int main(void)
{
    corporation corp = {
      .name="山東商事",.address="東京都",.capital=3000, .stock=1050.5
```

```
    };
    printf("%s %s %5d %5d %7.1f %7.1f¥n",
            corp.name, corp.address, corp.capital,
            corp.employees,corp.sales, corp.stock);
    puts("");
    printf("従業員数>");scanf("%d", &corp.employees);
    printf("売上金額>");scanf("%lf", &corp.sales);
    puts("");
    printf("%s %s %5d %5d %7.1f %7.1f¥n",
            corp.name, corp.address, corp.capital,
            corp.employees,corp.sales, corp.stock);
    double idx=index(corp);
    puts("");
    printf("一人当たり売上高=%7.4f",idx);
    return 0;
}
double index(corporation corp)
{
    return corp.sales / corp.employees;
}
```

3. pass20-3.c

```
#include <stdio.h>
#include <stdlib.h>
typedef struct {
    double x;
    double y;
}point;
int main(void)
{
    point *p = (point *)malloc(sizeof(point));
    printf("x>");scanf("%lf", &(p->x));
    printf("y>");scanf("%lf", &(p->y));
    printf("x=%7.2f, y=%7.2f",p->x, p->y);
    return 0;
}
```

4. pass20-4.c

```
#include <stdio.h>
#include <stdlib.h>
typedef struct {
    double x;
    double y;
}point;
point * newPoint();

int main(void)
{
    point *p1 = newPoint();
    point *p2 = newPoint();
    printf("p1の値：");scanf("%lf%lf", &(p1->x), &(p1->y));
    printf("p2の値：");scanf("%lf%lf", &(p2->x), &(p2->y));
    double s = (p1->x - p2->x) * (p1->y - p2->y);
    s = s>0 ? s : -s;
    printf("面積=%lf¥n", s);
    free(p1);
    free(p2);
    return 0;
}
```

```
point * newPoint()
{
    point *p = (point *)malloc(sizeof(point));
    return p;
}
```

5. pass20-5.c

```
#include <stdio.h>
#include "util.h"
typedef struct {
    char    name[100];
    char    *address;
    int     capital;
    int     employees;
    double  sales;
    double  stock;
}corporation;
double index(corporation corp);
int main(void)
{
    corporation corp[] = {
            {"山東商事","東京都",3000, 22000, 1521,1050.5},
            {"日本リース","東京都",4500, 23000, 2302,1227.2},
            {"住高金属","大阪市",1800, 8000, 851,981.4},
            {"オーベックス","東京都",2200, 18000, 1700,1302.5},
            {"丸元販売","福岡市",2400, 11000, 2000,1110.0},
    };
    int size = countof(corp);
    for(int i=0; i<size; i++){
    printf("%s¥t %s¥t %4d %5d %7.1f %7.1f¥t%7.5f¥n",
            corp[i].name, corp[i].address, corp[i].capital,
            corp[i].employees,corp[i].sales, corp[i].stock,
            index(corp[i])
            );
    }
    return 0;
}
double index(corporation corp)
{
    return corp.sales / corp.employees;
}
```

【21章】

1. pass21-1.c

```
#include <stdio.h>
#include <stdlib.h>
int main(void)
{
    FILE *fp = fopen("data.csv", "w");
    if(fp==NULL){
        fprintf(stderr, "★ファイルを開けません");
        exit(EXIT_FAILURE);
    }

    fprintf(fp, "%s,%s,%d,%d,%d,",
                  "プログラミング入門","田中 宏",2032, 1000, 1);
    fprintf(fp, "%s,%s,%d,%d,%d,",
                  "実践統計学","山田 花子",2028, 1500, 0);
```

```
    fprintf(fp, "%s,%s,%d,%d,%d,",
                    "データサイエンス門","木村 正一",2035, 1200, 1);

    fclose(fp);
    return 0;
}
```

2. pass21-2.c

```
#include <stdio.h>
#include <stdlib.h>
typedef struct {
    char  title[100];
    char  author[100];
    int   year;
    int   price;
    _Bool ebook;
} book ;
#define SIZE 3
int main(void)
{
    FILE *in = fopen("../pass21-1/data.csv", "r");
    FILE *out = fopen("book.dat", "w");
    if(in==NULL || out==NULL){
        fprintf(stderr, "★ファイルを開けません");
        exit(EXIT_FAILURE);
    }
    book bk;
    for(int i=0; i<SIZE; i++){
        fscanf(in, "%[^,],%[^,],%d,%d,%d,",
            bk.title,bk.author, &bk.year, &bk.price, &bk.ebook );
        fwrite(&bk, sizeof(book), 1, out);
    }
    fclose(in);
    fclose(out);
    return 0;
}
```

3. pass21-3.c

```
#include <stdio.h>
#include <stdlib.h>
typedef struct {
    char  title[100];
    char  author[100];
    int   year;
    int   price;
    _Bool ebook;
} book ;
#define SIZE 3
int main(void)
{
    FILE *in = fopen("../pass21-2/book.dat", "r");
    FILE *out = fopen("bookarray.dat", "w");
    if(in==NULL || out==NULL){
        fprintf(stderr, "★ファイルを開けません");
        exit(EXIT_FAILURE);
    }
    book bk[3];
    for(int i=0; i<SIZE; i++){
```

```
        fread(&bk[i], sizeof(book), 1, in);
    }
    fwrite(bk, sizeof(bk),1, out);
    fclose(in);
    fclose(out);
    return 0;
}
```

4. pass21-4.c

```
#include <stdio.h>
#include <stdlib.h>
typedef struct {
    char  title[100];
    char  author[100];
    int   year;
    int   price;
    _Bool ebook;
} book ;
#define SIZE 3
int main(void)
{
    FILE *in = fopen("../pass21-3/bookarray.dat", "r");
    if(in==NULL){
        fprintf(stderr, "★ファイルを開けません");
        exit(EXIT_FAILURE);
    }
    book bk[SIZE];
    fread(bk, sizeof(bk), 1, in);
    for(int i=0; i<SIZE; i++){
        printf("%s  %s  %d  %d  %d¥n",
            bk[i].title, bk[i].author, bk[i].year,
            bk[i].price, bk[i].ebook);
    }
    fclose(in);
    return 0;
}
```

5. pass21-5.c

```
#include <stdio.h>
#include <stdlib.h>
#define SIZE 100
int main(void)
{
    FILE *in = fopen("../sample21-6/toshishun.txt", "r");
    FILE *out = fopen("copy.txt", "w");
    if(in==NULL||out==NULL){
        fprintf(stderr, "★ファイルを開けません");
        exit(EXIT_FAILURE);
    }
    char buf[SIZE];
    while(fgets(buf,sizeof(buf),in)!=NULL){
        fputs(buf, out);
    }
    fclose(in);
    fclose(out);
    return 0;
}
```

6. pass21-6.c

```
#include <stdio.h>
#include <stdlib.h>
#include <stdbool.h>
int main(void)
{
    FILE *in = fopen("../ex21-7-1/sample.html", "r");
    FILE *out = fopen("sample.txt", "w");
    if(in==NULL||out==NULL){
        fprintf(stderr, "★ファイルを開けません");
        exit(EXIT_FAILURE);
    }
    int c;
    while((c=fgetc(in))!=EOF){
        if(c=='<'){
            while((c=fgetc(in))!='>'){
            }
            continue;
        }else{
            fputc(c, out);
        }
    }
    fclose(in);
    fclose(out);
    return 0;
}
```

演算子一覧表

<table>
<tr><th>優先順位</th><th>演算子</th><th>説　明</th><th>結合性</th></tr>
<tr><td rowspan="6">1</td><td>()</td><td>関数呼び出し</td><td rowspan="6">左結合</td></tr>
<tr><td>[]</td><td>配列の添字</td></tr>
<tr><td>++ --</td><td>後置インクリメント、デクリメント</td></tr>
<tr><td>.</td><td>構造体および共用体のメンバアクセス</td></tr>
<tr><td>-></td><td>ポインタを通した構造体および共用体のメンバアクセス</td></tr>
<tr><td>(type){list}</td><td>複合リテラル(C99)</td></tr>
<tr><td rowspan="8">2</td><td>+ -</td><td>正と負の符号</td><td rowspan="8">右結合</td></tr>
<tr><td>(type)</td><td>型キャスト</td></tr>
<tr><td>sizeof</td><td>サイズ取得(戻り値はsize_t型)</td></tr>
<tr><td>++ --</td><td>前置インクリメント、デクリメント</td></tr>
<tr><td>! ~</td><td>論理否定、ビット単位の論理否定</td></tr>
<tr><td>*</td><td>間接参照</td></tr>
<tr><td>&</td><td>アドレス取得</td></tr>
<tr><td>_Alignof</td><td>アライメント要件(C11)</td></tr>
<tr><td>3</td><td>* / %</td><td>乗算、除算、剰余</td><td rowspan="11">左結合</td></tr>
<tr><td>4</td><td>+ -</td><td>加算、減算</td></tr>
<tr><td>5</td><td><< >></td><td>ビット単位の左シフト、右シフト</td></tr>
<tr><td rowspan="2">6</td><td>< <=</td><td>より小さい　以下　(関係演算子)</td></tr>
<tr><td>> >=</td><td>より大きい　以上　(関係演算子)</td></tr>
<tr><td>7</td><td>== !=</td><td>等しい　等しくない(関係演算子)</td></tr>
<tr><td>8</td><td>&</td><td>ビット単位の論理積</td></tr>
<tr><td>9</td><td>^</td><td>ビット単位の排他的論理和</td></tr>
<tr><td>10</td><td>|</td><td>ビット単位の論理和</td></tr>
<tr><td>11</td><td>&&</td><td>論理積、かつ　(論理演算子)</td></tr>
<tr><td>12</td><td>||</td><td>論理和、または　(論理演算子)</td></tr>
<tr><td>13</td><td>?:</td><td>三項条件　(条件演算子)</td><td rowspan="6">右結合</td></tr>
<tr><td rowspan="5">14</td><td>=</td><td>代入</td></tr>
<tr><td>+= -=</td><td>加算、減算による複合代入</td></tr>
<tr><td>*= /= %=</td><td>乗算、除算、剰余による複合代入</td></tr>
<tr><td><<= >>=</td><td>ビット単位の左シフト、右シフトによる複合代入</td></tr>
<tr><td>&= ^= |=</td><td>ビット単位の論理積、排他的論理和、論理和による複合代入</td></tr>
<tr><td>15</td><td>,</td><td>コンマ演算子(式の連結)</td><td>左結合</td></tr>
</table>

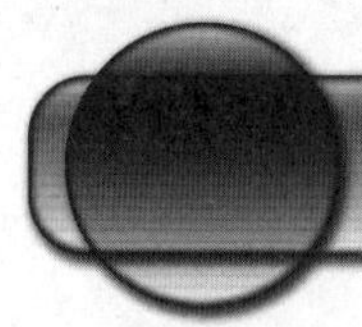

参考URL

・C言語リファレンスとライブラリの解説

最新で充実したリファレンスを提供しているサイトです(各国語版がある)
開いたページが日本語表示でない時は、ページの下段で「日本語」を選びます
https://ja.cppreference.com/w/c

・C言語の仕様書

Cppreference.comのFAQのページに情報が掲載されています
https://en.cppreference.com/w/Cppreference:FAQ

・サポートウェブ

http://k-webs.jp/hello-c/
本書のサポートウェブです。本書についての質問なども、このサイトを参照してください。読者登録をすると更新情報をメールで受け取ることができます。

索引

記号

C

D

E

F

G

H

I

J K

L

T

U

V

W

X Y

Z

あ行

か行

さ行

た行

な行

は行

ま行

や行

ら行

わ行

●著者略歴

川場　隆（かわば たかし）

アセンブリ言語での開発に打ち込んでいた頃、雑誌の記事でC言語を知り、今では誰も名前を知らないようなOSとコンパイラをパソコンに入れて動かしました。教科書は石田晴久先生が翻訳されたK&Rの初版のみ。とにかく使ってみようと、書き溜めたアセンブリ言語のコードをC言語で書き直しました。「これは凄い言語だ！」とたちまち実感したものです。C言語では、キャラクタベースのマルチウィンドウシステムやMS-DOS向けのシェルなどを開発しました。

その後、オブジェクト指向の波に乗ってC++を使うようになり、ファジイ推論処理を実装したF++という言語や、遺伝的アルゴリズムを利用した時間割生成システムなどを開発しました。機械学習などが注目を集める前の頃で、現在のAIのはしりです。

やがて、「Write once, run anywhere」に惹かれてJava言語を使うようになり、CMSや学習支援システム、シラバス自動生成システムなどインターネット時代のソフトウェアを研究・開発しました。

最近は、AI技術とPython、そして、子供向けのScratch言語に興味を持っています。それから、エンタープライズJavaの後継であるJakartaEEの動向にも注目しています。

現在は福岡市で妻と猫の３人暮らし。妻は時々仕事を手伝ってくれますが、猫はキーボードの向うに居座って、じゃまにしかなりません。

本書サポートページ

本書で使われる開発システムやサンプルコードは著者のウェブページからダウンロードして学べます。

■著者のウェブサイト

http://k-webs.jp

■本書ウェブページ

http://k-webs.jp/hello-c/

わかりやすいC 入門編 第2版

発行日 2019年 7月 1日 第1版第1刷

著 者 川場 隆

発行者 斉藤 和邦

発行所 株式会社 秀和システム

〒104-0045

東京都中央区築地2丁目1−17 陽光築地ビル4階

Tel 03-6264-3105（販売）Fax 03-6264-3094

印刷所 図書印刷株式会社

ISBN978-4-7980-5745-3 C3055